普通高等教育公共基础课系列教材

C 语言程序设计

潘广贞　主编

何志英　贾美丽
马巧梅　　　　　　　　副主编
赵利辉　李玉蓉

科学出版社

北　京

内 容 简 介

本书以提高读者综合运用C语言程序设计能力为目标进行编写。全书共14章，包括计算机和C语言概述，C语言数据类型、运算符和表达式，结构化程序设计，顺序结构程序设计，选择结构程序设计，循环结构程序设计，数组，函数，指针，结构体与共用体，文件，位运算，预处理命令和C语言中的图形函数及简单应用。本书每章都有丰富的示例讲解，便于读者自学和理解，部分章还在主要内容讲解结束后，列举一个贯穿所学内容的大型示例，便于读者循序渐进地学习。

本书可供本专科大学生C语言程序设计课程选用，也可供C语言程序设计初学者及从事相关工作的工程技术人员阅读和参考。

图书在版编目（CIP）数据

C语言程序设计/潘广贞主编. —北京：科学出版社，2021.3（2024.7重印）
（普通高等教育公共基础课系列教材）

ISBN 978-7-03-067102-8

Ⅰ.①C… Ⅱ.①潘… Ⅲ.①C语言-程序设计-高等学校-教材
Ⅳ.①TP312.8

中国版本图书馆CIP数据核字（2020）第242590号

责任编辑：孙露露 王会明 / 责任校对：赵丽杰
责任印制：吕春珉 / 封面设计：张 帅

科学出版社 出版
北京东黄城根北街16号
邮政编码：100717
http://www.sciencep.com
三河市骏杰印刷有限公司印刷
科学出版社发行 各地新华书店经销
*
2021年3月第 一 版 开本：787×1092 1/16
2024年8月第四次印刷 印张：20 1/2
字数：468 000

定价：58.00 元

（如有印装质量问题，我社负责调换）
销售部电话 010-62136230 编辑部电话 010-62138978-2010

前　　言

教育是国之大计、党之大计。教育、科技、人才是全面建设社会主义现代化国家的基础性、战略性支撑。全面建设社会主义现代化国家，必须坚持科技是第一生产力、人才是第一资源、创新是第一动力，深入实施科教兴国战略、人才强国战略、创新驱动发展战略。高等教育人才培养要树立质量意识、抓好质量建设、全面提高人才自主培养质量。

时光飞逝，从编写第一本C语言到这本书的出版，转眼间已经过去十年。这期间，本书编写团队关于 C 语言程序设计的教学经验在不断累积，应用能力也在不断提升，“学以致用、致知于行”的著书理念从未改变，编写一本初者不畏生、学者不畏难，非专业者也能看懂学会的程序设计教程始终是我们坚持并遵循的原则。

对于初学者来说，由传统思维过渡到程序设计思维去解决问题并不是一件轻松和容易的事情。各种原因的交织甚至会让有的初学者产生抵触情绪，因此本书在编写过程中力求从语言上“平易近人”，从形式上“化繁就简”，帮助初学者更快地融入程序设计进程中来。十年间，本书编者也不断与时俱进，运用新媒体，开通“C 语言中北在线”微信公众号，向读者推送各种编程经验和技术指南。

本书主要特点：

（1）本书是一本教材，以浅显易懂的语言为读者描述学习程序设计必备的计算机原理与基础知识，通过求解问题引入算法的设计思想、求解方法和形式化描述方法，循序渐进地带领读者学习C语言的特点、符号与结构，程序设计的思维、流程、方法与实现，并通过“学习目标”和“小结”对内容进行概括和总结，为读者提供向导。

（2）本书是一本工具书，读者可以在本书中查询到关于C语言程序设计的详细内容，本书同时也是一本实战项目指导书，通过项目实例引导读者学习具体项目的设计规则和开发流程及方法，并提供源代码供读者参考。

（3）本书提供完整实战项目，可满足部分读者项目实战的需求，帮助读者更快地提高编程能力。

适合阅读本书的群体：

（1）刚接触编程，准备开始学习编程的初学者。

（2）学过一段时间编程，但对具体编程技术仍然不清楚的入门者。

（3）学过编程，但对C语言理解不深、编程思路缺乏及对于实际编程问题处于无法下手状态的学习者。

（4）有一定编程能力，但缺乏项目实战经历，需要完整项目锤炼的参赛选手。

本书由潘广贞担任主编，并负责全书统稿。具体编写分工如下：第1章由潘广贞编写，第2章由马巧梅编写，第3～7章由何志英编写，第8～9章由贾美丽编写，第10～11章由李玉蓉编写，第 12～14 章由赵利辉编写。本书在编写过程中参考、引用了部分相关书籍的思想或内容，在此对这些著作的作者表示感谢。

由于编者水平所限，书中难免存在不足之处，敬请广大读者批评指正。

目　录

第1章 计算机和C语言概述

学习目标

- 理解计算机软、硬件的区别；
- 掌握计算机中数制转换的方法；
- 理解C语言常用术语的含义；
- 理解C语言源程序的编译过程；
- 了解用C语言解决问题的思路和常见问题的处理方法。

现如今，计算机已经融入人们生活、工作和学习的各种场合，并向更深的领域渗透。计算机的应用之所以如此广泛，除计算机硬件技术的持续和高速发展之外，更离不开人们为了解决各种实际问题而编制的能够让计算机自动执行的程序（或指令序列）。

为解决各种问题而编写的程序及其相关的开发和说明文档统称为软件。软件是计算机的灵魂，软件使计算机应用更加丰富多彩，功能更加强大。今天人们所使用的各类计算机、智能手机、导航设备、电梯、汽车等产品中都内置了量身定制的程序，程序的功能之强大由此可见一斑。

1.1 计算机简介

计算机能够自动、高速、精确地对各类数值或非数值信息进行存储、传送和处理，极大地推动了人类社会的发展与进步。计算机的发展经历了漫长的历史过程。

1.1.1 计算机发展简史

目前，我国最快的计算机是位于无锡的“超级计算机”——神威·太湖之光（图1-1），其运算峰值为12.54亿亿次/s。2019年，神威·太湖之光在世界十大超级计算机中排名第二。

在信息技术大行其道的今天，“计算”作为计算机重要的功能，是衡量一个国家计算机技术发展水平的标志之一。事实上，正是“计算”的推动，推动计算机的发明和应用。众所周知，“计算”并不是在计算机产生之后才有的，而是古已有之。

在中国，典型的“计算”代表是算盘（图1-2）的发明和使用。算盘包括算具（硬件）、算法（软件、口诀、歌诀）两个方面。算盘的来历最早可以追溯到公元前600年。由于算盘制作简单，价格便宜，珠算口诀便于记忆，运算又简便，所以在中国被普遍使用，并且逐渐流传到日本、朝鲜、美国和东南亚等国家和地区。得益于算盘的发明，我国的计算工具也曾经独领风骚。例如，祖冲之在南北朝时用算盘得到的圆周率精确到小数点后 7 位，促进了当时计算精度的提高，为以后各种工程项目的实现、新工具的发明和改进打下了基础。

图 1-1 神威·太湖之光

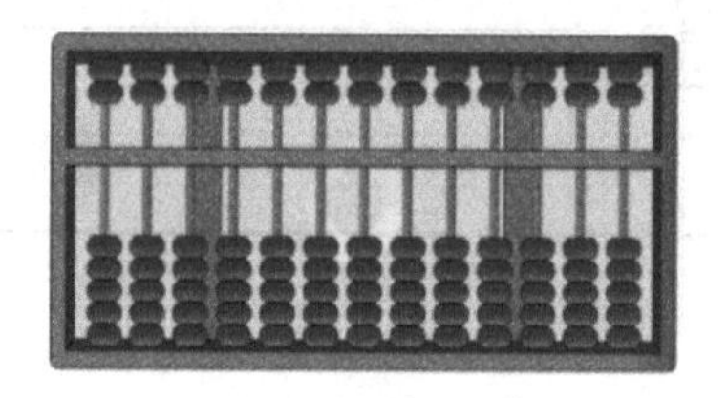

图 1-2 算盘

在欧洲，从一开始的计算尺，到法国人 Blaise Pascal 和德国人 Gottfried W. Leibniz 设计的机械加法器、乘法器，再到按照连接顺序的打孔卡控制编制样式的织布机，再到 Charles Babbages 设计的差分机，直到 IBM601、ABC、ENIAC、EDVAC，此时与现代计算机的设计思想相差无几，最终带来了信息技术革命。

1946 年 2 月 15 日，世界上第一台电子数字式计算机在美国宾夕法尼亚大学摩尔学院的 J. Presper Eckert 和 John W. Mauchly 的指导下研制成功，它的名称是 ENIAC（the electronic numberical integrator and computer，电子数字积分式计算机），如图 1-3 所示。它使用了 17468 个真空电子管，耗电 174kW，占地 170m^2，重达 30t，在当时达到了非常高的运算速度和精准度。中国的古代科学家祖冲之利用算盘用时 15 年，才把圆周率 π 计算到小数点后 7 位。1000 多年后的英国人 Willam Shanks 以毕生精力计算圆周率，才计算到小数点后 707 位。而使用 ENIAC 进行计算，仅用了 40s 就达到了这个纪录，还发现 Shanks 的计算中第 528 位是错误的。

其实，在 ENIAC 尚未投入运行前的 1944 年，美国普林斯顿大学的美籍匈牙利科学家 John von Neumann（约翰·冯·诺依曼——现代计算机之父，图 1-4）由于偶然的机会加入了 ENIAC 计算机研制小组，并且在 1945 年带领他的科研团队发表了“存储程序通用电子计算机方案”（electronic discrete variable automatic computer，EDVAC）。冯·诺依曼起草了长达 101 页的“关于 EDVAC 的报告草案”（计算机史上著名的“101 页报告”）。这份报告是计算机发展史上一个划时代的文献，标志着电子计算机时代的到来。此后，冯·诺依曼计算机层出不穷，如 IBM 公司的 701、后来的 PC（personal computer）兼容机、苹果公司的 Macintosh 系列计算机，等等。今天，计算机已经走进千家万户，成为人们日常生活、工作、学习的重要组成部分。

图 1-3 ENIAC

图 1-4 冯·诺依曼

1.1.2 计算机的工作原理

在冯·诺依曼的“101页报告”中，提出了EDVAC计算机的两个核心设计思想：二进制和程序存储。

冯·诺依曼根据电子元件双稳态工作的特点，建议在电子计算机中采用二进制。如今，逻辑代数已成为设计电子计算机的重要手段，在EDVAC中采用的主要逻辑线路也一直沿用至今。

冯·诺依曼发现没有真正的存储器是ENIAC的最大弱点。ENIAC只有20个暂存器，它的程序是外插型的，指令存储在计算机的其他电路中。在计算之前，必须先设计所需的全部指令，通过手工把相应的电路连通。准备工作耗费的时间远大于计算本身所需的时间。计算的高速度与程序的手工操作存在很大的矛盾。为此，冯·诺依曼提出了程序存储的思想：把运算程序存储在机器的存储器中，程序设计员只需要在存储器中寻找运算指令，机器就会自行计算。这一思想标志着自动运算的实现，成为电子计算机设计的基本原则。

冯·诺依曼的“101页报告”中还提出，EDVAC计算机将由运算器、逻辑控制装置、存储器、输入设备和输出设备5个部分组成，数据通过输入设备或外存储器输入内存储器，内存储器中的数据通过运算器进行运算，运算的结果再返回计算机的内存储器，需要输出的数据通过输出设备输出或存储到外存储器，这一切过程均在控制器的控制下完成。这一理论被称为冯·诺依曼计算机工作原理，如图1-5所示。

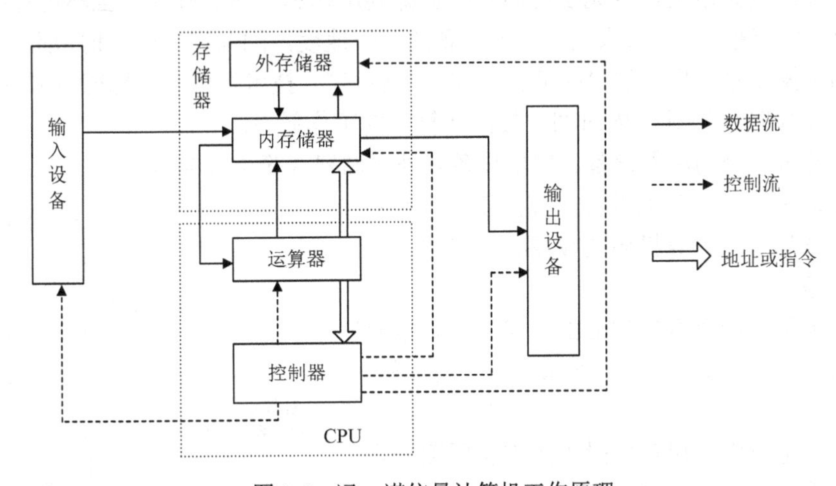

图1-5 冯·诺依曼计算机工作原理

该原理奠定了现代计算机的理论基础和体系架构，直到今天这一理论仍然沿用在几乎所有的微型计算机上。

1.1.3 现代计算机硬件系统的构成

现代计算机的硬件系统主要由主机和外部设备组成，其中主机由中央处理器（central processing unit，CPU）和内存储器构成，外部设备主要由输入设备（如键盘、鼠标等）、输出设备（如显示器、打印机等）和外存储器（如硬盘、光盘、U盘等）组成。计算机硬件系统的构成如图1-6所示。

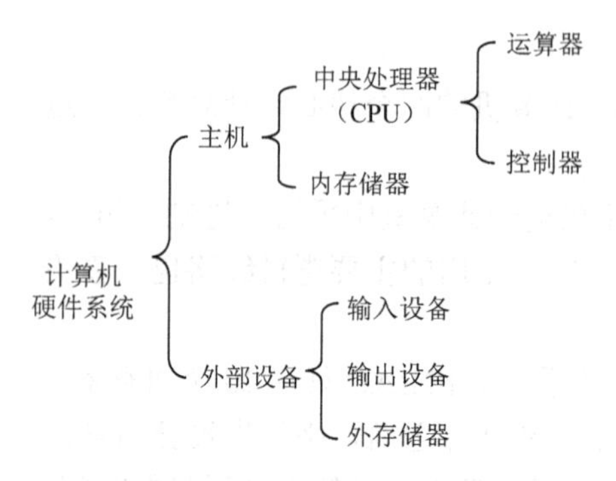

图 1-6 计算机硬件系统的构成

CPU 完成计算机的运算和控制功能，它包括运算器和控制器。运算器又称算术逻辑部件（arithmetical logic unit，ALU），主要完成对数据的算术运算、逻辑运算和逻辑判断等操作。控制器（control unit，CU）从内存储器中取出指令并对指令进行分析与判断，然后根据指令发出控制信号，指挥计算机各部分工作。

内存储器（memory）简称内存。根据其对数据的存储方式的不同，可分为只读存储器（read-only memory，ROM）和随机存储器（random access memory，RAM）。ROM 是一种只能读出事先所存数据的固态半导体存储器，一旦存储资料就无法将之改变或删除。ROM 通常用来存储计算机的基本硬件信息，这些信息保存在 ROM 中不会因为电源关闭而消失。RAM 是一种允许对任意指定地址的存储单元随机地读出或写入数据，且存取的速度与存储单元的位置无关的存储器。在计算机断电后，RAM 中的信息就会随之消失，因此主要用于存储短时间使用的程序。引入内存的主要目的是解决 CPU 与外部设备速度不匹配的矛盾。因为 CPU 读取和处理数据的速度极快，而外部设备对数据的读取、传输的速度较慢，所以如果没有内存的存在，将会使 CPU 长时间处于空闲状态，造成资源浪费，也无法提高系统资源利用率和系统吞吐量。虽然内存的速度也低于 CPU 的工作速度，但大大高于外部设备的工作速度，因此在 CPU 和外部设备之间增设内存，利用操作系统提供的“提前读”和“延后写”①技术可以极大地缩短 CPU 与外部设备之间进行数据输入/输出的时间，提高计算机的工作效率。

外部设备可以分为输入设备、输出设备和外存储器（简称外存）。

输入设备是人与计算机进行交互的媒介，是将外界的各种信息送入计算机内的设备，如键盘、鼠标、扫描仪等。

输出设备是将计算机处理后的信息以人们能够识别的形式显示和输出的设备，如显示器、打印机、绘图仪等。

外存储器主要用于保存暂时不用但又需要长期保留的程序或数据。如 U 盘、硬盘、光盘等。

1.1.4 计算机软件系统的构成

如果说硬件系统是计算机的躯壳，那么软件系统就是计算机系统的灵魂。硬件和软件系统是相互依赖、相辅相成的。计算机软件系统的组成如图 1-7

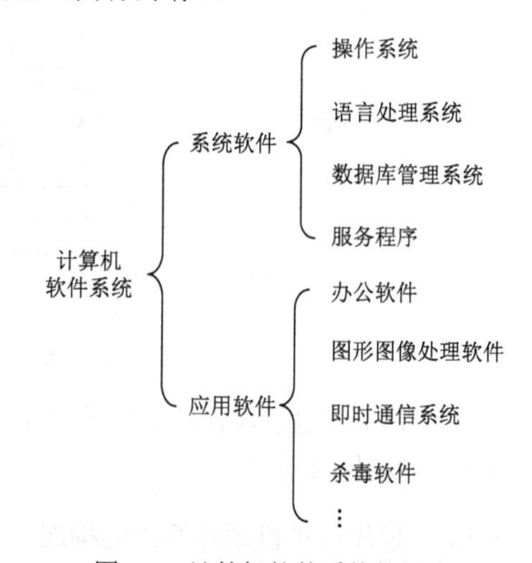

图 1-7 计算机软件系统的组成

① “提前读”指的是操作系统根据程序执行的局部性原理，把 CPU 将要处理的数据提前读入内存。“延后写”指的是 CPU 处理完的数据不是直接写到外存储器中，而是先保存在内存的缓冲区，当缓冲区满或 CPU 空闲时再写到外存储器，这样可以减少 CPU 与外部设备之间数据输入/输出的时间。

所示。按其作用可以分为系统软件和应用软件。

系统软件是控制和协调计算机及外部设备，支持应用软件开发和运行的系统。系统软件是硬件与软件的接口，硬件由系统软件驱动工作。根据功能，系统软件大致可以分为操作系统、语言处理系统、数据库管理系统和服务程序。系统软件的核心是操作系统，操作系统与硬件关系密切，是加在裸机上的第一层软件，其他绝大多数软件是在操作系统的控制下运行的。常用的操作系统有 UNIX、Linux、Solaris、Windows 系列等。其中，UNIX 和 Linux 主要用于服务器领域，Solaris 主要用于 SUN 工作站，而 Windows 系列主要用于微机系统。

应用软件在结构上位于操作系统之上，是为了适应不同的用户、不同的场合，完成不同的功能而编写的程序。随着计算机应用的不断推广，有些软件已逐步标准化、模块化，形成了解决某类典型问题的通用的软件，如用于办公自动化的 Office 系列软件；用于图像处理的 Photoshop、Fireworks；用于工程设计的 AutoCAD、3D MAX；用于即时通信的 QQ、微信、Skype；用于保证计算机系统安全的各类杀毒软件等。

1.2 程序设计语言

通常，人们的交流需要使用语言，不同种类的语言对相同的事物会有不同的表述方式。要想顺利地进行交流，双方必须采用彼此均掌握的语言。在计算机诞生之后，人们开始借助计算机完成某些特定任务，即人们要求计算机执行某一特定的指令序列。这种计算机能够直接或间接接受并进行处理的指令序列称为程序（program）。程序的书写必须依照一定的语法规则，由程序设计语言（programming language）来实现。这种语言是由人工设计的语言，是人与计算机交互的工具。它的好坏不仅关系到程序是否易读，还会影响到程序的质量。

通常，进行程序设计需要以下两步。

（1）算法设计，即针对具体问题所构造的解题方法、步骤。

（2）编码设计，即用计算机能够识别的程序语言将上述算法转换为程序。

对于刚刚接触计算机程序设计的读者而言，由于处理的问题比较简单，编码设计的难度一般高于算法设计的难度。随着学习的深入和问题复杂度的增加，算法设计的难度将大大超越编码设计的难度。读者应通过书中的讲解由浅入深，逐步熟悉计算机程序设计语言的规则和语法，逐步培养程序设计的思维方式。

程序设计语言按照书写形式以及思维方式的不同，一般分为低级语言和高级语言两类。低级语言包括机器语言和汇编语言，高级语言包括各种面向过程和面向对象的程序设计语言。

1. 机器语言

机器语言（machine language）是以二进制代码形式表示的机器基本指令的集合，是计算机系统唯一不需要翻译便可以直接识别和执行的程序设计语言。它的特点是运算速度快，每条指令均是由 0 和 1 组成的代码串，指令代码包括操作码与操作对象。

例如，在某计算机上要完成 3+5 的加法运算，3 的二进制编码为 00000011，5 的二进制编码为 00000101，用 10111000 命令将加数“3”保存，用 00000100 命令完成 3+5 的运算。机器语言代码如下：

10111000
00000011
00000100
00000101

显然，这段代码难以阅读、理解和记忆，并且它与计算机的硬件有关，不同系列的计算机上执行的机器语言代码有所不同，在某种类型的计算机上编写的代码放到另一种类型的计算机上可能根本无法运行。因此，如果一个问题要在多个计算机上求解，就必须重复编写多个应用程序。通常，只有当编程者对计算机的指令系统比较熟悉且需要编写的程序较短时，才会直接利用机器语言编写程序。人们为了摆脱编程中这种原始而低级的状态，设法采用一组字母、数字或字符等助记符代替机器指令，这样就产生了汇编语言。

2. 汇编语言

汇编语言（assembly language）使用助记符表示指令的操作码和操作对象，也可以使用标号和符号代替地址、常量和变量。

同样，要完成3+5的运算，需要使用MOV命令将加数“3”保存在寄存器AL中，然后使用ADD命令完成3+5的运算。汇编语言代码如下：

```
MOV AL, 3
ADD AL, 5
```

这种方式便于识别与记忆，执行效率也较高。但是，用汇编语言编写的程序不能直接在计算机上执行，必须通过某种翻译程序，将这种符号化语言等价地转换成相应的机器代码，才能执行。此外，不同CPU的指令系统对应的汇编语言不同。例如，单片机、微处理器等随机器型号、类型的不同，各自的汇编语言也不尽相同。

上述两种低级语言虽然工作效率较高、程序逻辑代码量较小，但是，它们与人们思考问题和描述问题的方法相去甚远，对使用者要求较高，无法被大多数的普通用户使用。为了方便使用，程序设计语言开始朝着人们熟悉、习惯的自然语言和数学语言的高级化方向发展，由此形成了各种各样的高级语言。

3. 高级语言

高级语言（high-level language）更接近自然语言和数学语言。使用高级语言编写的程序，可以屏蔽机器内部的细节，提高了语言的抽象层次，具有易学、易用、易维护、代码量少等优点，为用户编写与使用程序带来了极大的方便。

早期出现的是用于描述问题求解过程的高级语言，称为面向过程的程序设计语言，如FORTRAN、COBOL、BASIC、Pascal、C、Prolog等。进入20世纪90年代，出现了适合描述问题域的对象及其相互关系的语言，称为面向对象的程序设计语言，如Smalltalk、Ada、C++、Java、Python等。后者更加符合人类对客观事物认识的过程及思维方式。

但是，高级语言的语句不能被计算机硬件直接识别，必须经过编译程序进行编译，将用高级语言编写的程序编译成计算机硬件能够识别的机器语言后才能执行。关于编译的内容将在1.5.2节中详细讲述。

1.3 计算机中数制及其表示

日常生活中主要以 0～9 的十进制数计数，除十进制以外还有许多非十进制的计数方法。例如，1min 可换算为 60s，1h 可换算为 60min，这里用的是六十进制计数法。

1. 数制的定义

按进位的原则进行计数，称为进位计数制，简称数制。

1）逢 N 进 1

N 为数制中所需要的数码符号的总个数，称为基数。例如，十进制数用 0、1、2、3、4、5、6、7、8、9 这 10 个不同的符号表示。十进制数码符号的个数是 10，所以 10 是十进制数的基数。再如，八进制数用 0、1、2、3、4、5、6、7 这 8 个数表示，所以 8 是八进制数的基数。

数制的进位遵循逢 N 进 1 的规则，其中 N 是指数制中所需要的数字字符的总个数，就是前面介绍的基数。十进制数表示逢 10 进 1。

2）位权表示法

在一个数中，同一个数码处于不同位置则表示不同的值。每个数码的位置决定了它的值或者位权。位权是指数制中每一固定位置对应的单位值。例如，十进制数第 2 位的位权为 10，第 3 位的位权为 100；而二进制数第 1 位的位权为 1，第 2 位的位权为 2，对于 N 进制数，整数部分第 i 位的位权为 N^{i-1}，而小数部分第 j 位的位权为 N^{-j}。位权与基数的关系是各数制中位权的值是基数的某次幂。任何一种数制的数都可以表示成按位权展开的多项式之和。

例如，十进制数 4567 从低位到高位的位权分别为 10^0、10^1、10^2、10^3，可以表示为 $4567=4\times10^3+5\times10^2+6\times10^1+7\times10^0$，十进制数 234.15 可表示为 $234.15=2\times10^2+3\times10^1+4\times10^0+1\times10^{-1}+5\times10^{-2}$。

2. 常用的数制

通常，在计算机中采用的是二进制。在计算机应用中，为书写方便还常使用八进制或十六进制。

（1）十进制数：逢 10 进 1，由数码 0～9 组成。

（2）二进制数：逢 2 进 1，由数码 0、1 组成。

（3）八进制数：逢 8 进 1，由数码 0～7 组成。

（4）十六进制：逢 16 进 1，由数码 0～9、A～F 组成。

3. 计算机中数据的表示

计算机处理的所有的字符或符号也用二进制编码表示。

二进制应用具有如下优点。

（1）便于实现，用具有两种稳定状态的电气元件就可以表示二进制的两个数码。

（2）运算简单，只有两个数码参与运算，相对简单。

（3）便于存储，每一个电气元件可以存储一位二进制数。

4. 数制转换

1）十进制与其他进制之间的转换

转换规则：整数部分除以对应进制的基数逆序取余，小数部分则乘以相应进制基数顺序取整。

【例 1.1】$(65)_{10}=(101)_8$。

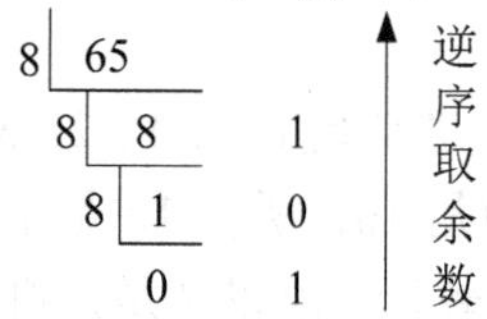

```
8 | 65
   8 | 8     1    ↑ 逆
     8 | 1   0    | 序
         0   1    | 取
                    余
                    数
```

【例 1.2】$(65)_{10}=(1000001)_2$。

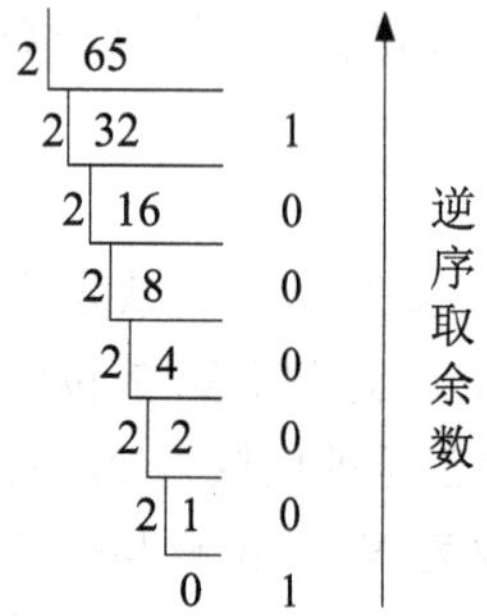

```
2 | 65
  2 | 32        1   ↑
    2 | 16      0   | 逆
      2 | 8     0   | 序
        2 | 4   0   | 取
          2 | 2 0   | 余
           2 | 1 0  | 数
               0 1
```

【例 1.3】$(0.125)_{10}=(0.001)_2$。

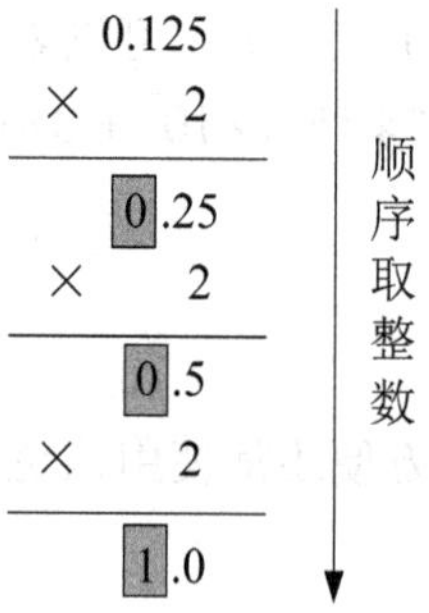

```
    0.125       | 顺
  ×     2       | 序
  ---------     | 取
    [0].25      | 整
  ×     2       | 数
  ---------     |
    [0].5       |
  ×     2       |
  ---------     ↓
    [1].0
```

2）其他进制转换为十进制

转换规则：按权展开相加。

【例 1.4】$(1100101011)_2=1\times2^9+1\times2^8+0\times2^7+0\times2^6+1\times2^5+0\times2^4+1\times2^3+0\times2^2+1\times2^1+1\times2^0=(811)_{10}$。

【例 1.5】$(5E4)_{16}=5\times16^2+14\times16^1+4\times16^0=(1508)_{10}$。

3）二进制、八进制和十六进制之间的转换

不同进制可以使用数字 2、8、10、16 下标形式表示，也可以使用后缀字母（一般用大写）的方式表示，即分别使用 B、O、D 和 H 表示二进制、八进制、十进制和十六进制。

例如，使用 1010111B 表示一个二进制数，127O 表示一个八进制数，87D 表示一个十进制数，57H 表示一个十六进制数。也可以使用后缀字母两侧加圆括号的形式，如 1010111(B)、127(O)。

（1）二进制、八进制之间的转换。

① 二进制转换为八进制有以下规则：

整数部分从低位（从右至左）起每 3 位组合成 1 位八进制数，不足 3 位时高位补零（左侧补零）；

小数部分从高位（从左至右）起每 3 位组合成 1 位八进制数，不足 3 位时低位补零（右侧补零）。

② 八进制转换为二进制有以下规则：

整数部分从低位（从右至左）起每 1 位八进制位转化为 3 位二进制数；

小数部分从高位（从左至右）起每 1 位八进制位转化为 3 位二进制数。

【例 1.6】 把二进制数 101110011 转换为八进制数。

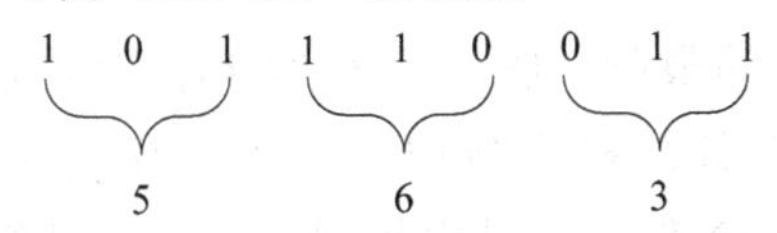

$(101110011)_2=(563)_8$

【例 1.7】 把八进制数 123 转换为二进制数。

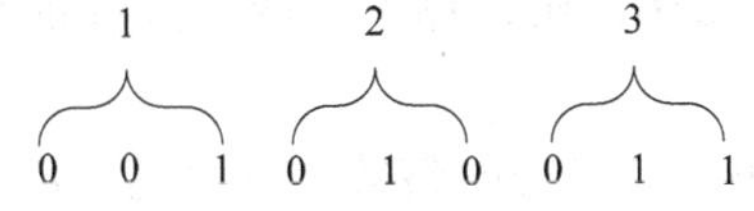

$(123)_8=(001010011)_2$

（2）二进制、十六进制之间的转换。

① 二进制转换为十六进制有以下规则：

整数部分从低位（从右至左）起每 4 位组合成 1 位十六进制数，不足 4 位时高位补零（左侧补零）；

小数部分从高位（从左至右）起每 4 位组合成 1 位十六进制数，不足 4 位时低位补零（右侧补零）。

② 十六进制转换为二进制有以下规则：

整数部分从低位（从右至左）起每 1 位十六进制位转化为 4 位二进制数；

小数部分从高位（从左至右）起每 1 位十六进制位转化为 4 位二进制数。

【例 1.8】 把二进制数 101110011 转换为十六进制数。

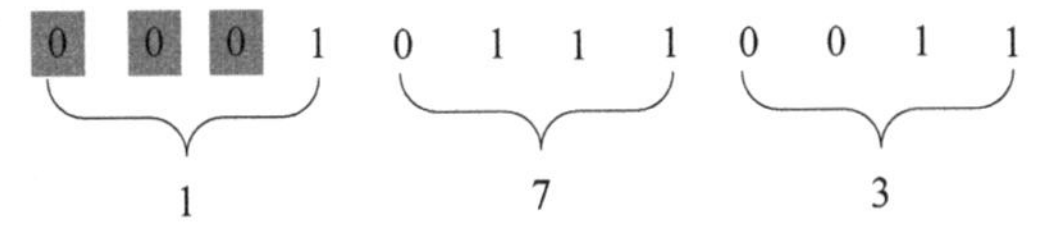

$(101110011)_2=(173)_{16}$

转换图中的阴影部分是在二进制转换过程中不够 4 位，根据高位补零的原则，补了 3 个零的结果。

【例 1.9】 把十六进制数 E53 转换为二进制数。

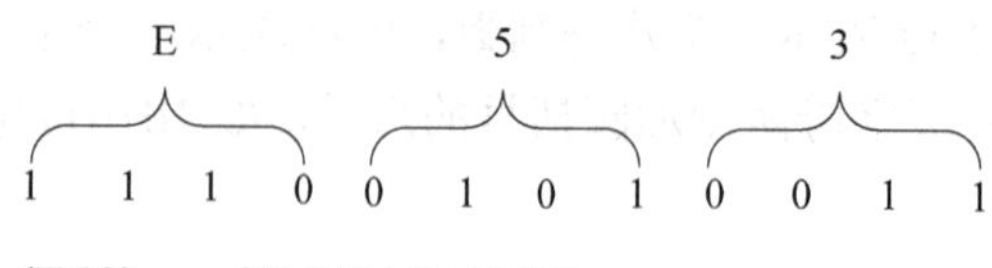

$(E53)_{16}=(111001010011)_2$

5. 原码、反码和补码

计算机 CPU 中的运算器没有执行减法的部件，要实现减法功能，就必须把减法运算转化为加法运算。那么这个转换如何进行呢？

把一个计量单位称为模或模数。例如，时钟是以十二进制进行计数循环的，即以 12 为模。在时钟上，时针加上（正拨）12 的整数位或减去（反拨）12 的整数位，时针的位置不变。因此，在以 12 为模的系统中，凡是减 10 的运算都可以用加 2 代替，这就把减法问题转化成加法问题了（注：计算机的硬件结构中只有加法器，所以大部分运算最终都必须转换为加法）。10 和 2 对模 12 而言互为补数。

同理，计算机的运算部件与寄存器都有一定字长的限制（假设字长为 8），因此它的运算也是一种模运算。当计数器计满 8 位也就是 256[计算机中数据是按字节存储的，1 字节等于 8 位，而计算机只能识别“0”和“1”这两个数，所以根据排列，1 字节能代表 256（即 2^8）种不同的信息]个数后会产生溢出，又从头开始计数。产生溢出的量就是计数器的模，显然，8 位二进制数，它的模数为 $2^8=256$。在计算中，两个互补的数称为“补码”。

在计算机中，无符号的整数没有原码、反码和补码，有符号的整数才有原码、反码和补码。其他的数据类型一概没有原码、反码和补码。下面介绍原码、反码和补码的概念。

1）原码

原码是符号位数码化了的二进制数，最高位为符号位，“0”表示正，“1”表示负，其余位表示数值的大小。

例如：十进制数 7 的原码为

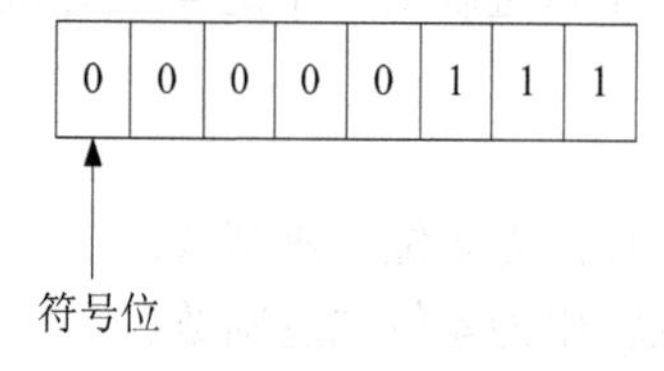

十进制数-7 的原码为

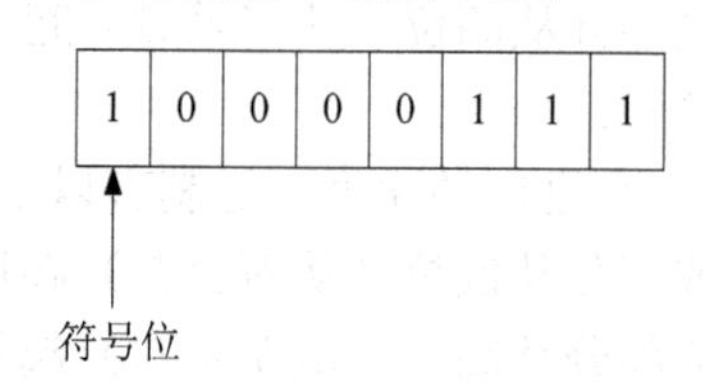

注意：

① 数 0 的原码有以下两种形式：

$[+0]_{原}=00000000B$

$[-0]_{原}=10000000B$

② 8 位二进制原码的表示范围：−127～+127。

2）反码

反码表示法规定：正数的反码与其原码相同；负数的反码是对其原码逐位取反得到的，但符号位除外。

例如：十进制数 7 的反码为

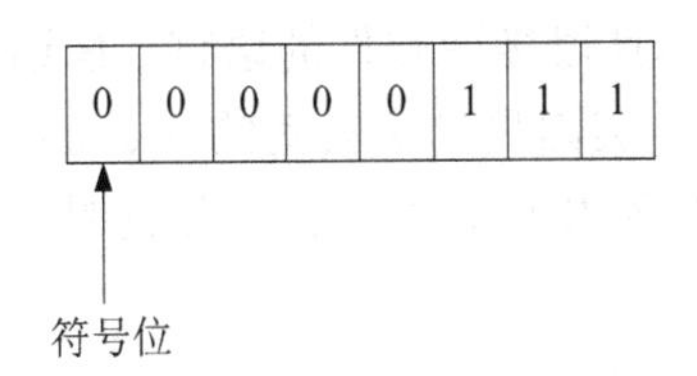

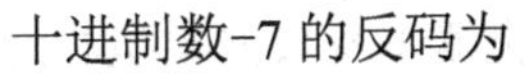

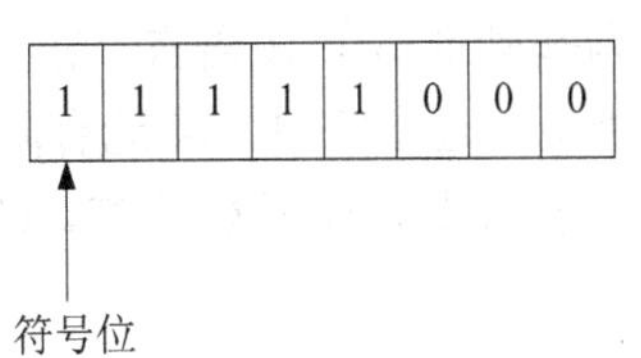

注意：*数 0 的反码也有两种形式，即*

$[+0]_{反} = 00000000B$

$[-0]_{反} = 11111111B$

3）补码

正数的补码与其原码相同；负数的补码是符号位为“1”，数值部分按位取反后再在末位（最低位）加 1，即“反码+1”。

例如：十进制数 7 的补码为

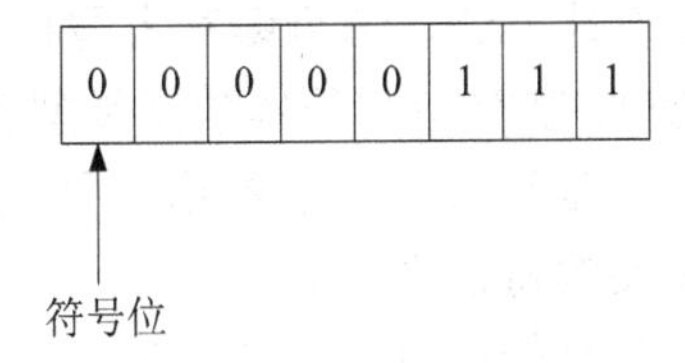

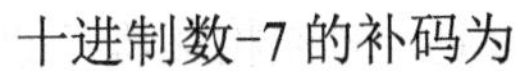

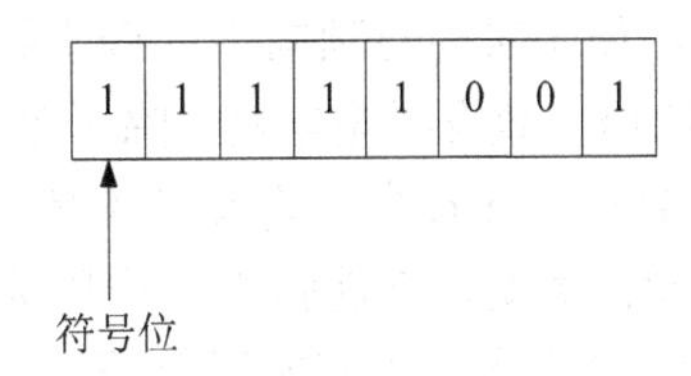

注意：

① 采用补码可以将减法运算转化成加法运算。采用补码进行运算，所得结果仍为补码。

② 数值 0 的补码只有一个，即$[0]_{补}= 00000000B$。

③ 若字长为 8 位，则补码表示的范围为-128～+127。

④ 补码的加减法运算规则，假定 X、Y 代表两个整数，则有

$[X+Y]_{补} = [X]_{补} + [Y]_{补}$

$[X-Y]_{补} = [X]_{补} - [Y]_{补}$

1.4　C 语言简介

C 语言是一种面向过程的程序设计语言，也是当代优秀的程序设计语言之一，是从事计算机相关工作的人员需要熟练掌握的一种程序设计语言。同时，它又是学习面向对象程序设计语言 C++、Java 等的基础。

C 语言的产生可以追溯到 ALGOL 60，它的发展过程如图 1-8 所示。其中，ALGOL 60 是一种高级语言，但由于离硬件比较远，不适合编写系统程序。1963 年，英国剑桥大学推出了 CPL（combined programming language）。CPL 虽然与硬件接近了一些，但规模庞大，实现起来困难。鉴于 CPL 的不足，剑桥大学的 Martin Richards 于 1967 年对 CPL 做了简化后推出了 BCPL（basic combined programming language），它可

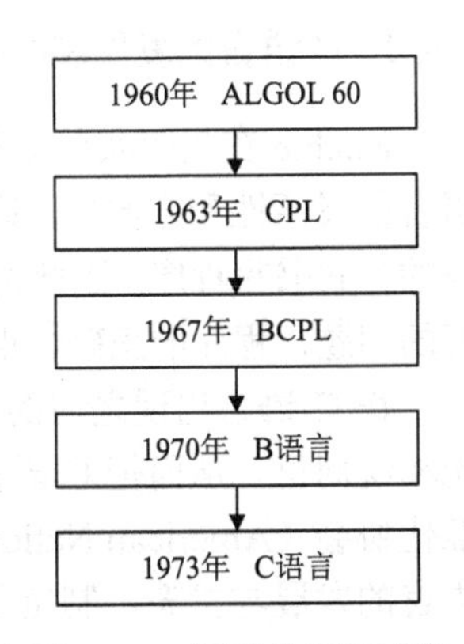

图 1-8　C 语言的发展过程

以直接处理与机器本身数据类型相近的数据。1970 年，美国贝尔实验室的 Ken Thompson 以 BCPL 为基础推出了 B 语言。B 语言是一种比较简单且很接近硬件的语言。B 语言没有使用数据类型，过于简单，功能有限。1972～1973 年，美国贝尔实验室的 Dennis Ritchie 在 B 语言的基础上设计了 C 语言。C 语言保持了 BCPL 和 B 语言的优点，并克服了它们的缺点。

1.4.1 C 语言的特点

C 语言之所以被世界计算机界广泛接受，成为软件开发行业主流的程序设计语言和应用很广的入门程序设计教学语言之一，是因为其自身的许多特点，迎合了 20 世纪 70 年代人们对于程序语言的认识和开发复杂系统的需要。C 语言的这些显著的特点和优点包括：

（1）C 语言不仅是一种简单的语言，比较容易入门，同时兼顾了高级语言和汇编语言的优点。

（2）C 语言是一种结构化程序设计语言，不但提供了结构化控制语句，而且程序以函数为模块，便于实现自顶向下、逐步细化的结构化程序设计方法，适合编写大型程序。

（3）C 语言数据类型丰富，除了整型、实型（浮点型）、字符型等基本数据类型和数组，C 语言还允许程序员自己定义结构体、共用体等数据类型描述较复杂的数据对象。尤其是 C 语言的指针类型，功能强大、应用灵活，是 C 语言重要的特色之一。

（4）C 语言具有丰富的运算符。除了一般高级语言具有的运算符，C 语言还包括位运算符、自增和自减运算符等。

（5）C 语言不但具有丰富的运算符，而且具有汇编语言的一些功能，在编译程序时很注重效率。C 语言程序编译后生成的目标代码长度短，运行速度快，在各种高级语言中效率最高。

（6）C 语言提供了一套预处理命令，支持程序或软件系统的分块开发。利用这些机制，一个软件系统可以较方便地先由几个人或几个小组分别开发，然后集成，构成最终系统。

（7）C 语言程序可移植性好。C 语言程序不依赖计算机硬件系统，便于在硬件结构不同的机器上实现程序的移植。

（8）C 语言具有丰富的标准库函数，利用库函数可简化程序设计的过程和难度，提高编程效率及程序的质量。

1.4.2 C 语言的发展和标准化

Ritchie 在贝尔实验室设计 C 语言时，主要是希望 C 语言能替代汇编语言，所以更强调语言的灵活性和方便性。这导致 C 语言当时的许多规定很不严格。例如，允许采用很多不规范的方式书写程序，因此留下了很多安全隐患。因为 C 语言要求程序编写者自己注意可能出现的问题，程序的正确性很大程度上要靠人来保证，语言的编译系统不能提供很大帮助。

在 C 语言出现之后的 10 多年中，适用于不同计算机和不同操作系统的 C 语言编译系统相继问世，从而把 C 语言的应用推向一个更加广泛、普及的阶段。1983 年，美国国家标准化协会（American National Standard Institute，ANSI）根据 C 语言问世以来各种版本对 C 语言的发展与扩充，制定了 C 语言标准草案（83 ANSI C）。1989 年，ANSI 又公布了完整的 C 语言标准——ANSI X3.159-1989（常称 ANSI C 或 C89）。1990 年，国际标准化组织

（International Standard Organization，ISO）接受了C89作为国际标准ISO/IEC 9899:1999。1999年，ISO又对C语言标准进行了修订，即C99。目前流行的C语言编译系统都以它为基础。本书以C99为基础，同时兼顾现代C语言编译系统不同版本的通用性、一致性。

1.5　简单的C程序

在具体学习C语言的详细内容之前，请先看一个简单的程序，并以这个程序为例介绍C语言的编辑、预处理、编译、连接和如何生成可执行文件。

1.5.1　一个简单的C语言程序

本书选取的第一个程序是"Hello world!"，这个程序来源于C语言的设计者——Dennis Ritchie和Brian Kernighan合著的*The C Programming Language*一书，请看例1.10。

【例1.10】 编写程序hello.c在屏幕上输出"Hello world!"。

```
/*                          /******程序注释******/
*file:hello.c
*This is our first C program,it will print the message "Hello world!" on
the screen.
*/
#include <stdio.h>          /******库包含******/
int main( )                 /******主程序******/
{
   printf("Hello world!\n");
   return 0;
}
```

上面这个简单而又经典的程序hello.c可以分为3个基本部分：程序注释、库包含（stdio.h）和主程序。这个程序经过预处理、编译、连接、运行之后将会在屏幕上输出"Hello world!"。下面详细讨论这个小程序。

1. 注释

上述程序的第1部分是一段英文注释，描述了这部分程序的功能。在C语言中，注释是在"/*"和"*/"之间的所有文字，可以占用连续几行。在hello.c中，注释是从第1行"/*"开始，到第4行"*/"结束。注释的目的是让读程序的人能看懂这段（行）程序的功能。使用C语言的任何一种编译器编译运行程序时，注释都将被忽略。也可以用"//"注释一行。

2. 库包含

上述程序的第2部分是库包含：

```
#include <stdio.h>
```

这行程序使用了C语言的标准输入/输出库"stdio.h"，stdio是standard input & output的缩写。库是一种工具的集合，这些工具由其他程序员编写，用于执行特定的功能。"stdio.h"是ANSI C提供的标准输入/输出库。

3. 主程序

上述程序的第3部分是主程序：

```
int main( )              /******主程序******/
{
    printf("Hello world!\n");
    return 0;
}
```

在主程序中，main是函数的名称，表示主函数，main前面的int表示此函数类型是整型的，同时返回值的类型也是整型的（在这里返回的是0，返回0则表示程序正常退出，见语句return 0;）。C语言规定，每一个C语言程序都必须有且只能有一个main函数，函数体由花括号{}括起来。在本例中，主函数体内只有一个输出语句printf("Hello world!\n")，请注意这里的printf是C语言编译系统提供的标准输入/输出库函数（详细使用方法请参阅本书4.2节），printf语句中的双引号内的字符照原样输出，“\n”是转义字符，表示换行（详见第2章），意思是在屏幕输出“Hello world!”之后回车换行。注意，C语言中每条语句的后面都由一个分号“;”结束。

【例1.11】 求3个数中的最大数。

```
1   #include <stdio.h>                        /******库包含******/
2   int main( )                               /******主程序******/
3   {
4       int maxfun(int x,int y);              /*声明函数maxfun*/
5       int m,n,k,max;                        /*声明4个整型变量*/
6       scanf("%d,%d,%d",&m,&n,&k);           /*从键盘输入3个数*/
7       max = maxfun(k,maxfun(m,n));          /*调用函数，返回3个数中的最大数*/
8       printf("Max value is %d\n", max);     /*输出最大数*/
9       return 0;                             /*表示程序正常结束*/
10  }
    /*定义函数maxfun，函数类型为整型，形式参数为整型数x，y*/
11  int maxfun(int x,int y)                   /*功能是求两个数中的最大数*/
12  {
13      int z;              /*声明一个整型变量z，用于存放2个整数中的较大数*/
14      z=(x>y)?x:y;        /*条件表达式，比较x和y，将其中较大的数赋给z*/
15      return z;           /*返回z的值*/
16  }
```

例1.11包含两个函数：主函数main和函数maxfun。程序的第4行是对函数的声明，注意这里有“;”，第11行是函数maxfun的定义，注意这里没有“;”，关于函数的详细内容，可参阅本书后续章节。程序第6行用到了一个标准输入函数scanf，它的作用是读入3个整数到整型变量m、n、k中，符号“&”的意思是取地址。关于scanf的使用方法可参阅本书第4章相关部分，符号“&”的用法可参阅本书第2章和第4章相关部分。

【例1.12】 求从1到N的N个自然数之和。

```
#include <stdio.h>
int main( )
{
    int i,N,sum=0;
```

```
    printf("Please input the nature number N:");
    scanf("%d", &N);
    for (i=1; i<=N;i++)         /*循环语句，将在第 6 章介绍*/
        sum=sum+i;
    printf("Sum is %d\n", sum);

    return 0;
}
```

例 1.12 是求从 1 到 N 的自然数之和，使用了循环语句——for 语句，具体用法将在本书第 6 章详细介绍。

总结前面 3 个例子，可以得出以下结论。

（1）C 语言程序是由函数构成的。在一个完整的 C 语言程序中至少且仅有一个 main 函数，此外，可能有若干其他函数，如 scanf 和 printf 等标准输入/输出函数、maxfun 等用户自定义的求较大值函数等。因此，函数是组成 C 语言程序的基本单位。

（2）关于函数的组成，从前面的例子可以看到，涉及函数的操作包括函数的定义（例 1.11 第 11 行）、声明（例 1.11 第 4 行）、调用（例 1.11 第 7 行）等。

（3）C 语言程序的执行总是从 main 函数开始，不论 main 函数在整个程序文件中的位置如何。其他函数通过 main 函数直接或间接调用执行。请注意，main 函数不能嵌套在别的函数内部定义，例如，下面这个例子是非法的。

```
int maxfun(int x,int y)
{
    int main( )
    {
        ……
    }
}
```

特别注意：C 语言的所有函数的定义是平行的、并列的。

（4）上述例子中用到的两个函数 scanf 和 printf 是 C 语言的标准输入/输出函数。不同的编译系统中输入/输出库函数的用法可能类似，但是名称、功能各有不同，请大家在使用时注意区分。

（5）C 语言的书写格式比较自由，一行可以写一条语句，也可以写多条语句，一条语句也可以写成多行，注意语句和语句之间要使用分号隔开。但是在函数定义时，如例 1.11 的第 2 行和第 11 行是不需要分号的。此外，预处理命令后面不能添加分号，因为它们不是 C 语言的语句，例如：

```
#include <stdio.h>
```

（6）注释。C 语言的注释使用“/*”开头，使用“*/”结束，中间的内容是对程序添加的注释，可以占用多行。注释可以在任何允许插入空格符的地方插入，但不允许嵌套。

注释对 C 语言来说不是必要的，但一个大的程序往往需要一个团队多个成员合作才能完成，添加注释可以方便自己和他人对程序的阅读，方便日后对程序的维护，这也是最基本的编程规范。

1.5.2 C 语言程序的编译和运行

C 语言是一种高级程序设计语言，通常将使用 Turbo C、Visual C++ 6.0、Dev C++等编

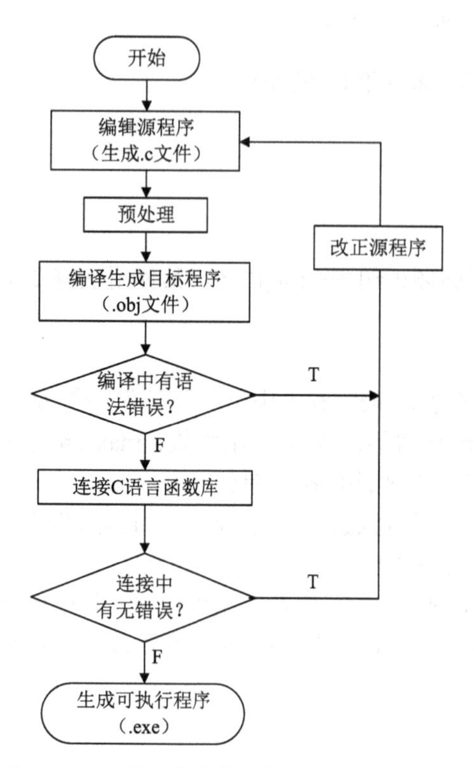

图 1-9　C 语言源程序的编辑、编译和运行流程

程环境编写的扩展名为.c 的 C 语言程序称为源程序。计算机不能直接运行源程序，因为计算机只能识别和执行机器语言程序。C 语言程序从编辑到执行通常要经过下述 5 个阶段：编辑、预处理、编译、连接和生成可执行程序，其流程如图 1-9 所示。

1. C 语言源程序的编辑

读者可以在编程环境下，按 C 语言编码规范完成源程序的编辑，注意扩展名必须为.c 或.cpp，如 hello.c 或 hello.cpp。

2. 源程序的预处理

当源程序编辑完毕之后，就需要对源程序进行编译。计算机发出编译命令后，C 语言编译器的编译程序首先自动启动预处理程序，处理程序中的预处理命令（#include <stdio.h>等），根据预处理命令对程序做相应的处理，如将其所包含的文件内容嵌入本程序之中，或者替换程序中专门定义的符号等。

3. 编译

编译是将 C 语言源程序翻译成机器语言（或者称为目标代码程序）。它包括词法分析、语法分析、语义分析、中间代码生成、代码优化、目标代码生成等功能。当源程序有词法或语法错误时，编译器会给出相应的出错信息，方便程序员查找错误并进行修改；若无编译错误，则生成目标程序，目标程序的扩展名为.obj。

4. 连接

在 C 程序中通常会调用标准库中的函数（如 scanf 和 printf 等），连接程序的作用是把目标代码和这些函数的代码连接起来生成可执行代码程序并存入存储设备。若连接过程有错，连接程序会给出错误信息。

5. 可执行文件

经过编辑、预处理、编译、连接之后，生成可执行文件。

1.5.3　C 语言程序的书写格式

作为一个初学者，养成良好的编程风格是非常有必要的。

（1）在程序中适当地使用空行，可以分隔程序中处于同一层次的不同部分，具体应用包括：

① 预处理命令后要加空行；

② 变量声明或函数声明之后加空行；

③ 变量的声明与使用之间尽量加空行。

（2）书写程序时采用阶梯缩进格式，将同一层次的不同部分对齐排列，下一层次内容缩进（推荐使用 Tab 键），使程序结构更加清晰，特别是在结构复杂、代码较长的程序中。

（3）通过为程序添加注释，可以使程序更加易读，一般情况是在重要文件的开头、重要函数的首部、重要变量声明的地方加注释。另外，在加注释时应一边写代码一边加注释，以防止遗忘原意。

1.6　解决实际问题的过程

建议大家学习时由浅入深、由易到难，关键是要学会利用计算机解决实际问题的思想，弄清楚解决问题的过程与步骤。

1.6.1　解决问题的基本步骤

一般来讲，解决问题的过程可以分为 5 步。

（1）分析问题，确立解决问题的方案。读者在此过程中要对问题进行分析、论证，罗列出解决问题的多种可选方案，并且择优确立解决问题的方案。

（2）算法描述。对于确立的方案进行详细的算法描述，包括建立数据模型、参数设置、算法结构和算法流程的描述等（算法的概念参考后续章节）。

（3）算法实现。针对过程（2）得到的算法，使用相应的高级语言（本书使用 C 语言）编写程序代码，同时对代码进行注释和说明。

（4）编译、运行和调试。对于编辑完成的代码需要在计算机上运行和调试，在运行过程中检查并排除所编代码的错误，这个过程需要经验的积累，在排除错误之后需要重新编译、运行。

（5）测试。程序运行完毕且没有任何错误，并不意味着解决问题的过程已经结束，还需要通过测试检验所编制的解决方案是否正确。如果运行结果与期望的结果一致，例如在例 1.12 中当求 1～100 的所有自然数之和时，若运行结果是 5050，则解决方案是正确的，否则是错误的，如果方案不正确，则需要修改方案并且重新编码，重复刚才的过程。整个过程的流程描述如图 1-10 所示。

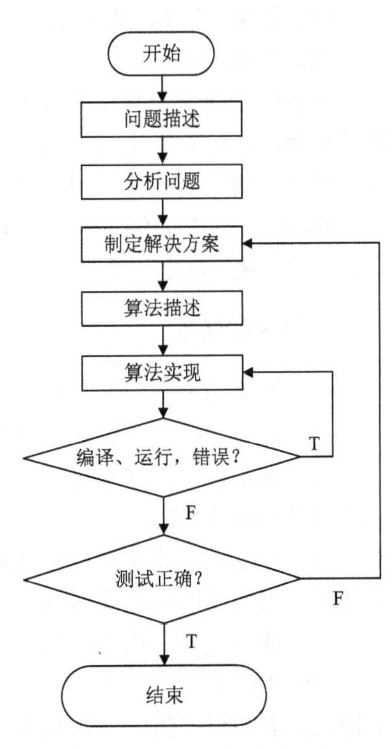

图 1-10　解决问题的过程描述

1.6.2 算法的概念

1.6.1 节提到了算法的概念，接下来解释什么是算法、算法的特性以及如何表示算法。在详细介绍算法的概念之前先分析以下几个问题。

1. 试描述一个同学到图书馆借书的过程

（1）到图书馆办理借阅证；

（2）进入图书馆；

（3）通过书架或电子查阅系统查询要借阅的图书；

（4）填写借书单；

（5）将借阅证和借书单交给图书馆工作人员，办理借书手续；

（6）图书馆管理员查找相应图书，如果图书未借出则请读者办理借书手续，将书借给该读者，否则该读者返回查找其他图书，否则离开图书馆；

（7）离开图书馆。

2. 试描述求 x 的绝对值的过程

（1）如果 $x \geqslant 0$，则输出 x；

（2）否则，输出 $-x$。

上面两个问题分别是非数值问题和数值问题求解的算法描述，可以看出：算法就是解题的步骤，是针对特定问题求解过程的描述，是指令的有限序列的集合。算法是解决针对某一特定问题需要做什么和怎么做的方法。

算法是一组有穷的规则，规定了解决某一特定问题的一系列运算，是对解题方案的准确与完整的描述。制定一个算法，一般要经过设计、确认、分析、编码、测试、调试等阶段。

1.6.3 算法的特性

一个正确的算法应具有以下特性。

（1）有穷性：一个算法应该在合理的时间范围内执行有限的操作步骤之后结束。

（2）确定性：算法中每一条指令必须有确切的含义，在任何条件下，对于相同的输入只能得出相同的输出。

（3）可行性：算法的可行性指的是算法中的每一个步骤都可以有效执行，并得到确定的结果。比如在进行除法运算时被除数不能为零，否则运算就会出错，是不可行的。

（4）零个或多个输入：输入是指在执行算法时从外界获得的信息，算法可以没有输入（例 1.10 没有输入），也可以有多个输入（例 1.11 有 3 个输入），算法中究竟有零个还是多个输入，需要根据具体问题具体分析。

（5）一个或多个输出：设计算法的目的是对问题进行求解，求解的结果就是输出。

1.6.4 算法的表示

算法的表示方法有多种，常用的方法有自然语言表示法、传统流程图表示法、N-S 结构化流程图表示法和伪代码表示法等。

1. 自然语言表示法

自然语言表示法就是指利用人们常用的自然语言，如汉语、英语、日语等其他语言表示算法。用自然语言描述算法通俗易懂、易于理解，特别适合还没有掌握其他算法表示方法的初学者。

【例 1.13】求任意实系数的一元二次方程的解。

对于任意实系数的一元二次方程，其解的形式与根的判别式$\varDelta$的值和二次项的系数有关，对于实系数一元二次方程$ax^2+bx+c=0$，对它的求解过程可描述为

（1）输入系数a、b、c的值。

（2）判断a的值，如果a的值为 0 执行（3），否则执行（4）。

（3）方程不是一元二次方程，不能根据一元二次方程的算法求解。

（4）计算根的判别式$\varDelta=b^2-4ac$的值，若$\varDelta \geqslant 0$，则方程有两个实根x_1和x_2：

$$x_1=\frac{-b+\sqrt{b^2-4ac}}{2a}$$

$$x_2=\frac{-b-\sqrt{b^2-4ac}}{2a}$$

否则执行（5）。

（5）方程有两个复数根，即

$$\begin{aligned} x_1&=\frac{-b}{2a}+\mathrm{i}\frac{\sqrt{4ac-b^2}}{2a} \\ x_2&=\frac{-b}{2a}-\mathrm{i}\frac{\sqrt{4ac-b^2}}{2a} \end{aligned} \qquad (\mathrm{i}^2=-1)$$

上述方法是使用自然语言描述了实系数一元二次方程的算法步骤，可以看出，使用自然语言描述该算法，清晰易懂，但是篇幅大、结构复杂，受限于不同的语言和描述对象，容易使描述的文字冗长，产生歧义。

2. 传统流程图表示法

传统流程图使用矩形框、菱形、单向箭头等符号，具有直观形象、易于理解的优点，如例 1.13 的算法可使用如图 1-11 所示的传统流程图描述。

从图 1-11 可以发现，用传统流程图描述算法比自然语言描述的算法更简洁、直观，易于理解。传统流程图使用流程线指示各框的执行顺序，但是对流程线没有严格的规定，使用者可以不受限制地随意转来转去，使流程图变得混乱、不易阅读。为了解决这个问题，人们提出三种基本结构，即顺序结构、循环结构和选择结构，在此基础上又衍生出 N-S 结构化流程图。

3. N-S 结构化流程图表示法

为改进传统流程图可能存在的流程线混乱、不易阅读等缺点，1973 年美国学者 I. Nassi 和 B. Shneiderman 提出一种新的流程图形式，它完全去掉了带箭头的流程线，将全部算法写在一个矩形框内，该框内还可以包含从属于它的框，这种流程图称为 N-S 结构化流程图

（N 和 S 是两位美国学者英文姓氏的首字母）。图 1-12 是对本章例 1.13 中算法的 N-S 流程图描述。

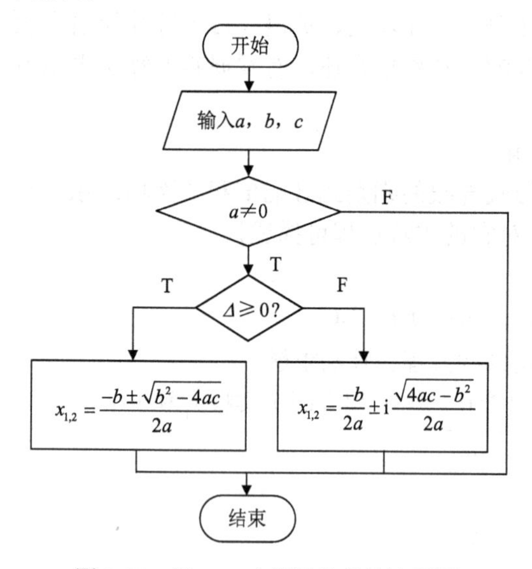

图 1-11　例 1.13 中算法的传统流程图

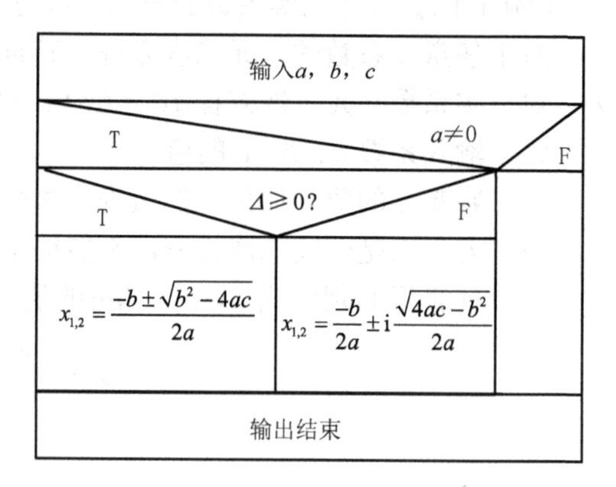

图 1-12　例 1.13 中算法的 N-S 流程图

4. *伪代码表示法*

使用传统流程图和 N-S 流程图表示算法直观、易懂，但画起来比较费事，而且一个算法的设计过程可能需要反复修改，可以看出修改例 1.13 中算法的传统流程图和 N-S 流程图是比较复杂的。因此，设计算法时常使用伪代码。例 1.13 可以使用伪代码表示如下：

```
start
输入一元二次方程的系数 a，b，c
if (a≠0)
    if (Δ≥0)
```

$$x_{1,2}=\frac{-b\pm\sqrt{b^2-4ac}}{2a}$$

```
    else
```

$$x_{1,2}=\frac{-b}{2a}\pm i\frac{\sqrt{4ac-b^2}}{2a},\ i^2=-1$$

```
else
    print-方程非一元二次方程
end
```

1.7　案例：学生成绩管理系统——欢迎界面

本书采用案例贯穿的思想，从本章开始，循序渐进，随着书中内容的深入逐步添加功能，最终完成一个学生成绩管理系统。

本节先完成学生成绩管理系统的欢迎界面，即在程序中输出“欢迎使用学生成绩管理系统”，程序代码如下：

```
#include <stdio.h>
```

```
int main( )
{
   printf("******欢迎使用学生成绩管理系统******\n");
   return 0;
}
```

程序运行结果如下：

```
******欢迎使用学生成绩管理系统******
```

1.8 小 结

本章主要介绍了以下几方面的内容。

（1）计算机的起源及其发展简史。

（2）冯·诺依曼计算机的工作原理和计算机系统的软、硬件系统的构成。

（3）机器语言、汇编语言和高级语言等各类程序设计语言。

（4）计算机中数制及其转换。

（5）C语言的特点及其发展和标准化过程。

（6）C语言的特点以及如何使用C语言编辑源程序、预处理、编译、连接和生成可执行程序；在程序设计过程中如何添加注释，库包含的意义和什么是主程序。

（7）算法的概念、特性、结构和表示方法，并举例说明针对实际问题设计算法和实现算法的过程。

习 题

1.1 简述计算机的工作原理。

1.2 简述冯·诺依曼计算机结构的特点。

1.3 试写出C语言源程序从编辑到生成可执行程序大致可以分为几步？各阶段生成的程序的扩展名是什么？

1.4 尝试在计算机上编译例1.10提到的程序“hello.c”，并给出必要的注释。

1.5 什么是程序？

1.6 什么是算法？算法有什么特点？如何表示算法？

C 语言数据类型、运算符和表达式

学习目标

- 掌握并理解 C 语言的基本字符、关键字和标识符的构成和使用方法；
- 掌握并理解 C 语言数据类型的分类；
- 掌握并理解变量与常量的概念；
- 掌握并理解基本数据类型的用法；
- 掌握并理解数据变量的定义及其使用方法；
- 掌握并理解不同数值型数据间的混合运算方法；
- 掌握并理解 C 语言的算术运算、赋值运算、关系运算、逻辑运算、条件运算、逗号运算等运算及其优先关系。

在使用计算机解决实际问题时，首先要求程序能处理可能遇到的各类数据问题。不同的问题，涉及的数据类型也不同，可能既包括传统意义上的整数、实数等数值型数据，也包括类似于'A'、'B'、"program"等用字符表示的非数值型数据，还要解决类似于 π 这类约定俗成但又无法在 C 语言中直接描述的特殊字符的转换和定义问题。在计算机中，不同类型的数据在内存中存储的形式和空间是不同的，因此，编译程序对它们进行的操作处理也不相同。为了满足解决实际问题时可能遇到的各种数值和非数值型数据的需要，C 语言引入了数据类型的概念，程序中使用的每个数据都必须指出它的数据类型，系统会为不同数据类型的数据分配与其数据类型相适应的内存空间，并根据数据类型确定此数据能够进行的运算（包括数学、逻辑和关系运算等）。

2.1 基本字符、关键字和标识符

本节主要介绍 C 语言中基本字符、关键字和标识符的使用方法。

1. 基本字符

在 C 语言中，无论是关键字还是标识符，或者是源程序都是由基本字符组成的。基本字符集可分为源字符集（书写源文件所用的字符集）和执行字符集（程序执行期间解释的字符集，如 null 字符用作字符串终止符、警报——alert、退格——backspace、回车——carriage return），其中源字符集包括大小写英文字母（52 个）、数字（10 个）、格式符（4 个）、特殊字符（29 个），如表 2-1 所示。

表 2-1　C 语言的字符集

<table>
<tr><th>类型</th><th>字符</th><th>备注</th></tr>
<tr><td>数字字符</td><td>0、1、2、3、4、5、6、7、8、9</td><td></td></tr>
<tr><td>英文字母</td><td>a～z
A～Z</td><td>26 个小写字母
26 个大写字母</td></tr>
<tr><td>格式符</td><td>空格
水平制表符（HT）
垂直制表符（VT）
换页符（FF）</td><td></td></tr>
<tr><td>特殊字符</td><td>!（感叹号）、+（加号）、"（双引号）、#（井号）、=（等号）、{（左花括号）、}（右花括号）、%（百分号）、~（波浪号）、^（折音符）、[（左方括号）、]（右方括号）、,（逗号）、&（和号）、.（句号）、*（星号）、'（单引号）、<（小于号）、(（左圆括号）、)（右圆括号）、|（竖线）、>（大于号）、_（下划线）、\（反斜杠）、/（除号）、;（分号）、?（问号）、-（连字符）、:（冒号）</td><td></td></tr>
</table>

除此之外的其他字符都只能放在注释、字符型常量、字符串常量和文件名中。

2. 关键字

关键字又称保留字，是一种预先定义的、具有特殊意义的、不能用于其他目的（如变量定义等）的标识符。例如，int 表示整型数据，float 表示单精度实型数据等。C 语言的关键字有类型标识符、控制流标识符、预处理标识符等，且它们均用小写字母。 C99 语言标准规定的关键字如表 2-2 所示。其中，inline、restrict、_Bool、_Complext、_Imaging 是 C99 才开始引入的关键字。

表 2-2　C 语言的关键字

auto	break	case	char	const
continue	default	do	double	else
enum	extern	float	for	goto
if	int	long	register	return
short	signed	sizeof	static	struct
switch	typedef	union	unsigned	void
volatile	while	inline	restrict	_Bool
_Complex	_Imaging			

3. 标识符

标识符是用来标识变量名、符号常量名、函数名、数组名、类型名、文件和标号等的有效字符序列。

C 语言规定标识符只能由字母、数字和下划线“_”（规定把“_”当作字母看待，因此下划线可以像字母一样在标识符的任何地方出现）3 种字符组成，而且标识符的第一个字符只能是字母或下划线。

注意：

① 通常情况下，C 语言将下划线开头的标识符保留给系统使用，因此建议读者在定义标识符时不要使用以“_”开头的标识符，以免和系统内部使用的名称冲突。

② C 语言严格区分字母大小写，在定义标识符的时候同一个字母的大小写视为两个不同的标识符。例如，student、Student、STUDENt、STUDENT 分别代表 4 个不同的标识符。

③ ANSI C 没有规定标识符的长度，由各个 C 语言编译系统自行规定。例如，IBM PC 的 MS C 取前 8 个字符有效，而 Turbo C 则允许 32 个字符。为了增强程序的可移植性，建议在命名标识符的时候（尤其在不清楚所使用的系统对标识符长度限制的时候）以 8 个字符为限，以保证各个编译系统都能正确识别标识符，从而保证程序的顺利编译。

④ 标识符的定义应遵循见名知意的原则，如在本章开头提到的圆周率问题，通常用 PI 代替圆周率 π，用 sum 代表求和，用 average 代表平均数等。

2.2 数据的表现形式和基本数据类型

在计算机中，数据存放在存储单元中，存储单元由有限个字节构成，每一个存储单元中存放的数据的范围是有限的，不可能存放无穷大的数，也不可能存放无限循环小数。所以许多情况下，用计算机处理的工程计算问题，得到的结果是近似的。

C 语言中允许使用的类型如图 2-1 所示。

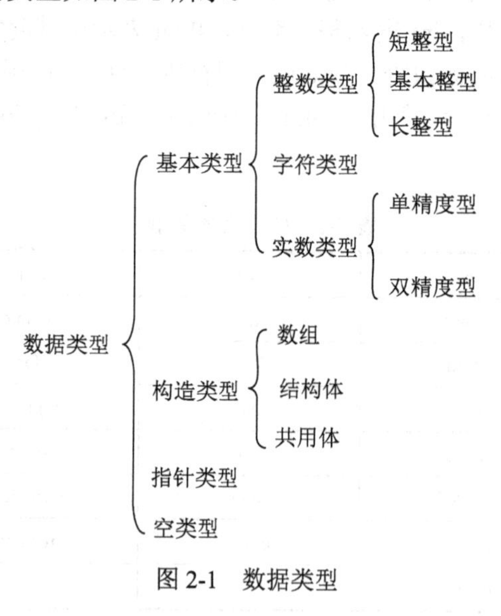

图 2-1 数据类型

2.3 常 量

在计算机的高级语言中，数据可分为常量和变量。

在程序运行过程中其值不能被改变的量称为常量。例如，x=5+8;语句中的“5”和“8”，这类数据在程序执行过程中是固定的，不会发生变化。

1. 整型常量

整型常量是指数据类型为整型的常量，也称为整常数。在C语言中，整型常量有八进制、十进制和十六进制3种表示。

1）十进制整数表示

十进制整数是由0～9之间的数字组成的符合C语言规则的数字字符组合。C语言规定在表示整数时，第一个数字字符不能为0，整数“0”除外。

十进制整数的表示方法如下：

0，123，456，65535

注意：

① 长整型是另一个不同的数据类型，基本整型数据所占的字节数小于或等于长整型数据。C语言中，在数字序列后面附一个字母“l”或“L”作后缀表示长整型。由于小写字母“l”容易与数字“1”混淆，通常用大写L。例如：

123L，456L，0L，65535L

② C语言中在整数前面写正负号（+,-），分别表示正、负整数，通常正号可省略。

2）八进制整数表示

C语言中规定八进制是以前缀0开头由0～7（8个数字）组成的数字序列。八进制长整型数也是在数字序列后加“l”或“L”。八进制数主要是用于表示某整型常量的机器码，当表示某数的机器码时，八进制数前面没有符号。

八进制整数表示方法如下：

0123，-0123，0456，0177777，-0177777

3）十六进制整数表示

C语言中十六进制以前缀0x或0X开头，并且是由数字0～9，字母a～f或A～F中的字符组成的字符序列。十六进制数主要用于表示某整型常量的机器码，当表示某数的机器码时，十六进制数前面没有符号。

用十六进制形式表述整数的方法如下：

0x123，0xAB12，0xFFFF

4）整型数的后缀

无符号数也可用后缀表示，整型常数的无符号数的后缀为“U”或“u”。例如，357U、0x37AU、234LU均为无符号数。

前缀、后缀可同时使用以表示各种类型的数。例如，0XA4LU表示十六进制无符号长整型数A4，其十进制形式为164。

注意：C语言中整数有八进制、十进制和十六进制的不同表述方式，这些方式并不表示新的数据类型，只是同一数据类型的不同表示方法。

2. 实型常量

在C语言中，实型数据用来表示数学中的实数。实型常量有以下两种表现形式。

（1）十进制小数形式，用数字加小数点表示，如3.1415926、0.0、.314、-123.、300.、3.0；当用小数表示时如果整数部分或小数部分为0，0可以省略，但小数点不可以省略。

（2）指数形式，如12.34e3（表示12.34×10^3）。因为在计算机中无法输入上标或下标，所以，规定用E或e代表以10为底的指数。要注意，E或e前面必须有数字，而且E或e后面必须为整数。例如，1E-6和1E6都是合法的指数形式，而E-6和1E-2.5都是不合法的指数形式。

3. 字符型常量

字符型常量是由一对单引号括起来的一个字符。字符型常量主要有以下4种表示方法。

1）直接书写

直接书写是指在单引号内书写ASCII表（参见附录）中可打印的字符。例如，'a'、'A'、'+'、'?' 等都是合法的字符型常量，请注意这里的'a'和'A'代表两个不同的字符型常量。

注意：

① 单引号是界限符号，字符型常量只能是一个字符。

② 字符在计算机存储单元中存储的时候并不是存储字符本身，而是存储它的代码（一般采用ASCII码）。例如，字符'a'在计算机中存储时，存储的是它的ASCII码值97（以二进制形式存放）。

2）转义字符

转义字符是特殊的字符型常量。转义字符以反斜线“\”开头，反斜线后面可跟一个或几个字符。转义字符不同于字符的原意，具有特殊的意义，所以称为转义字符。

常用的转义字符如表2-3所示。

表2-3 常用的转义字符

字符形式	功能	ASCII码值
\a	响铃	7
\n	换行，将当前位置移到下一行开头	10
\t	水平制表（跳到下一个Tab）	9
\b	退格	8
\r	回车	13
\f	换页	12
\\	反斜杠“\”	92
\’	单引号	39
\”	双引号	34
\ddd	1～3位八进制数所代表的字符	与该八进制数对应字符的ASCII码值
\xhh	1～2位十六进制数所代表的字符	与该十六进制数对应字符的ASCII码值

4. 字符串常量

字符串常量是由一对双引号括起来的字符序列。组成字符串的字符序列中可以包含0个字符、1个字符或多个字符，如"student"、"Hello C language!"、" "、"C"等。

在C语言中，字符型常量和字符串常量有如下区别。

（1）字符型常量由一对单引号括起，而字符串常量由一对双引号括起。

（2）字符型常量只能由一个字符构成，而字符串常量可由 0 个字符、1 个字符或多个字符构成。

（3）字符型常量在内存中占 1 字节存储空间，而字符串常量占用的内存空间为字符串中所有字符占用的存储空间再加 1 字节，这个字节中存放的是“\0”，是一个不可显示的字符，表示字符串的结束。

5. 符号常量

C 语言中可以使用一个标识符表示一个常量，这个标识符称为符号常量。例如，常常使用 PI（pi）表示 π。符号常量必须先定义后使用，而且一般在文件的开始部分就要定义，一般形式如下：

```
#define  标识符    常量
```

例如：

```
#define  PI  3.1415926
```

其中，PI 可以被看作一个符号常量，#define 称为宏定义，是一种预处理命令，有关预处理命令的详细描述可参看本书第 13 章。符号常量的应用如例 2.1。

【例 2.1】 求圆的面积。

代码如下：

```
#define PI 3.14
#include <stdio.h>
int main( )
{
    int r;
    float s;

    scanf("%d",&r);
    s=PI*r*r;
    printf("area=%f\n",s);

    return 0;
}
```

运行时，输入 2

程序运行结果如下：

```
area=12.560000
```

例 2.1 中用#define 定义 PI 代表常量 3.14。在编译预处理时，main 函数中出现的 PI 都被替换为 3.14，可以和常量一样进行运算，运算的结果和使用 scanf 函数接收的变量 r 的值有关。引入符号常量有以下两个作用。

（1）为便于修改程序，在例 2.1 中若要提高圆周率的精度，修改定义即可，而不需修改程序中每个出现圆周率的地方。

（2）增加程序的可读性，通过名称可知道常量的实际意义。

注意： 符号常量只能在程序中定义时赋值，此后不能在程序范围内进行二次赋值。

2.4 变量的定义和使用

在编程过程中，变量的使用非常广泛，类似数学中 x=5 这样的公式，x 是变量名，x 的值可以改变。

2.4.1 变量的定义

变量是指在程序运行过程中，其值可以改变的量。

变量是一个标识符或者名称，给变量命名时，应该做到见名知意，便于交流和维护。

变量是唯一确定的，它对应内存若干存储单元。这是由编译器保证的，用户一般不用费心。

变量的 3 个基本要素：变量名、类型和值。程序员一旦定义了变量，那么，变量就至少提供两个信息：一是变量的地址，即操作系统为变量在内存中分配的若干内存单元的首地址；二是变量的值，即变量所对应的内存单元中存放的数据。

2.4.2 变量的使用及赋初值

1. 变量的使用

变量在使用的时候只需将变量直接写在表达式中，该变量将参与该表达式的计算。

C 语言的变量在程序中主要以变量名的形式出现，变量名的命名规则和标识符一样。

（1）由字母、数字和下划线组成，而且变量的第一个字符只能是字母或下划线。

下面是一些合法的变量名：

add，sum，average，score，math

如下是一些不合法的变量名：

3a，$3，#3A

3a 的错误是因为变量的首字符不能是数字；$3 的错误是变量的命名规则规定变量名中不能包含“$”字符，而且首字符只能是字母或下划线；#3A 的错误原因同“$3”。

（2）C 语言编译系统将大写字母和小写字母视为不同的字符，即大、小写字母分别为两个不同的变量。

（3）命名的原则一般是见名知意，方便阅读。例如，int sum 和 float average，可以看出 sum 可能是代表求和的，average 可能是代表求平均数的。

（4）变量名、变量地址、变量的值之间的关系。变量名实际上是一个符号地址，程序编译连接时由系统给每个变量名分配一个内存地址，程序运行期间从变量中存取值就是通过变量名找到相应的内存地址，再从内存单元中存取数据。变量所占据的内存单元的首地址就是该变量的地址，可以通过在变量名前面加符号“&”取得变量的地址。例如，定义一个整型变量 a，并且给 a 赋值为 5，假设存放它的内存区域的首地址为 2002H，则&a 的值就是 2002H。变量名、变量值、变量地址和存储单元四者之间的关系如图 2-2 所示。

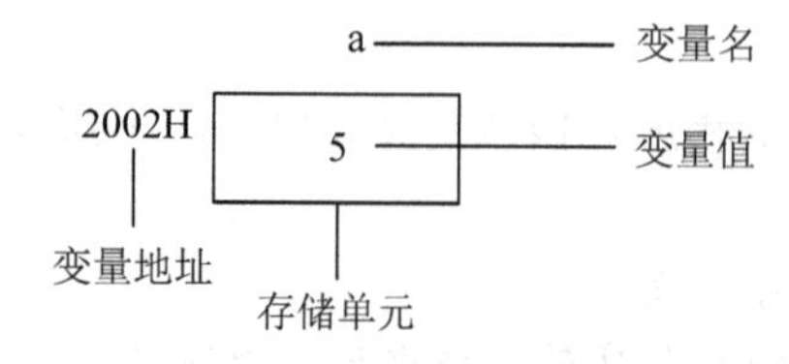

图 2-2 变量名、变量值、变量地址、存储单元示意图

（5）变量应先定义后使用。只有先定义，编译器在程序中遇到该变量时才能识别它。

2. 变量赋初值

C 语言对变量赋初值有以下几种形式。

（1）定义变量的同时赋初值，例如：

```
int a=5;                  /*定义 a 为整型变量，并且初始化 a 的值为 5*/
float pi=3.1415;          /*定义 pi 为单精度型变量,并且初始化 pi 的值为 3.1415*/
char ch1='a';             /*定义 ch1 为字符型变量，并且初始化 ch1 的值为字符 a*/
```

（2）对几个变量赋予同一个初值，例如：

```
int m=5,n=5;
```

不能写为

```
int m=n=5;
```

可以写为

```
int n;
int m=n=5;
```

2.5 变量的基本数据类型

C 语言中变量可以分为整型变量、实型变量和字符型变量，每种类型变量的定义和使用要按照程序设计的规范进行。丰富的变量类型可以满足不同的程序设计需求。

2.5.1 整型变量

整型变量用于表示数学中的整数，包括正整数、0 和负整数。C 语言提供了多个整型数据类型，包括 short int（短整型）、int（整型）和 long int（长整型），其中 short int、int 和 long int 用来定义不同的整型数。不同的整型数据类型拥有不同的二进制编码位数，可表示不同的整数范围，以满足程序设计中不同的需要。

1. 整型变量的分类

根据整型变量数值的表示范围可以将整型变量分为以下几类。

（1）基本整型：用关键字 int 表示。

（2）短整型：用关键字 short int 或 short 表示。

（3）长整型：用关键字 long int 或 long 表示。

（4）无符号型：关键字为 unsigned，无符号整型没有符号位，存储单元的全部二进制位都用于存放数值，所以它表示的最大数的绝对值大于有符号的整型。

无符号型又可与上述 3 种类型匹配而构成下述几种类型：

（1）无符号基本整型：关键字为 unsigned int 或 unsigned。

（2）无符号短整型：关键字为 unsigned short。

（3）无符号长整型：关键字为 unsigned long。

注意：C 语言中整型变量在没有特别声明，也未使用 unsigned 的情况下默认为有符号整型（signed），但是 signed 常省略不写。

表 2-4 列出了各种整型数据类型的表示方法、取值范围和在内存空间中占用的字节数。

表 2-4　整型数据类型

类型	字节数（二进制的位数）	取值范围
int	4（32）	-2147483648～2147483647　即 -2^{31}～（$2^{31}-1$）
unsigned int	4（32）	0～4294967295　即 0～（$2^{32}-1$）
short int	2（16）	-32768～32767　即 -2^{15}～（$2^{15}-1$）
unsigned short int	2（16）	0～65535　即 0～（$2^{16}-1$）
long int	4（32）	-2147483648～2147483647　即 -2^{31}～（$2^{31}-1$）
unsigned long	4（32）	0～4294967295　即 0～（$2^{32}-1$）

注：开发环境以 Dev C++为例，不同的开发环境所占的字节数会有所不同。

下面以整数 6 为例说明各类整型数在内存中的存储情况，由于整型数在内存中是以二进制补码形式存放的，所以把整数 6 转化为二进制补码可得 0000000000000110，具体存放形式如图 2-3 所示。

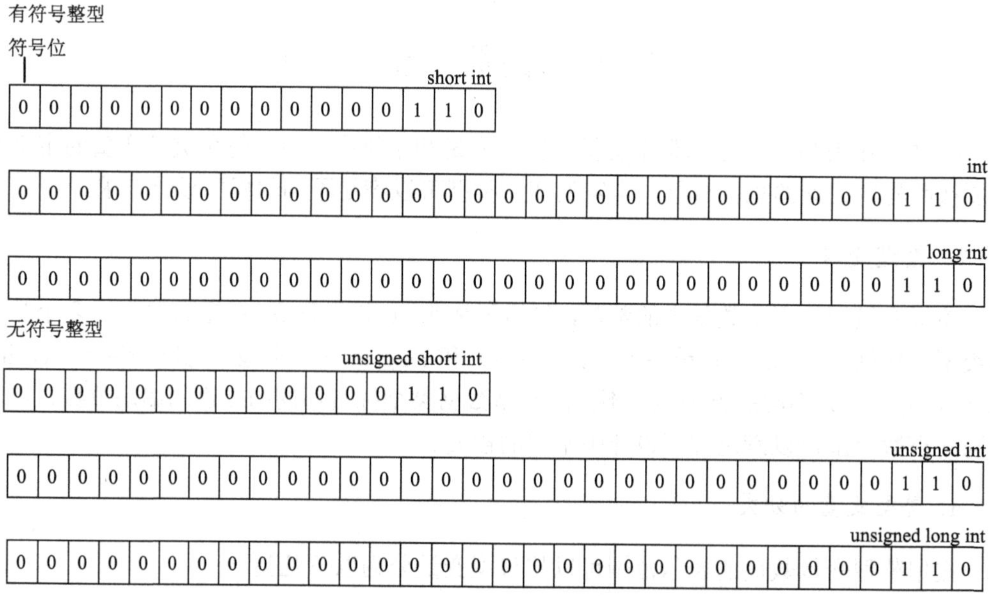

有符号整型

符号位

short int

0	0	0	0	0	0	0	0	0	0	0	0	0	1	1	0

int

0	0	0	0	0	0	0	0	0	0	0	0	0	0	0	0	0	0	0	0	0	0	0	0	0	0	0	0	0	1	1	0

long int

0	0	0	0	0	0	0	0	0	0	0	0	0	0	0	0	0	0	0	0	0	0	0	0	0	0	0	0	0	1	1	0

无符号整型

unsigned short int

0	0	0	0	0	0	0	0	0	0	0	0	0	1	1	0

unsigned int

0	0	0	0	0	0	0	0	0	0	0	0	0	0	0	0	0	0	0	0	0	0	0	0	0	0	0	0	0	1	1	0

unsigned long int

0	0	0	0	0	0	0	0	0	0	0	0	0	0	0	0	0	0	0	0	0	0	0	0	0	0	0	0	0	1	1	0

图 2-3　整数 6 在内存中的分类存储情况

2. 整型数据在内存中的存放形式

虽然前面提到了在 C 语言中表示整数时可以采用八进制、十进制和十六进制，但是数据在内存中的存放形式只有一种，即二进制形式，并且是以二进制补码形式存放的。

【例 2.2】 整形数据在内存中的存放形式 1。

```
int a;                  /*定义了一个整型变量 a*/
a=1;                    /*为整型变量 a 赋值，把 1 赋给变量 a*/
```

由于整数 1 的二进制补码形式为 0000000000000001，故整型变量 a 在内存中的存放形式如图 2-4 所示。

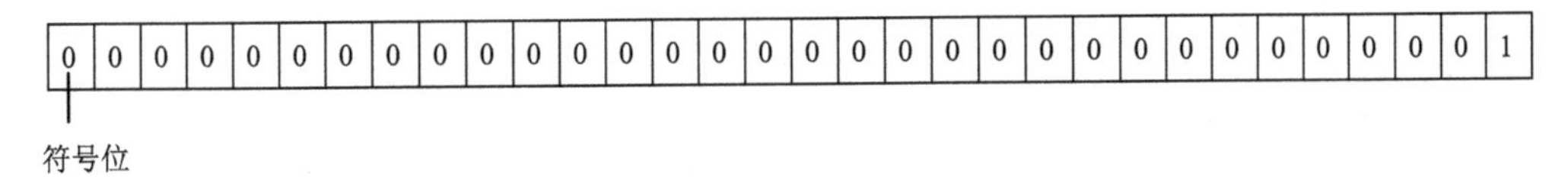

图 2-4　有符号整型数 1 在内存中的存放形式

【例 2.3】 整形数据在内存中的存放形式 2。

```
int a;                     /*定义了一个整型变量 a*/
a=-1;                      /*给整型变量 a 赋值，把-1 赋给变量 a*/
```

整型变量 a=−1 时在内存中的存放形式如图 2-5 所示。

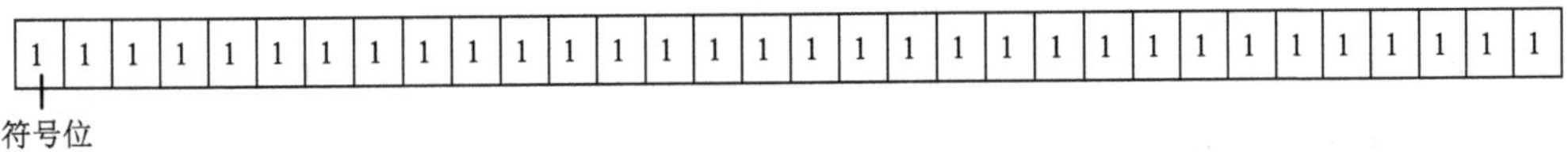

图 2-5　有符号整型数-1 在内存中的存放形式

说明：

由于十进制数在计算机中都是以二进制补码形式存放的，因此将 a=−1 转换为二进制补码。负整数二进制补码求解形式如下：首先求-1 的原码[图 2-6（a）]，然后把除去符号位之外的其他位按位取反[图 2-6（b）]，在此基础上末位加 1 得到-1 的补码[图 2-6（c）]。

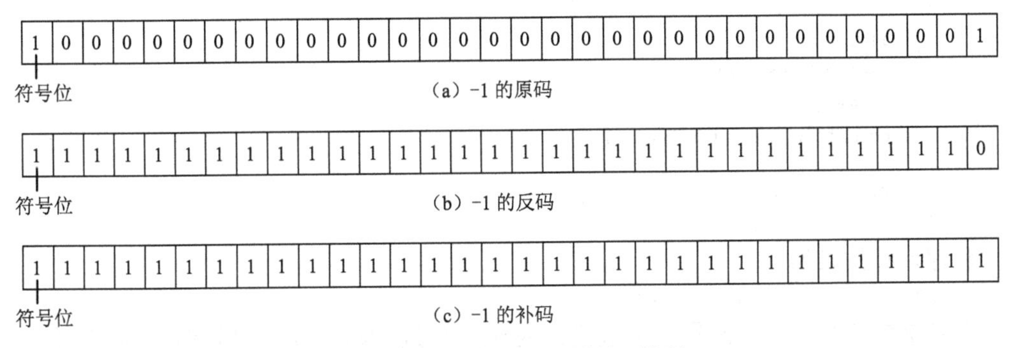

（a）-1 的原码

（b）-1 的反码

（c）-1 的补码

图 2-6　整数-1 的原码、反码、补码

3. 整型变量的定义和使用

C 语言中整型变量定义的一般形式如下：

```
类型说明符  变量名 1,变量名 2,…;
```

例如：

```
int a,b,c;             /*定义了 a，b，c 三个整型变量*/
unsigned int k,t;      /*定义了两个无符号整型变量 k 和 t*/
```

定义变量时，应注意以下几点。

（1）在一个类型说明符后，可以定义多个相同类型的变量。各变量名之间用逗号间隔。类型说明符与变量名之间至少用一个空格间隔。

（2）最后一个变量名之后必须以分号“;”结尾。

（3）变量要先定义后使用。变量的定义一般放在函数体的开头部分。

【例 2.4】 整型变量的定义和使用。

```
#include <stdio.h>
```

```
int main( )
{
    int k,t,s;

    scanf("%d,%d",&k,&t);
    if (k>t)
        s=k;
    else
        s=t;
    printf("The max number is:%d\n",s);
    return 0;
}
```

4. 整型数据的溢出

在本书所讨论的整型数据中，int 型变量的最大值为 2147483647，如果一个 int 型变量的运算结果超过这个最大值，那么程序会有什么结果呢？

【例 2.5】整型数据的溢出。

```
#include <stdio.h>
int main( )
{
    int m,n;
    m=2147483647;
    n=m+1;
    printf("%d,%d\n",m,n);

    return 0;
}
```

程序运行结果如下：

```
2147483647,-2147483648
```

从图 2-7 可以看出：变量 m 的最高位为 0（符号位为 0，所以是正的），后 31 位为 1，当加 1 后，后 31 位为 0，第一位为 1（符号位为 1，所以是负的），根据二进制的知识可以得出，该形式正好是-2147483648 的补码形式，这种情况在 C 语言中称为“溢出”。但是请注意，系统编译时并不会报错，所以要特别注意 C 语言中不同类型数据的表示范围。

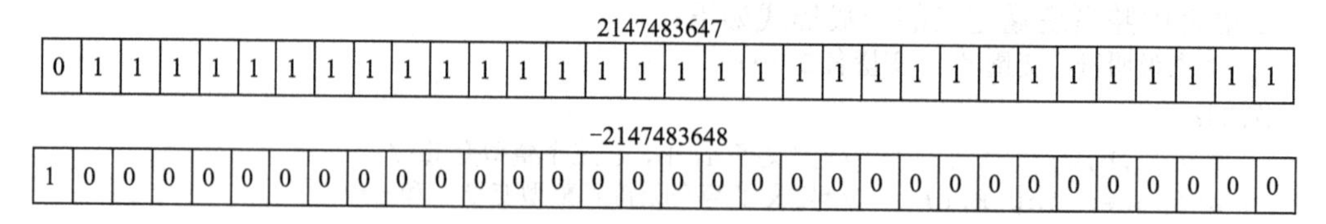

图 2-7　整型数 2147483647 和-2147483648 在内存中的存储形式

2.5.2　实型变量

在计算机中，一个实型数据在内存中占 4 字节（32 位）或者 8 字节（64 位）或更多，并且实型数据在计算机中是按指数形式存储的，与整型数据的存储形式不同。

实型变量的定义分为单精度型（float）、双精度型（double）和长双精度型（long double）。在 Dev C++中，实型数据所占内存空间、有效数字位数和数值范围如表 2-5 所示。

表 2-5 实型数据类型

数据类型	类型符	占内存/字节	占内存/位	有效数字位数	数值范围
单精度型	float	4	32	6	-3.40282e+38～-1.17549e-38， 0， +1.17549e-38～+3.40282e+38
双精度型	double	8	64	15	-1.79769e+308～-2.22507e-308， 0， +2.22507e-308～+1.79769e+308
长双精度型	long double	12	96	19	-1.18973e+4932～-3.3621e-4932， 0， +1.18973e+4932～+3.3621e-4932

说明：

（1）绝对值小于 1 的实数，其小数点前面的零可以省略。

（2）Dev C++以默认格式输出实数时，最多只保留小数点后 6 位。

float 型数据在内存中的存储形式分为 3 部分。

（1）符号位：第 31 位，共 1 位，0 代表正，1 代表为负。

（2）指数部分：第 30 位至第 23 位，共 8 位，可正可负，存储科学计数法中的指数数据。

（3）尾数部分：第 22 位至第 0 位，共 23 位。

double 型指数部分有 11 位，尾数部分有 52 位，而对于 long double 类型，不同的编译系统会有所差别，读者可查阅相关资料。

2.5.3 字符型变量

字符型变量只能存放单个字符。字符型变量的类型说明符是 char。系统为 char 类型数据分配 1 字节的存储单元用于存放字符的 ASCII 值。

【例 2.6】字符型变量的定义和赋值。

```
char ch1,ch2;       /*定义两个字符型变量 ch1 和 ch2*/
ch1='a';            /*为字符型变量 ch1 赋值，把字符 a 赋给变量 ch1*/
ch2='b';            /*为字符型变量 ch2 赋值，把字符 a 赋给变量 ch2*/
```

1. 字符型变量在内存中的存储方式

在例 2.6 中，对字符型变量 ch1 和 ch2 进行了定义和赋值。字符型变量在内存中的存储形式如图 2-8 所示。

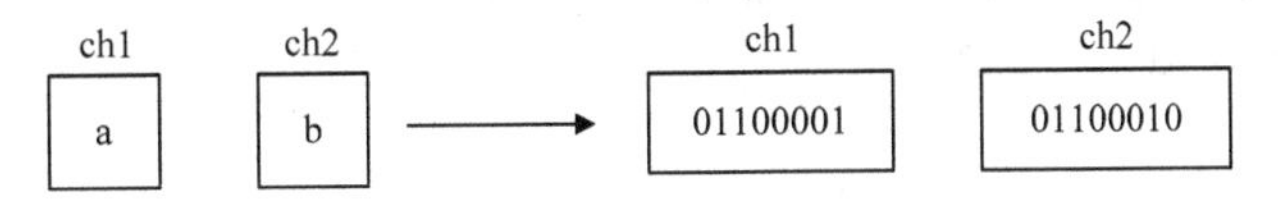

字符型变量在内存中实际存储为字符的 ASCII 码的二进制形式

图 2-8 字符型变量在内存中的存储形式

2. 字符型数据和整型数据的关系

上面提到字符型数据存储时存放的是该字符的 ASCII 码值，如对于字符'a'，在内存中存储时存放的是'a'的 ASCII 码值 01100001（十进制数为 97），这种存储形式与整数 97 的存储形式类似，区别仅在于字符型数据占 1 字节，而整型数据占 4 字节。因此，只要是在 ASCII 码的取值范围内，字符型数据和整型数据是可以通用的。

通过比对 ASCII 码对照表，可以发现：对应的大小写英文字母之间的 ASCII 码值均差 32（如小写字母 a 和大写字母 A 的 ASCII 码值分别为 97 和 65，相差 32）。大写英文字母的 ASCII 码值比小写英文字母的 ASCII 码值小 32，利用这一规律，可以实现大小写英文字母之间的转换。

【例 2.7】编程实现大小写字母之间的转换。

```
#include <stdio.h>                /******库包含******/
int main( )                       /******主程序******/
{
    char ch1,ch2;

    ch1='a';
    printf("The char before converting:\n");
    printf("%c\n",ch1);
    ch2=ch1-32;
    printf("The result of converting:\n");
    printf("%c\n",ch2);
    return 0;
}
```

程序运行结果如下：

```
The char before converting:
a
The result of converting:
A
```

【例 2.8】编程实现字母和数字之间的转换。

```
#include <stdio.h>                /******库包含******/
int main( )                       /******主程序******/
{
    char ch1,ch2;

    ch1='a';
    printf("The char before switching:\n");
    printf("%c\n",ch1);
    ch2=ch1;
    printf("The result of converting:\n");
    printf("%d\n",ch2);
    return 0;
}
```

程序运行结果如下：

```
The char before switching:
a
The result of converting:
97
```

2.6　不同运算中各种数据类型间的相互转换

请看下面的运算表达式：

100 + 'b' * 10 / 2 + 3.1415

这个表达式中涉及整型数据、字符型数据和实型数据的混合运算，当运算对象是不同类型的数据时，系统自动将操作数转换成相同类型的数据后再计算表达式的值。此外，当这种方法不能满足运算需要时，可以使用类型转换运算符对操作数的类型进行强制转换。

1. 数据进行隐式自动类型转换的基本规则

当算术表达式中运算对象的数据类型不同时，系统会进行类型的自动转换。转换的基本规则：自动将精度低、表示范围小的运算对象类型向精度高、表示范围大的运算对象类型转换，这样可以提高运算结果的精度。自动转换规则如图 2-9 所示。

在进行运算时各类型数据之间的转换规则如下。

（1）在图 2-9 中的水平方向上的转换是必定转换。char 型、short int 型数据在运算时先转换为 int 型；float 型数据在运算时转换为 double 型数据。

（2）在进行自动隐式转换时并不是按图 2-9 中不同数据类型间箭头所指方向层层进行转换，而是由较低精度类型直接转换到高精度数据类型。例如：当一个 int 型数据和一个 double 型数据进行算术运算时，int 型数据不是由 int 型转换为 unsigned int 型，再转换到 long int 型，然后转换为 double 型，而是由 int 型数据直接转换到 double 型数据。

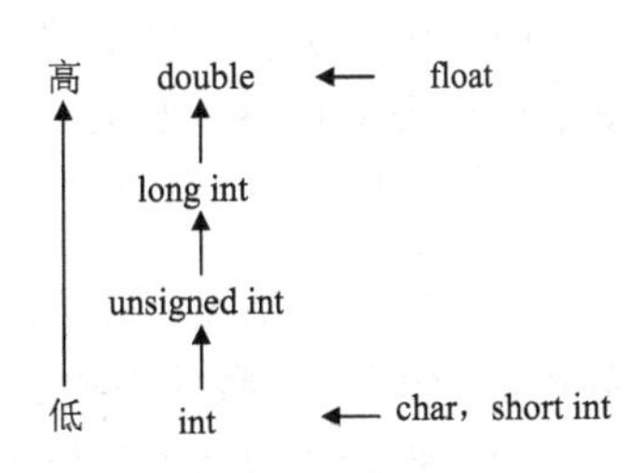

图 2-9　数据类型转换规则

2. 数据类型的强制转换

当系统的隐式自动类型转换不能满足使用要求时，C 语言提供了数据类型的强制转换功能，就是将某种数据类型采用一定的方式强制地转换为指定的数据类型。这种转换也分为显式强制转换和隐式强制转换两种。

1）显式强制转换

显式强制转换的一般形式如下：

(类型符) <表达式>　　或　　类型符 (<表达式>)

功能：对类型符后的表达式求值，并将该值转换成类型符所指定的数据类型。例如：

```
#include <stdio.h>
int main( )
{
    char a='a';
    int b,f,g;
    float c,d;
    double e;

    b=10;
```

```
        f=5;
        c=3.14;
        d=1.23;

        e=1.234554775;
        g=(a+b*c-d/e)%f;
        printf("%d\n",g);
        return 0;
    }
```

编译时系统提示错误：操作数类型 double 和 int 对双目运算符%而言无效。

以上程序中，变量 g 最终的结果只能为 int 型，但是表达式 a+b*c-d/e 的结果为 double 型，因此需要对这个表达式进行类型强制转换才能进行运算。所以可将上述程序中 g 的表达式修改为

```
g=(int)(a+b*c-d/e)%f;
```

这时程序可以运行，运行结果为

```
2
```

数据类型强制转换中需要注意以下几个问题。

（1）强制类型转换形式中的表达式一定要括起来，否则，强制转换仅对紧邻类型符的变量进行类型转换。如果对单一数值或变量进行强制转换，可不添加括号，例如：

```
(int)(3.5+6.7)+8      /*把表达式 3.5+6.7 的结果由 double 型转换为 int 型*/
(int)3.5+8            /*把常量 3.5 由 double 型转换为 int 型*/
```

（2）进行强制类型转换时可能造成数据信息的丢失，如在上面的例子中由 double 型转换为 int 型时，原数的小数部分就丢失了，这会导致运算精度降低。

（3）强制类型转换是值的转换，类型转换不改变原来的值，而是产生一个新值。

2）隐式强制转换

隐式强制转换主要有以下两种形式。

（1）运用赋值运算符。例如：

```
int a;
a=3.5;
printf("%d",a);
```

程序运行结果为

```
3
```

（2）在函数有返回值时，总是将 return 后面的数据强制转换为函数的类型（当两者类型不一致时）。

2.7 运算符和表达式

C 语言程序设计中几乎所有的运算都是在表达式中完成的。表达式是由运算符将各种数据类型的变量、常量和函数等运算对象按一定的语法规则连接成的式子，它描述了一个具体的求值运算过程。系统能够按照运算符的运算规则完成相应的运算处理，求出运算结果，也就是表达式的值。

C 语言的运算符非常丰富（除控制语句和输入/输出语句以外，几乎所有基本操作都会用到运算符）。能够构成不同类型表达式的运算符主要包括以下几种。

1. 算术运算符

算术运算符用于各类数值运算，包括+（加）、-（减）、*（乘）、/（除）、%（求余）、++（自增）和--（自减）运算。

2. 关系运算符

关系运算符用于比较运算，包括>（大于）、<（小于）、==（等于）、>=（大于等于）、<=（小于等于）和!=（不等于）。

3. 逻辑运算符

逻辑运算符用于逻辑运算，包括&&（与）、||（或）、!（非）。

4. 赋值运算符

赋值运算符用于赋值运算，包括简单赋值（=），复合算术赋值（+=、-=、*=、/=、%=）和复合位运算赋值（&=、|=、^=、>>=、<<=）。

5. 条件运算符

条件运算符“? :”是C语言中唯一的三目运算符，用于条件求值。

6. 逗号运算符

逗号运算符“,”用于将两个或多个表达式连接起来。

7. 指针运算符

指针运算符用于间接访问“*”和取地址“&”两种运算。

8. 求字节数运算符

求字节数运算符用于计算各数据类型所占的字节数（sizeof）。

9. 位操作运算符

位操作运算符用于二进制位运算，本书将在后续章节予以详细介绍。

10. 强制类型转换运算符

强制类型转换运算符用于将表达式的运算结果强制转换为类型符所表示的类型。关于强制类型转换已在本章2.6节中讲述，请读者自行参考。

11. 成员运算符

成员运算符用于从类似于数组等组合数据类型中取出其元素或成员（[ ]、.、->）。这部分内容将在数组、指针等章节中详细讲述。

12. 其他

其他运算符有括号“()”（用于改变某些运算的优先级）和函数调用运算符“()”。

2.7.1 算术运算符和算术表达式

1. 基本算术运算符

C 语言的算术运算符（表 2-6）主要包括单目运算符自增“++”、自减“--”和双目运算符加“+”、减“-”、乘“*”、除“/”和求余“%”。

表 2-6 算术运算符简表

操作符	功能	操作符	功能
+	加法运算，正值运算符	%	模运算，或者称为整数求余运算
-	减法运算，负值运算符	++	自增运算
*	乘法运算	--	自减运算
/	除法运算		

说明：

（1）除法运算符“/”的运算对象可以是各种数据类型。当除数和被除数都是整型数据时，运算结果也是整型数据，即只取商的整数部分，舍去小数部分。例如，5/2 的值为 2，舍去小数部分。当除数或者被除数中有一个为实型数据时，结果为双精度实型数据（double 型）。当除数或者被除数中有一个数是负数时，系统一般会自动舍入，但是不同的机器舍入的方向不一样。例如，-5/2 在有的系统中得到的值为-2，有的系统则为-3，通常情况下采用“向零取整”的方法。

（2）求余运算符“%”要求运算对象必须是整型数据，它的功能是求两个操作数相除的余数，余数的符号与被除数的符号相同。

（3）运算符操作数的个数。

常见的运算符“+”“-”“*”“/”都是两个数进行运算，所以称为双目运算符；像求负“-”运算只有一个数运算，称为单目运算符；C 语言中的条件运算符“? :”是唯一的三目运算符。

2. 算术表达式

使用算术运算符和括号将运算对象连接起来的符合 C 语言语法规则的式子，称为算术表达式。运算对象包括常量、变量、数组元素、函数等，其中变量和函数要有确定的值。例如：

```
(a+b)*c/d-3.14+'a'*1.5    /*这里假设变量 a、b、c、d 已经定义并且有确定的值*/
```

3. 优先级和结合性

C 语言规定了运算符的优先级和结合性。算术表达式的计算过程是：从左到右扫描运算对象，然后比较运算对象两侧的运算符，按照 C 语言规定的运算符的优先级从高到低依次执行。

例如，在表达式 a+b/c*d−e 中，b 的左侧是加号，右侧为除号，很显然除号的优先级要高于加号，所以在该表达式中先计算 b/c，而变量 c 的右侧是乘号，根据 C 语言规定，当优先级相同时，按规定的结合方向处理，大多数系统遵循自左向右的方式即左合性进行计算，因此在该表达式中首先计算 b/c，然后用 b/c 的值乘以 d（假设 b/c*d 的结果为 f），这时整个表达式可以简化为 a+f−e，可以看出变量 a 左侧没有运算符因此它和“+”结合，f 的左侧是“+”，右侧是“−”，而“+”和“−”的优先级相同，此时应该遵循左结合原则，所以先计算 a+f 然后由得到的值减去 e 得到表达式的最后值。

关于 C 语言运算符的优先级与结合性有以下两条原则。

（1）优先级。

① “++”“--”优先级高于“+”“-”“*”“/”及模运算符“%”。

② “+”“-”“*”“/”及模运算符“%”遵循先乘除后加减，先括号内后括号外的原则。

（2）结合性。

① “++”“--”自右向左，右结合性。

② “+”“-”“*”“/”及模运算符“%”，自左向右，左结合性。

根据“C 语言运算符优先级和结合性”（见附录 A），单目、三目和赋值运算符是从右向左，其余的均是从左向右。

4. 变量自增、自减运算符

自增运算符为“++”，其作用是使变量的值增 1；自减运算符为“--”，其作用是使变量的值减 1；都是单目运算符，而且运算对象必须是变量不能是常量。自增、自减运算符的表现形式有前缀形式和后缀形式两种：前缀形式即自增运算符、自减运算符出现在变量之前，后缀形式即自增运算符、自减运算符出现在变量之后。具体形式如下。

前缀形式：

++i，--i

上述两个表达式的含义：在使用 i 之前，先使 i 的值加 1（减 1）。

后缀形式：

i++，i--

上述两个表达式的含义：在使用 i 之后，再使 i 的值加 1（减 1）。

注意：

① 无论是前缀形式还是后缀形式，若独立出现，如 i++；--i；都等价于 i = i+1 或 i = i−1；出现在表达式中时，前缀形式表示先使变量增（减）1，再使用该变量，后缀形式表示先使用该变量，再使变量增（减）1。例如：

```
m=5,n=6;
i=++m;          /*先使 m 自增 1，再将 m 的值赋给 i，运算结果：m = 6，i = 6*/
k=n++;          /*先将 n 的值赋给 k，再使 n 自增 1，运算结果：k = 6，n = 7*/
```

② 自增“++”和自减“--”运算符都只能用于变量，不能用于常量或表达式。

例如：9++或(c*d)++是不合法的。

③ “++”和“--”的结合方向为从右向左，具有右结合性。

算术运算符的结合方向是从左向右，如-i++，如果按照算术运算符的运算顺序，则结果为(−i)++，假设i的值此时为5，则(−i)的值为−5，根据自增自减运算的原则，自增运算符只能作用于变量，因此(−i)++不合法。

当负号“−”和“++”同时出现时，运算符的优先级相同，这时结合方向为从右到左，因此原式等价于−(i++)，i++的作用是先取出i的值，然后使i的值自增1，仍假设i的值为5，所以i++的结果为5，然后加上符号“−”，所以表达式−(i++)的值为−5，此时i的值为6。

④ 当表达式中出现多个连续运算符时，如i+++j，此时该如何理解呢？此表达式该解释为(i++)+j还是i+(++j)呢？此时，C编译系统将尽可能按照从左到右的原则将若干个字符组成一个运算符，因此，表达式i+++j将被理解为(i++)+j。为避免误解，建议读者在书写类似的表达式时最好采用大家易于理解的方式，如将i+++j写为(i++)+j，而不要写为i+++j的形式。

【例2.9】请分析下面程序的运行结果。

```
#include <stdio.h>
int main( )
{
    int a=5,b=6;
    int i,j,m,n;

    i=++a;
    j=--b;
    m=a++;
    n=b--;
    printf("The values of i and j are:\n");
    printf("i=%d,j=%d\n",i,j);
    printf("The values of m and n are:\n");
    printf("m=%d,n=%d\n",m,n);
    printf("The values of a and b are:\n");
    printf("a=%d,b=%d\n",a,b);
    return 0;
}
```

程序运行结果如下：

```
The values of i and j are:
i=6,j=5
The values of m and n are:
m=6,n=5
The values of a and b are:
a=7,b=4
```

分析：

① 程序中变量a的初值赋为5，则表达式i = ++a 表示先使变量a的值增1变为6，然后将a的值赋值给变量i；

② 表达式j = --b表示变量b的值减1变为5，然后将变量b自减后的值赋给变量j；

③ 表达式m = a++表示将变量a的值赋给m，这时m的值为6，然后使a的值自增1变为7；

④ 表达式n = b--表示将变量b的值赋给n，这时n的值为5，然后使b的值自减1变为4。

自增运算符、自减运算符是C语言中特有的也是比较常用的运算符。请注意本书程序是在 Dev C++环境下调试通过的，对于不同的 C 编译系统，情形可能会有所不同。

2.7.2 赋值运算符和赋值表达式

1. 赋值运算符

赋值运算符就是赋值符号“=”，该运算符是一个双目运算符，它的作用是将赋值符号“=”右边的表达式的值赋给其左边的变量。

例如，i=5，就是将整型常量 5 赋给变量 i，即现在变量 i 的存储单元中存储的是整型常量 5 的二进制代码。

2. 复合赋值运算符

在赋值运算符“=”之前加上其他双目运算符，如“+”“-”“*”“/”“%”等，可构成复合赋值运算符。C 语言共提供了 10 种复合赋值运算符，包括 5 个复合算术赋值运算符和 5 个复合位运算赋值运算符，它们是：

复合算术赋值运算符：+=、-=、*=、/=、%=；

复合位运算赋值运算符：&=、|=、^=、>>=、<<=。

本章讨论的复合赋值运算符都是复合算术赋值运算符，而复合位运算赋值运算符将在本书第 12 章详细讨论。关于复合算术赋值运算符的使用请看下面的例子。

```
i+=5          等价于   i=i+5
i*=j+5        等价于   i=i*(j+5)
i%=k          等价于   i=i%k
```

C 语言采用复合赋值运算符可以简化程序，也可有效提高程序的编译效率。对于初学者，理解这种写法较困难，不必采用此写法，尽量使程序清晰易懂，避免错误。

3. 赋值表达式

赋值表达式是用赋值运算符将变量和表达式连接起来的式子。

赋值表达式的一般形式如下：

<变量> <赋值运算符> <表达式>

功能是先计算右边表达式的值，并通过赋值运算符将右边表达式的值赋给左边的变量。

下面的赋值表达式都是正确的：

```
int i=5,m,n;        /*定义了 3 个整型变量，并且将常量 5 赋给变量 i*/
m=i;                /*此时 i 的值为 5，所以 m 的值也为 5*/
n=m;                /*此时 m 的值为 5，所以 n 的值也为 5*/
n=(m=i);
```

表达式 n = (m = i);在实际运算时，首先将括号内 i 的值 5 赋给 m，然后将 m 的值赋给 n，赋值运算符的结合性是右结合，即自右向左结合，因此括号可以去掉，原赋值表达式等价于 n = m = i。

例如，i = 5 + (j = 7)，该赋值表达式的结果为 12。因为括号运算符的优先级高于赋值运算符，所以首先将 7 赋给 j，又由于算术运算符“+”的优先级也高于“=”，所以对右侧表达式进行加法运算，结果为 12，并将 12 赋给 i，所以 i = 12，j = 7。

例如，i -= i += i/i，假设 i 的初值为 5，此表达式的计算步骤如下。

（1）先计算 i += i/i，相当于 i = i + i/i，即 i 的值为 5 + 5/5 = 6，此时 i 的值由原来的 5 变为 6。

（2）然后进行 i -= 6 的计算，相当于 i = i - 6，即 i 的值为 6 - 6 = 0。

2.7.3 关系运算符和关系表达式

1. 关系运算符

关系运算就是用于进行比较的运算。例如将两个变量的值进行比较，由比较结果决定程序应该转向哪里执行等。关系运算符如表 2-7 所示。

表 2-7 关系运算符

关系运算符	功能	优先级	结合方向
<	小于	优先级相同（高）	自左至右
<=	小于或等于		
>	大于	优先级相同（高）	自左至右
>=	大于或等于		
==	等于	优先级相同（低）	自左至右
!=	不等于		

注意：

① 关系运算符都是双目运算符，其结合性均为左结合。

② 关系运算符的优先级低于算术运算符，高于赋值运算符。在这 6 个关系运算符中，“<”“<=”“>”“>=”的优先级相同，高于“==”和“!=”，“==”和“!=”的优先级相同。

③ 关系运算符的优先级高于赋值运算符，但是低于算术运算符。

2. 关系表达式

关系表达式就是用关系运算符将两个运算对象连接起来的式子。其中运算对象可以是 C 语言中各种类型的合法表达式，如算术表达式、关系表达式、逻辑表达式、字符表达式和赋值表达式等。例如：

```
a>b, a+b>c, (a>b)<(c+12), a=5<b=8, 'a'>'b'
```

关系表达式的一般形式如下：

<表达式><关系运算符><表达式>

关系表达式运算时，首先计算关系运算符两边表达式的值；然后对关系运算符两边求出的表达式的值进行比较，如果是数值型数据，直接比较值的大小；如果是字符型数据，比较字符的 ASCII 值的大小。

关系表达式的运算结果为逻辑值“真”或“假”。C 语言中没有逻辑型数据，而是以数值“1”代表逻辑“真”，以数值“0”代表逻辑“假”。例如：

```
int a,b,c;
a=3;
b=2;
c=1;
```

则

（1）表达式 a > b 的值为 1；

（2）表达式 a > (b+c) 的值为 0；

（3）表达式 a > c > b 的值为 0（因为“>”运算符是从左到右结合，因此先计算 a > c 的值为 1，再计算 1 > b，值为 0）。

2.7.4　逻辑运算符和逻辑表达式

1. 逻辑运算符

C 语言的逻辑运算符包括：&&（逻辑与）、||（逻辑或）、!（逻辑非）。

在上述 3 种逻辑运算符中，与运算符“&&”和或运算符“||”是双目运算符，具有左结合性；非运算符“!”为单目运算符，具有右结合性。逻辑运算规则如表 2-8 所示，其中 a 和 b 的取值为 1 或 0，分别表示“真”和“假”。

表 2-8　逻辑运算真值表

a	b	!a	!b	a && b	a || b
1	1	0	0	1	1
1	0	0	1	0	1
0	1	1	0	0	1
0	0	1	1	0	0

当一个逻辑表达式中包含多个逻辑运算符的时候，按如下顺序运算：

（1）“!”→“&&”→“||”，其中“!”的优先级在三者中最高；

（2）“&&”和“||”低于关系运算符，“!”高于算术运算符。

2. 逻辑表达式

逻辑表达式的一般形式如下：

<表达式><逻辑运算符><表达式>

说明：

（1）对上述表达式，从左到右依次计算表达式的值，如果值为 0 就作为逻辑假；如果是非零值，就作为逻辑真。

（2）按照逻辑运算规则，表达式应该从左到右依次计算各表达式的值，但是在进行逻辑运算的时候并不一定要从左到右运算到底，当表达式的值能够确定的时候运算就应该停止，整个逻辑表达式的结果应该是 0 或 1。例如：

```
int a,b,c;
a=1;
b=2;
c=0;
```

在计算 a && b && c 表达式时，首先需要判断 a 是否为真，如果 a 为真则继续进行计算，否则整个表达式的结果为假。这里因为 a = 1，所以 a 为真。接着判断 b 的值，如果 b 为假，则不必进行后面的计算，整个表达式的结果为假；如果 b 为真，则 a && b 的值为 1

需要继续向后计算。同理，这里 c 的值为 0，所以整个表达式的结果为 0。

在计算 a && c && b 表达式时，a = 0，a 为真，c = 0，c 为假，所以 a && c 的值为 0，继而整个表达式的值为 0，无论 b 为何值都不再进行计算。

a || b || c 这个表达式是两个逻辑或运算，由于 a || b 的值为 1，根据逻辑或运算规则，后面的表达式不论为何值，整个表达式的结果都将为真，所以不再向后运算，整个表达式的结果为 1。

从上面的例子可以发现：对逻辑与运算来讲，只要 a = 0，不必向后运算，整个表达式的结果都将为 0，而当 a≠0 时，需要继续向后运算，进一步确定整个表达式的值。对于逻辑或运算，只要 a≠0，就不必向后进行运算，整个表达式的值为 1，而当 a = 0 时，需要继续向后运算，进一步确定整个表达式的值。

3. 关系表达式在实际问题中的应用

闰年问题：假定用 year 表示某一年份，现在要判断 year 是否为闰年，如何判别？一般情况下，只要符合下列两个条件之一即闰年。

（1）能被 4 整除，但不能被 100 整除，可用逻辑表达式表示为

```
year%4==0&&year%100!=0
```

（2）能被 4 整除，又能被 400 整除，可用逻辑表达式表示为

```
year%400==0
```

在判断闰年问题时上述两个条件中只要有一个条件符合即可认为是闰年，因此整个表达式可写为

```
(year%4==0&&year%100!=0)||year%400==0
```

或

```
!(year%4)&&year%100||!(year%400)
```

如果要判断 year 为非闰年，则可以在表达式的左侧加一个“!”来解决，具体如下：

```
!((year%4==0&&year%100!=0)||year%400==0)
```

2.7.5 条件运算符和条件表达式

1. 条件运算符

在介绍条件运算符之前先看个例子。

【例 2.10】求两个整型数的最大值并输出。

```
#include <stdio.h>                              /*********库包含******/
int main( )                                     /*********主程序******/
{
    int a,b,c;

    a=3;
    b=5;
    if (a>b)
        c=a;
    else
        c=b;
    printf("The max number=%d\n",c);
```

```
        return 0;
    }
```

上面这个程序实现了求两个整型数的最大值并将其输出，功能虽然实现了，但是代码较长，那么有没有更简洁的表示方法呢？现在来看下面的表达式：

```
c=(a>b)?a:b;
```

这个表达式能够实现例 2.10 的要求，即求出两个整型数中的最大值；这个表达式是本小节将要讲的条件表达式。利用条件表达式可将例 2.10 的程序代码改写为如下形式。

```
#include <stdio.h>
int main( )
{
    int a,b,c;

    a=3;
    b=5;
    c=(a>b)?a:b;
    printf("The max number=%d\n",c);
    return 0;
}
```

条件运算符“? :”由问号“?”和冒号“:”两个字符组成，连接 3 个运算对象，是 C 语言中唯一的三目运算符。

2. 条件表达式

条件表达式的一般形式如下：

```
表达式 1?表达式 2:表达式 3
```

说明：

（1）条件表达式在运算的时候，首先求解表达式 1，如果表达式 1 的值非 0（真），则求解表达式 2，并将表达式 2 的值作为整个表达式的值；否则，如果表达式 1 的值为 0（假），则求解表达式 3，并将表达式 3 的值作为整个表达式的值。

例如，在表达式 c = (a > b) ? a : b 中，如果 a > b，整个表达式的值为 a，否则为 b。

（2）条件运算符的优先级高于赋值运算符和逗号运算符，而低于其他运算符。在改写后的例 2.10 的程序中就是先求解表达式“(a> b) ? a : b”，然后将该表达式的值赋给 c。同时，由于条件运算符的优先级低于关系运算符和算术运算符，该表达式也可以写成下述形式：

```
c=a>b?a:b;
```

（3）条件运算符的结合方向为从右到左。表达式中如果出现多个条件运算符，应该将位于最右边的问号与离它最近的冒号配对，并按这一原则正确区分各条件运算符的运算对象。例如：

```
a>b?a:b<c?b:c
```

等价于

```
a>b?a:(b<c?b:c)
```

2.7.6　逗号运算符和逗号表达式

C 语言提供了一种特殊的运算符“,”，称为逗号运算符，用它可以将两个表达式连接起来。例如：

a+5, 3+8

按C语言规定，“a + 5, 3 + 8”并不是两个孤立的表达式，而是由“,”连接起来的表达式。这就是C语言中的逗号表达式，它的一般形式如下：

```
表达式 1,表达式 2,…,表达式 n
```

逗号表达式的求解过程：先求解表达式1，接着求解表达式2……最后求解表达式n，并将表达式n的值作为整个表达式的值。逗号表达式是按顺序求值的，所以在很多时候把逗号运算符也称为顺序求值运算符。

说明：

（1）逗号运算符是所有运算符中优先级最低的，因此，只要没用圆括号括起来，它总是最后计算。例如：

```
① a=4, a--, a/4
② x=(a=4, a*3)
```

表达式①是一个逗号表达式，由一个赋值表达式、一个自减运算和一个算术表达式组成。求解方法是：由于赋值运算符的优先级高于逗号运算符，所以首先执行a = 4，将4赋给变量a，接着“--”优先级也高于“,”，所以运算表达式a--，此时a的值变为3，最后进行整个逗号表达式的运算，并以a/4的值作为最终的结果，所以整个逗号表达式最后的值为0。表达式②是一个赋值表达式，由于赋值运算符的优先级高于逗号运算符，所以首先将4赋给a，然后将表达式a*3的值作为括号中逗号表达式的值，所以x的值为12。

（2）逗号“,”并不是在任何地方都作为逗号运算符进行运算。“,”可以作为逗号运算符使用，也可以作为分隔符分隔变量定义中的多个变量或函数参数表中的多个参数等。在使用时应该注意进行区分。例如：

```
printf("%d,%d",a,b);
```

在上面的语句中，printf函数中参数间的“,”并不是作为逗号运算符使用的，而是作为参数间的分隔符使用的。再如：

```
printf("%d",(a,b));
```

上面语句中，(a, b)中的“,”是作为逗号运算符使用的，而前面的“,”是作为参数间的分隔符使用的，在使用的过程中，读者应该注意区分。

2.7.7 其他运算符

C语言还有下列常用运算符：“&”和“*”。

“&”运算符作为单目运算符时的功能是进行取地址运算，即返回一个操作数的地址；作为双目运算符时是位运算的操作符。

“*”运算符作为单目运算符时的功能是返回位于这个地址内的变量值（请参看后面指针部分的详细介绍，此处不做介绍）；作为双目运算符时，用于完成乘法运算。

“&”作为取地址运算符时，其使用形式如下：

```
&变量名
```

说明：

“&”（取地址）运算符的运算对象只能是变量，它的运算结果是变量的存储地址。

例如：

```
int a;
```

```
char ch1;
```

当程序运行时会分别为整型变量 a 和字符型变量 ch1 分配 2 字节和 1 字节的存储空间，&a 和&ch1 分别表示变量 a 和 ch1 的存储地址。

2.8　案例：学生成绩管理系统——变量的定义分析

针对学生成绩管理系统，假设所学课程包括数学、语文、英语，在该管理系统中需要用到的信息包括姓名、学号、年龄、家庭地址、数学成绩、语文成绩、英语成绩、平均成绩，分析这些内容，确定每个变量所需定义的类型，具体如下。

姓名、学号、家庭地址：需要用字符串表示，这需要用到字符型数组，这部分知识到第 6 章讲解后再使用。

年龄：需要用整数表示，变量名为 age。

数学成绩、语文成绩、英语成绩、平均成绩：需要用到整数或者实数，变量名为 math_score、Chinese_score、English_score、average_score。

本节在 1.7 节代码的基础上先加入数学成绩、语文成绩、英语成绩、平均成绩的变量定义，考虑到实际情况，这 4 个变量都采用 float 型，程序代码如下：

```
#include <stdio.h>
int main( )
{
    float math_score,Chinese_score,English_score,average_score;

    printf("******欢迎使用学生成绩管理系统******\n");
    return 0;
}
```

2.9　小　　结

利用计算机解决问题，需要经历几个步骤：首先，从待求解问题抽象出解决问题的数学模型，然后根据该数学模型设计问题的解决方案或算法，最后编码、调试得到结果，并测试方案的正确性，如果正确则得到了完整的解决方案。不同的问题涉及的数据类型也不尽相同，比如前文中提到的圆周率在不同的场合可能是单精度型或双精度型，还有的场合可能是字符型等。

本章首先介绍了 C 语言的基本字符集，基本字符集可分为源字符集（书写 C 语言源文件所用的字符集）和执行字符集（C 语言程序执行期间解释的字符集）；然后介绍了 C 语言的关键字、标识符的定义和使用方法；在掌握 C 语言的字符、标识符、关键字的基础上介绍了 C 语言中整型、实型和字符型常量的定义和使用方法；继而介绍了变量的定义、分类、属性和它的存储类型，并以实例的方式对变量如何赋初值以及赋值中的问题做了详细说明；接着介绍了 C 语言中各种不同类型数据之间的转换原则；最后介绍了 C 语言的算术运算、赋值运算、关系运算、逻辑运算、条件运算、逗号运算等运算及其优先关系。

习　题

2.1　什么是常量和变量？

2.2　变量和常量有什么区别？

2.3　C 语言中标识符和变量定义的规则各是什么？

2.4　变量的属性有哪些？请举例说明。

2.5　C 语言的数据类型有哪些？哪些属于基本数据类型？它们在内存中如何存储？

2.6　设 a = 1，b = 2，c = 3，d = 4，m = n = 1，有表达式(m = a > b) && (n = c > d)，则表达式中 m、n 的值各为多少？

2.7　求表达式的值 3 > 5 ? 3 : 5 < 8 ? 25 : 40。

2.8　假设 a = 12，求 a *= 2 + 3。

2.9　求表达式 5/2 + 5.0/2 + 7%6 的值。

2.10　设 int b = 7，float a = 2.5，c = 4.7，求表达式 a + (int)(b/2 * (int)(a + c)/2) % 4 的值。

2.11　计算下列表达式的值：

（1）(2 + 6) / (4 + 12) + 16%3。

（2）1 + 5/2 + (10/3 * 9)。

（3）52 % 10/2 + 4.0 * (8/5)。

（4）20.0 * (3/6 * 10.0)。

（5）(int) (13.7 + 25.6) / 4 % 4。

第3章 结构化程序设计

学习目标 ☞

- 理解结构化程序设计的思想；
- 了解程序流程图的绘制方法；
- 了解结构化程序设计的3种基本结构；
- 培养绘制程序流程图的能力。

为了使编写的C语言程序更加便于理解、修改和维护，1965年，E. W. Dijikstra提出了结构化程序设计（structure programming，SP）的概念，它的实质是控制编程中的复杂性。结构化程序设计以模块功能和处理过程为主，解决了程序结构的规范化问题，减少了goto语句无条件转移的使用次数；并且严格使用控制结构，从而保证程序只有单一的入口和出口。

3.1 结构化程序设计简介

结构化程序设计方法中最主要的特点是采用“自顶向下、逐步求精”和模块化的程序设计方法，实现了将大划小、将难化简地求解问题。因此，结构化程序设计曾被称为软件发展中的第三个里程碑。“自顶向下、逐步求精”被誉为结构化程序设计的精髓。在分析问题时，不必考虑低层的细节，先专注于高层的实现，将问题的总体目标分解成若干子问题（子目标），之后对这些子问题进行逐一分解和细化。重复利用类似的方法，较高一层分析完成后再分析较低一层，逐层进行分解和细化处理。这样的设计方法符合人们解决复杂问题的普遍规律，使设计过程简单明了，易于得出正确可靠的结果。

以全国人口普查问题为例，按照“自顶向下、逐步求精”的思想，根据中华人民共和国三级行政区划制度，把问题分解为下列层次：

（1）各省、自治区、直辖市；

（2）各区、县、自治县、市；

（3）各乡、民族乡、镇。

在问题求解时，普查得出（3）的人数后，即可得出（2）的人数，从而很容易得出（1）的人数。

结构化程序设计的解决方法就是将程序进行模块化设计。一个程序由若干个模块构成，每个模块只用于完成一项功能，模块的功能充分独立。通常，优秀的模块化设计要求模块内部的联系紧密，模块之间的联系少，即“高内聚、低耦合”。对外屏蔽每个模块内部的实现细节，两个模块之间通过形参或外部变量值的传递来联系，最后将各个模块组装在一起成为一个具有完整功能的程序。

结构化程序设计的模块图如图 3-1 所示，用矩形表示模块，用直线表示模块间的关系。最上层的模块 A 称为主控模块，模块 B、模块 C、模块 D 称为模块 A 的子模块，模块 B1、模块 B2 称为模块 B 的子模块，模块 D1、模块 D2、模块 D3 称为模块 D 的子模块，模块 C 没有子模块。在 C 语言中，模块通过编写函数实现，每个上级模块把归属于它的下级模块组织起来，最后利用主控模块 A 将各子模块组织在一起完成预定目标。

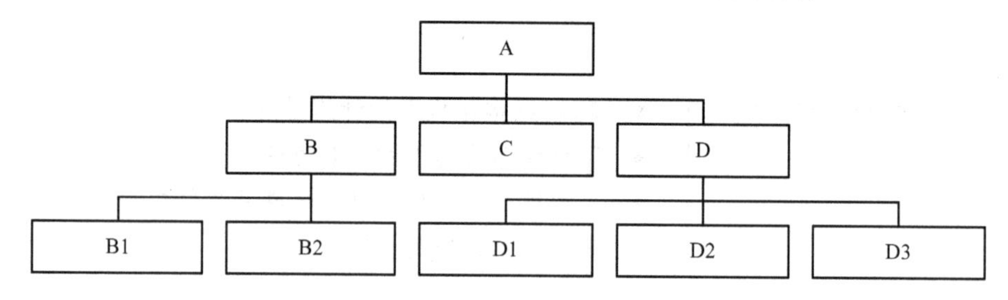

图 3-1　结构化程序设计模块图

结构化程序设计方法是最基本的程序设计方法。这种方法简单易学，容易理解，设计出的程序便于维护，是现在流行的面向对象程序设计方法的基础。

在结构化程序设计中有三种基本结构，即顺序结构、选择结构和循环结构。

3.2　程序流程图

程序流程图是人们对解决问题的方法、思路或算法的一种描述。在编写程序代码时，根据图中的描述，从入口点开始，按照图中指定的结构和路线逐步编写。程序流程图为程序员设计程序提供了重要的参考依据。

程序流程图主要有以下优点。

（1）设计过程与人们解决问题的思路一致，容易理解和掌握。

（2）具有统一的绘制规范，画法简单。

（3）能够清晰地描述程序的逻辑结构，便于程序员之间交流。

3.2.1　传统流程图

传统流程图是由图框和流程线组成的，其中不同类型的操作用不同形式的图框表示，并填充文字和符号加以说明，操作的先后次序用流程线表示。

传统流程图主要采用以下符号。

（1）起止框：表示“开始”与“结束”，用圆角矩形表示，如图 3-2（a）所示，通常填充“开始”或“结束”文字。

（2）执行框：表示处理步骤，用矩形方框表示，如图 3-2（b）所示，通常填充一个或多个相同类型的处理内容，如一条或多条赋值语句。

（3）判断框：表示一个逻辑条件，用菱形框表示，如图 3-2（c）所示，通常填充一个关系表达式或逻辑表达式，如“a > 0”“a > 0 && a <= 10”。

（4）流程线：表示控制流向，用单向箭头表示，如图 3-2（d）所示，通常没有说明文字，但必要时也会在线的上方或侧边用文字加以说明，如选择结构。

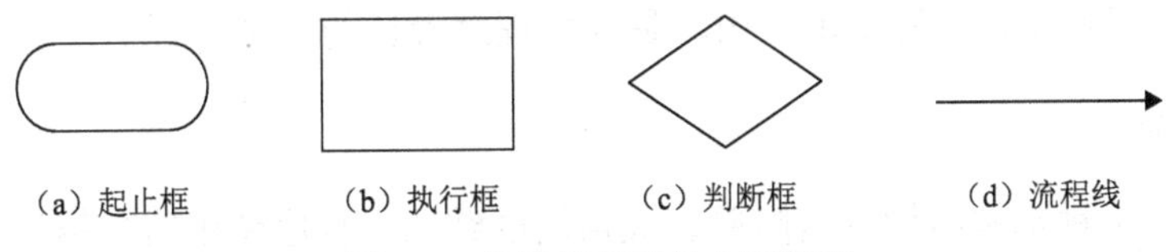

图 3-2　传统流程图的主要符号

下面通过一个例子使读者认识传统流程图。

【例 3.1】 输入实数 x 的值，按照下面的式子计算并输出 y 的值。

$$y=\begin{cases}\sqrt{x} & (x\geqslant 0)\\ x^2 & (x<0)\end{cases}$$

传统流程图如图 3-3 所示。

3.2.2　N-S 结构化流程图

N-S 结构化流程图也称为盒图，简称 N-S 图。人们在使用传统流程图的过程中，发现流程线不是必需的，而且流程线太多容易造成混乱，为此，设计了一种新的流程图，它把整个程序写在一个大的方框内，这个大方框由若干个依次排列的基本小方框构成，这种流程图简称 N-S 图。

N-S 图继承了传统流程图的优点，对其不必要的烦琐形式予以摒弃，并对其不足加以改进。它形象直观，比传统流程图具有更好的可见度。例如，选择结构和循环结构都以局部作为整体，把复杂的过程置于方框的内部，使两种结构清晰明了，便于程序员理解，为编程、调试、测试以及维护提供了便利；另外，N-S 图简单、易学易用。

本书中大多采用 N-S 图描述程序的控制流，因此这里将不再介绍，只将例 3.1 用 N-S 图表示（图 3-4），使读者对它有一个整体的认识。具体内容，读者可参阅本书后面的章节。

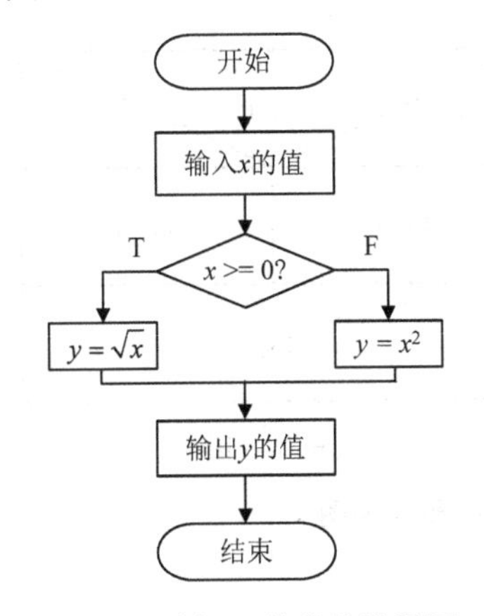

图 3-3　例 3.1 的传统流程图

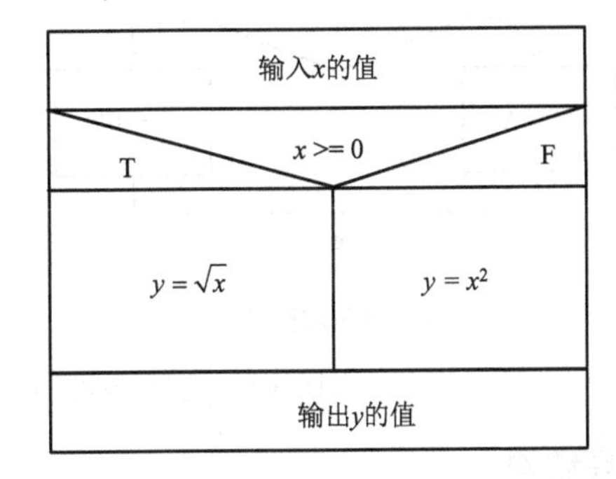

图 3-4　例 3.1 的 N-S 图

3.3 程序基本结构及流程图表示

大多数情况下，程序都不是简单的顺序结构、选择结构或循环结构，而是这 3 种结构的组合。正确理解和识别 3 种基本结构，是开始程序设计的关键。

3.3.1 顺序结构

顺序结构是 3 种基本结构中最简单、最常用的结构。程序使用这种结构时语句与语句之间将按照从上到下的顺序执行，即按照语句的书写顺序执行。顺序结构程序的传统流程图和 N-S 图如图 3-5 所示，对于语句 A、语句 B 和语句 C，执行时将先执行语句 A，再执行语句 B，最后执行语句 C。

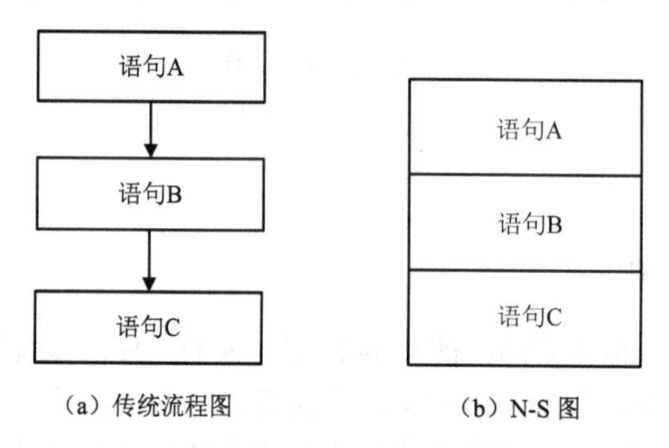

（a）传统流程图　　（b）N-S 图

图 3-5　顺序结构的传统流程图和 N-S 图

3.3.2 选择结构

选择结构也称作分支结构。这种结构先判断给定条件的真假性，根据其值决定执行哪一个分支语句。本结构包含多种变化形式，标准选择结构的传统流程图和 N-S 图如图 3-6 所示。当条件 P 成立（或称为“真”，记为 T）时执行语句 A；否则，即当条件 P 不成立（或称为“假”，记为 F）时，执行语句 B。语句 A、语句 B 不可能同时执行，但语句 A 或语句 B 可以有一个为空，代表执行此分支时不执行任何操作。

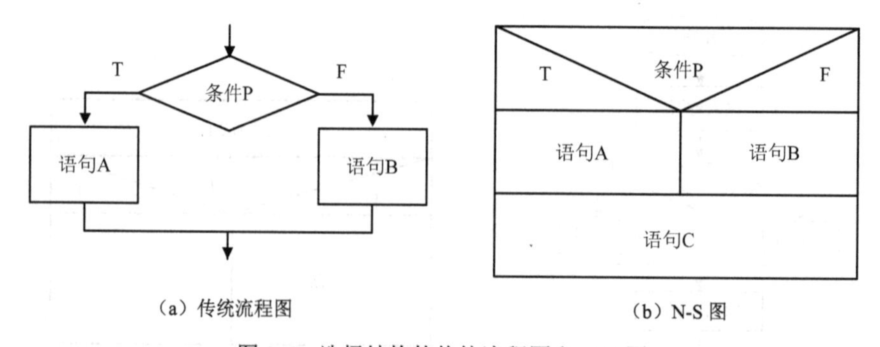

（a）传统流程图　　（b）N-S 图

图 3-6　选择结构的传统流程图和 N-S 图

3.3.3 循环结构

在程序设计中，经常会出现某段代码依据一定条件反复执行的情况。如果用前面提到的两种结构实现，则需要在程序中反复书写这段代码。为此，C 语言提供循环结构解决这类问题。只需要设定重复的次数或重复的条件，编译程序会自动反复执行这段代码。其中，反复执行的代码称为循环体。C 语言的循环结构包括当型循环结构和直到型循环结构两类。

当型循环结构是指当条件 P 为“真”时反复执行语句 A，条件为“假”时则结束循环，继续执行循环结构后面的语句。语句 A 称作该循环的循环体。

直到型循环结构是指先执行 A，再判断条件 P 是否成立，若成立，反复执行语句 A；否则，执行循环结构后面的语句 B。语句 A 称作该循环的循环体。

循环结构的传统流程图和 N-S 图如图 3-7 所示。

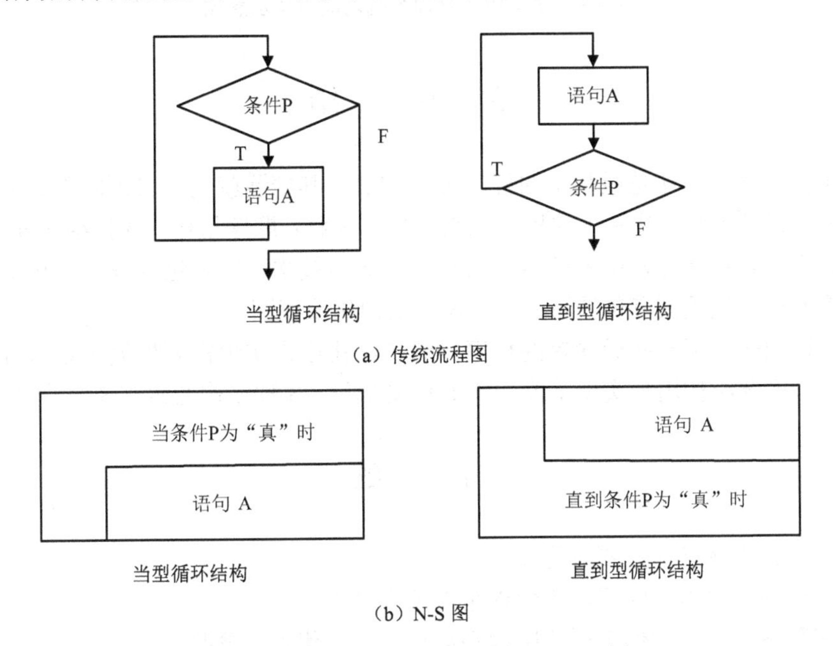

图 3-7　循环结构的传统流程图和 N-S 图

已经证明，3 种基本结构组成的算法可以解决所有复杂的问题。由 3 种基本结构所构成的算法称为结构化算法；由 3 种基本结构所构成的程序称为结构化程序。这里介绍 3 种最基本的结构，旨在使读者对其有初步的认识，在本书的第 4～6 章将对 3 种基本结构进行深入阐述，并通过若干实例帮助读者掌握 C 语言程序设计的思路和方法。

3.4　案例：学生成绩管理系统——功能模块分析

学生成绩管理系统包括录入学生成绩、显示学生成绩、修改学生成绩、求学生平均成绩、求每门课的平均成绩、按成绩排序等基本功能模块。按照结构化程序设计的思想，学生成绩管理系统功能模块如图 3-8 所示。

本书从最简单的功能模块开始，逐步添加各功能模块，最终完成一个完整的系统设计。

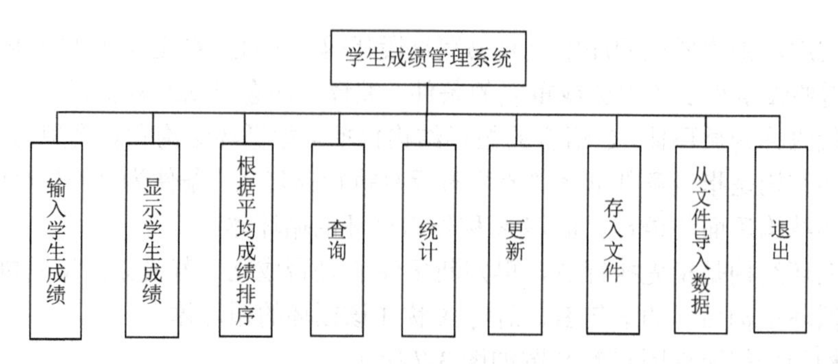

图 3-8　学生成绩管理系统功能模块示意图

3.5　小　　结

结构化程序设计方法是最基本的程序设计方法，其精髓就是“自顶向下、逐步求精”和模块化程序设计方法。其基本的程序控制结构有 3 种：顺序结构、选择结构和循环结构。

程序流程图是程序分析中最基本、最重要的分析技术，它是进行程序分析的最基本的工具。常用的程序流程图有传统流程图、N-S 结构化流程图。

顺序结构用来实现一些最简单的程序；选择结构用来实现需要根据指定条件选择执行分支的程序；循环结构用来实现某段代码的反复执行。3 种结构通常需要结合使用。

习　　题

3.1　结构化程序设计的要点是什么？

3.2　如何理解“自顶向下、逐步求精”的含义？

3.3　在程序设计时为什么要使用程序流程图？其优点有哪些？

3.4　C 语言中有几种基本结构？分别是什么？

顺序结构程序设计

学习目标

- 掌握数据的输入/输出方法；
- 掌握顺序结构的程序设计方法；
- 理解顺序结构程序的执行流程；
- 培养顺序结构程序设计的能力。

顺序结构是指按语句出现的先后顺序执行的程序结构，是结构化程序中最简单的结构，不需要特定的语句控制程序执行的流程。本章主要讲述顺序结构程序设计的方法。

数据的输入/输出是程序设计中必要的语句，但 C 语言不提供用于数据输入/输出的语句，所有数据的输入/输出都要通过调用系统提供的标准库函数实现，即在程序源代码开始前书写语句#include <stdio.h>。C 语言提供了两种输入/输出函数：用于按字符输入/输出的函数和用于按格式输入/输出的函数，二者在使用方法和适用范围上有一定区别。

4.1 字符型输入/输出函数

采用字符型输入/输出函数时，函数对来自标准输入设备和输出设备的数据按照字符进行处理。

4.1.1 putchar 函数

putchar 函数的格式：

```
putchar(ch);
```

功能：在标准输出设备（显示器屏幕）上输出单个字符，称为字符输出函数。

说明：putchar 是函数名；圆括号中的 ch 是函数参数，可以是字符型常量和字符型变量，也可以是控制字符和其他转义字符。

下面具体介绍 putchar 函数的 4 种应用。

（1）ch 是字符型常量，例如：

```
putchar('B');
```

说明：输出大写字母 B。

```
putchar('4');
```

说明：输出数字字符 4。

（2）ch 是字符型变量，例如：

```
x='A';
putchar(x);
```

说明：输出字符型变量 x 的值（大写字母 A）。

（3）ch 是控制字符，例如：

```
putchar('\n');
```

说明：输出换行符。这里 n 以转义字符标志反斜线“\”开头，代表输出的是换行符而不是小写字母 n。

（4）ch 是其他转义字符，例如：

```
putchar('\102');
```

说明：输出大写字母 B。输出内容 102 是以“\”开头的，实际上输出的是 ASCII 码值为 102 的字符 B。

```
putchar('\'');
```

说明：输出单引号字符“'”。

【例 4.1】字符输入/输出示例。

程序源代码如下：

```
#include <stdio.h>
int main( )
{
    char a='B',b='o',c='k';
    putchar(a); putchar(b); putchar(b); putchar(c); putchar('\t');
    putchar(a); putchar(b);
    putchar('\n');
    putchar(b);
    putchar(c);
    return 0;
}
```

程序运行结果如下：

```
Book    Bo↙（“↙”表示回车，只在书写时标出，屏幕无显示）
ok
```

4.1.2 getchar 函数

getchar 函数的格式：

```
getchar( )
```

功能：从标准输入设备（键盘）上输入单个字符，称为字符输入函数。

getchar 函数的基本用法有以下 3 种。

（1）单独作为一条语句，例如：

```
getchar( );
```

说明：使程序中断，等待用户从键盘输入一个字符，接收字符之后继续执行。该语句常用于使程序暂停，按任意键继续执行的情况。

（2）作为赋值语句中表达式的一部分，例如：

```
c=getchar( );
```

说明：同（1）一样使程序暂停，等待用户从键盘输入一个字符，不同之处是该输入字符值将赋给 char 型（或 int 型）变量 c，之后继续执行程序。

（3）作为表达式出现在其他语句中，例如：

```
printf("%c\n",getchar( ));
```

说明：等待用户输入一个字符，并立即输出该字符。

getchar 函数在使用时需要注意以下 3 个方面。

（1）getchar 函数是一个无参函数，后面的括号内没有内容，但是括号不能省略。

（2）getchar 函数只能接收单个字符，当输入的字符多于一个时，只接收第一个字符，其余的忽略。

（3）在连续使用 getchar 函数的程序段中，要注意字符的输入方法。例如，有程序段：

```
char ch1, ch2;
ch1=getchar( );
ch2=getchar( );
```

当用户输入“A↙B↙”时，字符型变量 ch1 将接收字符“A”，字符型变量 ch2 将接收回车符“↙”，程序并没有接收后面的“B↙”；当用户输入“AB↙”时，程序会将字符“A”赋给 ch1，将字符“B”赋给 ch2。

4.2 格式输入/输出函数

格式输入/输出函数可以按照用户的需求设置输入格式和输出格式，功能上更加灵活。

4.2.1 printf 函数

1. printf 函数的一般格式

printf 函数的一般格式：

```
printf(格式控制, 输出表列);
```

功能：在终端设备上按指定格式输出，可输出任意类型的数据，称为格式输出函数。

说明：printf 是函数名，圆括号中为函数参数，可以有若干个。格式控制通常都是用双引号括起的字符串，用于指定输出的数据类型和输出形式。输出表列是用逗号隔开的若干参数，可以是各种类型的常量、变量或表达式。格式输出函数调用通常作为单个语句出现。

例如：

```
printf("%c,%d",a,b);
printf("%f,%f",r,sqrt(r)*3+n);
```

说明：第一条语句的功能是将变量 a 的值以字符型格式输出，将变量 b 的值以整型格式输出。第二条语句的功能是将变量 r 和表达式 sqrt(r) * 3 + n 的值以实型格式输出。

2. 格式控制

格式控制是 printf 函数的第一个参数，它包括普通字符和格式说明符两种形式的字符。

1）普通字符

在格式控制串中前面没有“%”的字符都是普通字符，普通字符有可视字符和转义字符两种。例如，有语句：

```
printf("a=%c,b=%d\n",a,b);
```

该语句的格式串中包含的普通字符“a”“=”“,”“b”“=”及转义字符“\n”都会照原样输出在屏幕上（转义字符“\n”会输出回车换行符，使光标移到下一行的第一列）。

在屏幕上输出一些说明信息或提示语句，例如：

```
printf("Please input the number of students:");
```

该语句会在屏幕上输出字符串“Please input the number of students:”。

2）格式说明符

格式说明符是以“%”开头的字符串，后面跟有各种格式字符。C语言中，printf函数允许使用的格式字符如表4-1所示。

表4-1 printf函数允许使用的格式字符

<table>
<tr><th>格式字符</th><th>格式说明符</th><th colspan="2">说明</th></tr>
<tr><td rowspan="4">d</td><td>%d</td><td rowspan="4">以有符号十进制形式输出整数</td><td>按整型数据的实际长度输出</td></tr>
<tr><td>%md</td><td>按照指定字段宽度m输出。若数据位数小于m，则左端补空格；否则按实际位数输出</td></tr>
<tr><td>%ld</td><td>按长整型数据的实际长度输出</td></tr>
<tr><td>%mld</td><td>按指定字段宽度m输出长整型数据。具体同%md说明</td></tr>
<tr><td>u</td><td>%u</td><td colspan="2">以无符号十进制形式输出整数。按数据的实际长度输出</td></tr>
<tr><td>o</td><td>%o</td><td colspan="2">以无符号八进制形式输出整数（不输出前导符0）。按数据的实际长度输出</td></tr>
<tr><td>x</td><td>%x（%X）</td><td colspan="2">以无符号十六进制形式输出整数（不输出前导符0x）。按数据的实际长度输出</td></tr>
<tr><td>c</td><td>%c</td><td colspan="2">输出一个字符</td></tr>
<tr><td>s</td><td>%s</td><td colspan="2">输出字符串，不输出字符串结束符号“\0”</td></tr>
<tr><td rowspan="3">f</td><td>%f</td><td rowspan="3">以有符号小数形式输出单、双精度实数</td><td>输出时整数部分全部输出，并输出6位小数</td></tr>
<tr><td>%m.nf</td><td>输出时数据位数占m列，其中有n位小数。
如数据位数小于m，则左端补空格，靠右对齐</td></tr>
<tr><td>%-m.nf</td><td>输出时数据位数占m列，其中有n位小数。如果数据位数小于m，则右端补空格，靠左对齐</td></tr>
<tr><td rowspan="3">e</td><td>%e（%E）</td><td rowspan="3">以指数形式输出实数</td><td>输出时小数部分占6位（小数点前有且仅有一位非零数字），指数部分占5位（其中e和指数符号各占一位，指数占3位，如e+002），共13位</td></tr>
<tr><td>%m.ne</td><td rowspan="2">-、m、n含义同前。n指数字部分的小数位数</td></tr>
<tr><td>%-m.ne</td></tr>
<tr><td>g</td><td>%g（%G）</td><td colspan="2">由系统决定选用%f或%e格式，以便输出宽度最小</td></tr>
</table>

下面通过几个例子详细说明表4-1中的格式说明符在printf函数中的应用。

【例4.2】 格式说明符%d、%o、%x（%X）和%u应用示例。

程序源代码如下：

```
#include <stdio.h>
int main( )
{
    int a=16, b=-16;
    unsigned int c=2147483649;
```

```
    printf("%d,%o,%x,%u\n",a,a,a,a);
    printf("%d,%o,%x,%u\n",b,b,b,b);
    printf("%d,%o,%x,%u\n",c,c,c,c);
    return 0;
}
```

程序运行结果如下：

```
16,20,10,16
-16,37777777760,fffffff0,FFFFFFF0,4294967280
-2147483647,20000000001,80000001,2147483649
```

注意：%d、%o、%x（%X）和%u 都是输出 int 型或 short int 型数据的格式说明符。通过前面的学习可知，int 型数据在内存中以二进制补码形式存放。用%d 输出时，将最高位视为符号位，按有符号数输出；用%o、%x（%X）、%u 输出时，将最高位视为数据位，按无符号数输出，其中%o 输出该数对应的八进制数，%x（%X）输出该数对应的十六进制数（如果是%x，则输出含小写字母 a～f 的十六进制数；如果是%X，则输出含大写字母 A～F 的十六进制数），而%u 输出该数对应的无符号十进制数。

例 4.2 中，程序先定义三个变量：整型变量 a、b 和无符号变量 c，并对它们进行初始化。这些变量在内存中均以二进制补码的形式存放，存储的情况如图 4-1 所示。程序中用 3 个 printf 函数分别按%d、%o、%x 和%u 的格式输出 a、b、c 的值。只有按%d 格式输出时，数据的最高位才作为符号位处理，其他格式都是将最高位作为数值对待。

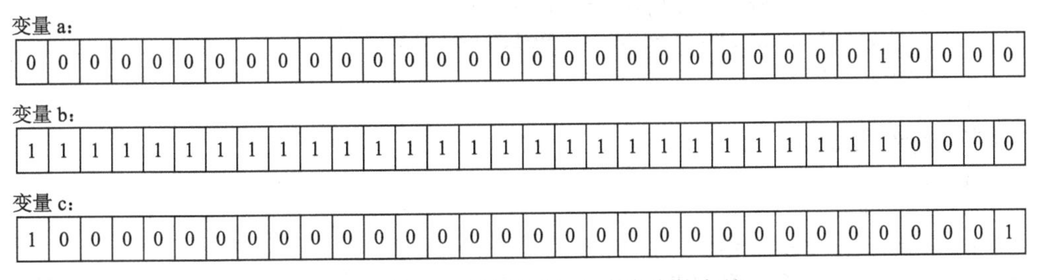

图 4-1　例 4.2 中整型变量在内存中的存储

例如，-16 的补码是 11111111 11111111 11111111 11110000，按%o 和%x（%X）输出时，分别是 37777777760 和 fffffff0（或 FFFFFFF0）；按%u 输出时，得到 4294967280，均不会出现负数。

再如，无符号数 2147483649 在内存中存储为 10000000 00000000 0000000 00000001，这个数也是-2147483647 的补码。按%d 输出时，系统会将最高位的 1 视作符号位，结果输出-2147483647。

此外，printf 格式控制串中的逗号是普通字符，会照原样输出，转义字符“\n”能控制光标转到下一行的第一列，使后续 printf 的输出数据显示在下一行。

【例 4.3】 格式说明符%f、%e（%E）和%g（%G）示例。

程序源代码如下：

```
#include <stdio.h>
int main( )
{
    float x=12345.6789;
    double y=-1234567890.123456789;
```

```
    printf("%f,%e,%g\n",x,x,x);
    printf("%f,%E,%G\n",y,y,y);
    return 0;
}
```

程序运行结果如下：

```
12345.678711,1.234568e+004,12345.7
-1234567890.123457,-1.234568E+009,-1.23457E+009
```

注意：%e 和%E 的区别在于数据输出时 e 是以小写形式还是大写形式输出，%g 和%G 的区别也类似。输出时，数据的有效数字位数是按整数部分和小数部分的位数合并考虑的。单精度实型数的有效数字是 7～8 位，双精度实型数的有效数字是 15～16 位，超出部分不准确，不具有任何价值。

【例 4.4】格式说明符%c 和%s 示例。

程序源代码如下：

```
#include <stdio.h>
int main( )
{
    char c1,c2;
    c1='a';
    c2=c1-32;
    printf("%c %c %c\n",c1,c2,c1-'A');
    printf("%d %d %d\n",c1,c2,c1-'A');
    printf("%s\n","Welcome to BeiJing!");
    return 0;
}
```

程序运行结果如下：

```
a A
97 65 32
Welcome to BeiJing!
```

注意：字符型数据和整型数据一般可以相互转换。在利用%s 输出字符串时是从第一个字符开始输出的，直到遇到字符串结束标志“\0”为止。例如语句：

```
printf("%s\n","Welcome to Bei\0Jing!");
```

等价于

```
printf("Welcome to Bei\0Jing!");
```

该语句输出字符串“Welcome to BeiJing!”，遇到“\0”结束输出。

另外，输出字符串还可以包含转义字符，如“\n”。例如语句：

```
printf("%s\n", "Welcome\nto\nBeiJing!\n");
```

等价于

```
printf("Welcome\nto\nBeiJing!\n");
```

该语句将会输出

```
Welcome
to
BeiJing!
```

3）附加格式说明符

附加格式说明符出现在“%”和格式说明符之间，用来补充格式字符，以便更准确地控制 printf 函数的输出格式。附加格式说明符可以根据输出需要选择使用。

（1）字母“l”，用于长整型数据的输出，可以加在“d”“o”“x”“u”4 个格式字符的前面。

（2）在格式字符的前面给出一个正整数 m，指定数据最小的输出宽度。若数据的实际位数多于指定的宽度，按实际位数输出；若实际位数少于指定的宽度，补以空格；若在格式符前面不指定输出宽度，则按数据的实际位数输出。

（3）精度格式符以“.”开头，后跟十进制整数 n，可以用于限制 e 格式符和 f 格式符，指明实数输出时的小数位数；也可用于字符串，表示截取的字符数。对于实数，若不指定输出的小数位数，则由系统自动指定，不同的系统略有不同。一般来说，%f 与%e 的输出规则如表 4-1 所示。

（4）正号“+”，用于指定输出的数据带有符号“+”或“-”。通常，不使用“+”，即正数输出不带符号，负数输出时带有符号“-”。

（5）负号“-”，用于指定输出的数字或字符串在指定宽度内左对齐，即在右端补空格。若输出时不指定“-”，则输出内容在指定宽度内右对齐，即在左端补空格。

【例 4.5】附加格式说明符示例。

程序源代码如下：

```
#include <stdio.h>
int main( )
{
    long int a=32978;
    float b=329.56837;
    double c=143756832.43756832;
    printf("%ld,%d\n",a,a);
    printf("%+ld,%+ld\n",a,-a);
    printf("%11.3f,%6.3f,%.3f\n",b,b,b);
    printf("%20.8f,%20.4f,%.4f\n",c,c,c);
    printf("%-11.3f,%-20.8f\n",b,c);
    printf("%s,%-8.3s,%8.5s\n","BeiJing","BeiJing","BeiJing");
    return 0;
}
```

程序运行结果如下：

```
32978,32978
+32978,-32978
    329.568,329.568,329.568
  143756832.43756831,      143756832.4376,143756832.4376
329.568    ,143756832.43756831
BeiJing,Bei     ,   BeiJi
```

从输出结果可以看出，第 2 个 printf 语句中使用附加格式说明符“+”，输出的数据无论正负均带符号。第 3 个和第 4 个 printf 语句中 m 的值超过输出数据的位数，在输出值左边补空格；小数位数超过 n 时进行四舍五入。第 5 个 printf 语句为左对齐输出，即位数不足时在右边补空格。最后一个 printf 语句输出字符串“BeiJing”时，%-8.3s 为截取前 3 个字符并按左对齐输出，%8.5 为截取前 5 个字符并按右对齐输出。

3. printf 函数使用说明

（1）使用 printf 函数输出数据时，每个输出参数对应一个格式说明符。如果格式说明符的个数少于输出项的个数，则多余的输出项不予输出；如果格式说明符的个数多于输出项的个数，则多余的格式将输出不定值。

（2）格式控制中的格式说明符与输出表列的类型必须一一对应。如果不匹配，将导致数据不能正确输出，但系统并不报错。注意：在输出 long int 型数据时，一定要使用小写字母“l”进行修饰，否则可能会输出错误数据。

（3）格式说明符“%”和后面的描述符之间不能有空格。除%X、%E 和%G 外，类型描述符必须是小写字母。

（4）要输出“%”字符，需要在格式控制中连写两个“%”字符。如函数 printf("%%d")的功能是输出“%d”字符串。

（5）printf 函数的返回值通常是本次调用中输出字符的个数，但极少这样使用。

4.2.2 scanf 函数

1. scanf 函数的一般格式

scanf 函数的一般格式：

```
scanf(格式控制, 输入地址表列);
```

功能：在终端设备（系统的输入设备）上输入数据，称为格式输入函数。

说明：scanf 是函数名，圆括号中为若干函数参数。格式控制基本与 printf 函数类似。需要注意的是，输入地址表列中每一个变量名前面必须加取地址运算符“&”。scanf 函数调用一般作为单个语句出现，用分号结束。

例如：

```
scanf("%d", &a);
```

表示要输入一个整数，赋给变量 a。

2. 格式控制

scanf 函数格式控制中使用的格式字符如表 4-2 所示。

表 4-2 scanf 函数允许使用的格式字符

格式字符	格式说明符	说明
d	%d（%ld）	输入十进制整数（长整型数）
u	%u（%lu）	输入无符号十进制整数（无符号长整型数）
o	%o（%lo）	输入八进制整数（八进制长整型数）
x	%x（%lx）	输入十六进制整数（十六进制长整型数）
f	%f（%lf）	输入小数形式的单精度实数（双精度实型数）
e	%e（%le）	输入指数形式的单精度实数（双精度实型数）
c	%c	输入单个字符
s	%s	输入一个字符串

在“%”和格式字符之间，可以使用以下附加格式说明符。

（1）字母“l”，对输入的长整型和双精度实型数据做进一步说明。

（2）字母“m”，用于指定输入数据的宽度。

（3）字符“*”，忽略读入的数据，即该数据虽然输入但不为变量赋值。

【例 4.6】格式字符使用示例 1。

程序源代码如下：

```
#include <stdio.h>
int main( )
{
    int a;
    float b,c;
    printf("Please input a b c:");
    scanf("%d%f%f",&a,&b,&c);
    printf("a=%d,b=%f,c=%f",a,b,c);
    return 0;
}
```

输入如下字符：

```
12 2334 343↙
```

程序运行结果如下：

```
a=12,b=2334.000000,c=343.000000
```

程序中要求输入 3 个变量的值，都是数值型数据，为了分隔每一个数据，需要使用分隔符。C 语言规定，空格、跳格、回车都是合法的分隔符。此例输入时使用空格分隔符。

若将语句 scanf("%d%f%f", &a, &b, &c);改为 scanf("%d%*f%f", &a, &b, &c);，输入同样的数据，所得运行结果如下：

```
a=12,b=343.000000,c=0.000000
```

【例 4.7】格式字符使用示例 2。

程序源代码如下：

```
#include<stdio.h>
int main( )
{
    int a;
    char b;
    float c;
    printf("Please input a b c:");
    scanf("%d%c%f",&a,&b,&c);
    printf("a=%d,b=%c,c=%f",a,b,c);
    return 0;
}
```

输入如下字符：

```
257h2531.567↙
```

程序继续执行，输出如下运行结果：

```
a=257,b=h,c=2531.566895
```

程序中，scanf 首先按“%d”的要求取数字字符，到 h 时发现类型不符合，于是把“257”转换成整型送到地址&a 所指的内存中，接着接收字符“h”送入地址&b 所指的 1 字节内存中，最后把“2531.567”送入&f 所指的 4 字节内存中。

注意：输入数据时，变量 a 和 b 的值中间不能用空格或其他任何分隔符隔开，否则系统会将使用的分隔符接收，送入&b 所指的内存中。

例如，输入如下字符：

```
257↙
h2531.567↙
```

程序运行结果如下：

```
a=257, b=
, c=0.000000
```

【例 4.8】 格式字符使用示例 3。

程序源代码如下：

```
#include<stdio.h>
int main( )
{
    int a;
    float b,c;
    printf("Please input a,b,c:");
    scanf("%2d%3f%4f",&a,&b,&c);
    printf("a=%d,b=%f,c=%f",a,b,c);
    return 0;
}
```

输入如下字符：

```
123456787654321↙
```

程序运行结果如下：

```
a=12,b=345.000000,c=6787.000000
```

程序中由于%2d 只要求读入 2 位数字，所以把 12 读入&a 所指的内存单元中，即变量 a 中；%3f 要求读入 3 位数字，故变量 b 中为 345.000000；%4f 要求读入 4 位数字，故变量 c 中为 6787.000000。多余的数字字符 654321 舍弃。

若输入如下字符：

```
1↙
23456787654321↙
```

则程序运行结果如下：

```
a=1,b=234.000000,c=5678.000000
```

此时，程序中由于读入 1 后回车，只有一个数字字符，小于%2d 要求的两位，所以将其读入变量 a 中；%3f 读入 3 位数字 234，故 b 的值为 234.000000；%4f 读入 4 位数字 5678，故 c 的值为 5678.000000。多余的数字字符 7654321 舍弃。

【例 4.9】 格式字符使用示例 4。

程序源代码如下：

```
#include <stdio.h>
int main( )
{
    char  str[20],strs[20];
    printf("Please input a string:");
    scanf("%s",strs);          /*从键盘输入字符串*/
    scanf("%s",str);
    printf("%s\n",strs);       /*向屏幕输出字符串*/
```

```
    printf("%s\n", str);
    return 0;
}
```

输入如下字符：

```
About    China↙
```

程序运行结果如下：

```
About
China
```

程序定义了两个字符数组 str[20]和 strs[20]，输入两个字符串分别为数组赋值。输入时，两个字符串中间用分隔符隔开。此例输入时用跳格分隔符（Tab 键）分隔。关于数组的知识将在第 7 章介绍。

C 语言中，scanf 函数的格式控制串与 printf 函数的类似，也可以使用普通字符，输入时按照原样输入。

【例 4.10】格式字符使用示例 5。

程序源代码如下：

```
#include <stdio.h>
int main( )
{
    int a;
    float b,c;
    printf("Please input a,b,c:");
    scanf("%d,%f,%f",&a,&b,&c);
    printf("a=%d,b=%f,c=%f\n",a,b,c);
    return 0;
}
```

输入如下字符：

```
1234,567.876,354↙
```

程序运行结果如下：

```
a=1234,b=567.875977,c=354.000000
```

【例 4.11】格式字符使用示例 6。

程序源代码如下：

```
#include <stdio.h>
int main()
{
    int a;
    float b,c;

    printf("Please input a,b,c:");
    scanf("a=%d,b=%f,c=%f",&a,&b,&c);
    printf("a=%d,b=%f,c=%f\n",a,b,c);
    return 0;
}
```

输入如下字符：

```
a=1234,b=567.876,c=354↙
```

程序运行结果如下：

```
a=1234,b=567.875977,c=354.000000
```

由上述两例可以看出，要想输入正确，必须严格按照scanf函数格式控制串指定的格式输入。

3. scanf函数使用说明

（1）输入long int型时，在“%”和“d”之间必须加字母字符“l”；输入double型数据时，在“%”和“f”或“e”之间也必须加“l”，否则得不到正确的数据。

（2）在格式控制串中，格式说明的个数应与输入项的个数相同。

（3）在格式控制中，格式说明的类型与输入项的类型应一一对应匹配。如果类型不匹配，系统不提示出错，但不能保证输出正确的值。

（4）在scanf函数中，格式字符前可以用一个整数指定输入数据的宽度。但不可以对实型数指定小数位的宽度，即可以定义m的值，但不能定义n的值。

（5）scanf函数在调用结束后将返回一个函数值，其值等于成功读入的数据项数。

4.3 程序举例

【例4.12】从键盘输入三角形的三边长，求三角形的面积，并输出结果。

分析：根据数学知识可知，若已知三角形的三边长，求三角形的面积公式为

$$\text{area}=\sqrt{s(s-a)(s-b)(s-c)}\quad\left(s=\frac{a+b+c}{2}\right)$$

为了使程序设计简单，设输入的三角形三边a、b、c能构成三角形。

程序源代码如下：

```
#include <stdio.h>
#include <math.h>                                  /*包含数学函数头文件*/
int main( )
{
    float a,b,c,s,area;
    printf("Please input a,b,c:");
    scanf("%f,%f,%f",&a,&b,&c);
    s=(a+b+c)/2;
    area=sqrt(s*(s-a)*(s-b)*(s-c));        /*调用函数库中求平方根函数sqrt()*/
    printf("a=%7.1f\nb=%7.1f\nc=%7.1f\narea=%7.2f\n",a,b,c,area);
    return 0;
}
```

输入如下字符：

```
3.4,4.5,5.6↙
```

程序运行结果如下：

```
a=   3.4
b=   4.5
c=   5.6
area=   7.65
```

【例4.13】给定一个3位整数876，分离出它的个位数、十位数、百位数，分别输出。

分析：分离最低位数字可以用求余的方法实现；分离最高位数字可以用整除的方法实现；中间的数字经过相应的运算可依次求出。

程序源代码如下：

```
#include <stdio.h>
#include <math.h>
int main( )
{
    int x,w1,w2,w3;

    x=573;
    printf("The number is:%d\n",x);
    w3=x/100;
    w2=(x-w3*100)/10;
    w1=x%10;
    printf("bit1=%d\nbit2=%d\nbit3=%d\n",w1,w2,w3);
    return 0;
}
```

程序运行结果如下：

```
The number is:573
bit1=3
bit2=7
bit3=5
```

4.4 案例：学生成绩管理系统——学生成绩输入/输出

在 2.8 节的基础上，本节利用格式控制输入/输出函数实现输入一个学生的三门课程的成绩，然后输出三门课程的成绩及平均成绩。

首先输入三门课程的成绩，然后计算三门课程的平均分，最后输出成绩。

为了达到更好的用户体验，加入适当的 printf 输出提示语句；最后的输出成绩部分加了输出表头。

```
#include <stdio.h>
int main( )
{
    float math_score,Chinese_score,English_score,average_score;
    printf("******欢迎使用学生成绩管理系统******\n");
    printf("请输入学生的成绩\n");
    printf("输入格式为:数学成绩,语文成绩,英语成绩\n");
    scanf("%f,%f,%f",&math_score,&Chinese_score,&English_score);
    average_score=(math_score+Chinese_score+English_score)/3;
    printf("该同学成绩为:\n");
    printf("数学成绩    语文成绩    英语成绩    平均成绩\n");
    printf("%-12.2f%-12.2f%-12.2f%-12.2f \n",math_score,Chinese_score,
      English_score, average_score);
    return 0;
}
```

输出结果如下：

```
******欢迎使用学生成绩管理系统******
请输入学生的成绩
输入格式为:数学成绩,语文成绩,英语成绩
```

```
99,99,98
该同学成绩为:
数学成绩    语文成绩    英语成绩    平均成绩
99.00       99.00       98.00       98.67
```

4.5 小　　结

本章详细讨论了 C 语言字符输入/输出函数及格式输入/输出函数，介绍了顺序结构的程序设计方法和执行流程。

putchar 和 getchar 用于字符型数据的输入/输出，scanf 和 printf 用于格式输入/输出。C 语言提供了多种格式说明符，分别用于输入/输出不同类型的数据。使用这几个函数时必须在程序开头加上#include <stdio.h>，将 stdio.h 头文件包含到源文件中。

使用输入/输出函数时，要注意格式控制符与输入/输出数据的一致性。例如，long 型数据输入时必须使用%ld，double 型数据输入时必须使用%lf，而输出时则要使用%f。此外，使用 scanf 还要注意必须在每个输入变量名之前使用“&”符号，输入数据之间所使用的分隔符必须严格参照格式控制字符串。

输入/输出函数是 C 程序设计的基础，虽然 scanf 和 printf 的格式控制符较多，记忆难度较大，但是它们在控制输入/输出时却起到关键的作用，所以读者必须多加练习，熟练掌握。另外，程序设计时最好用 printf 作为 scanf 的提示输入。

习　　题

4.1　阅读下面的程序，并写出输出结果。

```
#include <stdio.h>
int main( )
{
    int a=9,b=2;
    float x=32.8459,y=-792.451;
    char d='R';
    long n=5461237;
    unsigned u=65535;
    printf("%d,%d\n",a,b);
    printf("%3d,%3d\n",a,b);
    printf("%f,%f\n",x,y);
    printf("%-10f,%-10f\n",x,y);
    printf("%8.2f,%8.2f\n",x,y);
    printf("%.4f,%.4f\n",x,y);
    printf("%3f,%3f\n",x,y);
    printf("%e,%10.2e\n",x,y);
    putchar(d);
    putchar('\n');
    printf("%c,%d,%o,%x\n",d,d,d,d);
    printf("%ld,%lo,%x\n",n,n,n);
    printf("%u,%o,%x,%d\n",u,u,u,u);
    return 0;
}
```

4.2 编写程序，从键盘上输入一个小写字母并把它转换为对应的大写字母后输出。

4.3 输入一个 double 型的数，使该数保留小数点后两位，然后输出此数，以便验证处理是否正确。

4.4 编写程序，从键盘输入两个整数，求它们的商和余数（商需要保留小数部分），并输出。

4.5 编写程序，从键盘输入两个实数，实现它们数值的交换。如输入 a = 35.1，b = 123.598，输出 a = 123.598，b = 35.1。

第5章 选择结构程序设计

学习目标

- 熟练掌握 if 语句和 switch 语句的使用方法;
- 理解选择结构程序的执行流程;
- 培养选择结构程序设计的能力。

在实际问题中，经常遇到需要先判断条件是否成立，然后选择如何完成的情形，这就需要用到选择结构。选择结构是程序设计过程中经常用到的结构，选择结构可以分别采用 if 语句、switch 语句、if 语句和 switch 语句的嵌套等多种方式实现。

5.1 if 语句

在采用 if 语句实现选择结构时，可以采用多种方式，要注意相关的格式要求。

5.1.1 if 语句的标准格式

1. 简单 if 语句

简单 if 语句的一般格式如下：

```
if (表达式)
    语句 1
```

功能：当表达式的值为真（非 0）时，执行语句 1，然后执行 if 结构之后的下一条语句；当表达式的值为假（等于 0）时，直接执行 if 结构之后的下一条语句。其 N-S 图如图 5-1（a）所示。

说明：if 是语句的关键字，圆括号中书写的表达式通常是关系表达式或逻辑表达式。语句 1 可以是一条基本语句或者复合语句（多条语句的集合，使用时必须用花括号括起）。

2. if-else 语句

if-else 语句的一般格式如下：

```
if (表达式)
    语句 1
else
```

语句 2

功能：当表达式的值为真（非 0）时，执行语句 1；当表达式的值为假（等于 0）时，执行语句 2。之后，再执行 if 语句后面的语句。其 N-S 图如图 5-1（b）所示。

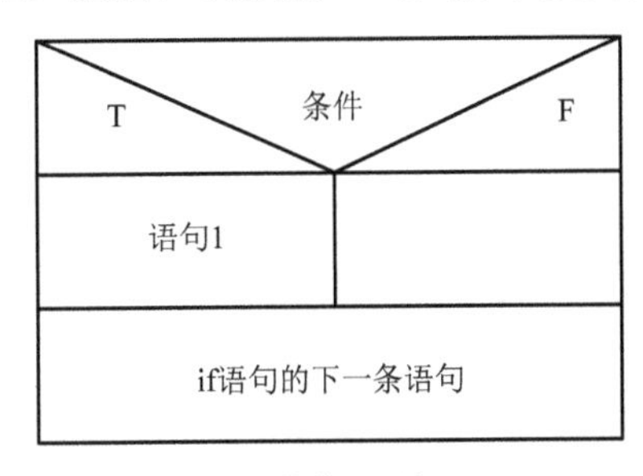

（a）简单 if 语句

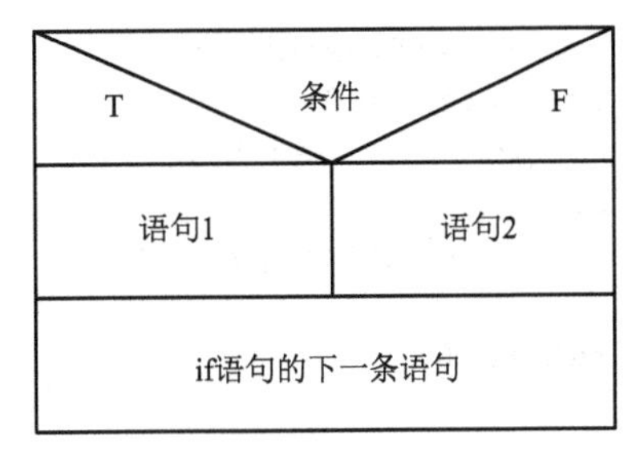

（b）if-else 语句

图 5-1 if 语句的 N-S 图

【例 5.1】输入两个整数，使它们按照由大到小的顺序输出。

程序源代码如下：

```
#include <stdio.h>
int main( )
{
    int x,y,transfer;

    printf("Please input x,y:");
    scanf("%d,%d",&x,&y);
    if (x<y)
    {
        transfer=x;
        x=y;
        y=transfer;
    }
    printf("x=%d,y=%d",x,y);
    return 0;
}
```

输入：

```
3,5
```

程序运行结果如下：

```
x=5,y=3
```

本程序使用简单 if 语句格式，条件为真时执行复合语句的操作，条件为假时直接执行 if 语句后面的 printf 语句。复合语句的功能是借助变量 transfer，将 x、y 两个变量的值互换，过程如图 5-2 所示。注意，互换必须按照图中标注的 1、2、3 顺序进行，否则交换不成功。

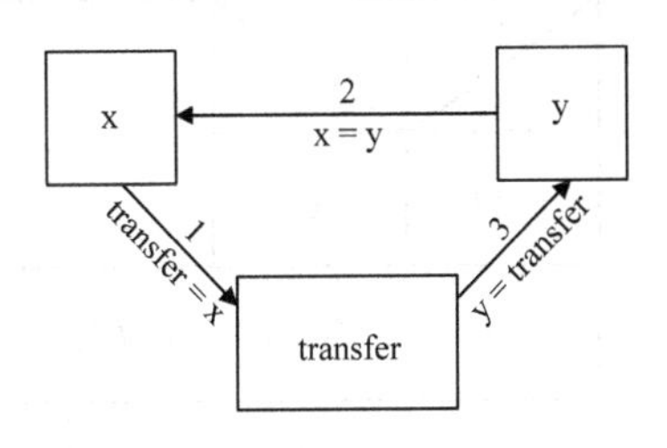

图 5-2 交换两变量值的过程示意图

【例 5.2】输入一个百分制成绩，若大于或等于 60 分，输出通过（Pass）；否则，输出未通过（Not pass）。

程序源代码如下：

```
#include <stdio.h>
```

```
int main( )
{
float score;

    scanf("%f",&score);
    if (score>=60)
        printf("Pass!");
    else
        printf("Not pass!");

    return 0;
}
```

输入：

```
87.5
```

程序运行结果如下：

```
Pass!
```

若输入：

```
56.5
```

程序运行结果如下：

```
Not pass!
```

程序中使用 if-else 语句格式，条件为真时执行 printf("Pass!");语句的操作，条件为假时执行 printf("Not pass!");。

5.1.2 if 语句的嵌套

前面讲的 if 语句一般用于两个分支的情况。当遇到多于两个分支的情况时，可采用 if 语句的嵌套，即在 if 语句的内部还有 if 语句。

1. 格式一

```
if (条件 a)
    if 语句
```

说明：此格式在简单 if 语句的肯定分支上（条件为真时执行的分支）嵌套一个 if 语句（简单 if 语句或 if-else 语句），对应的 N-S 图如图 5-3 所示。

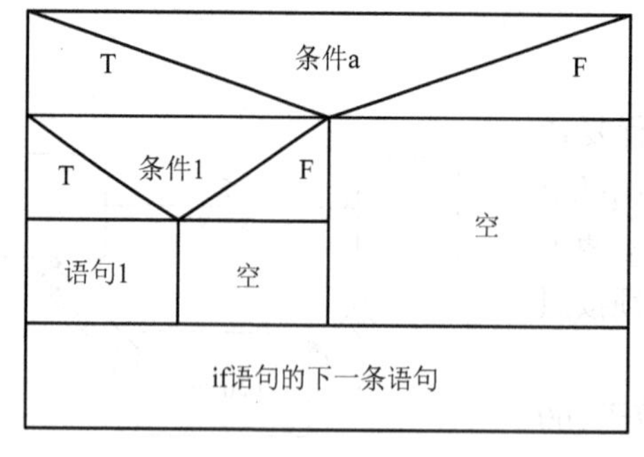

（a）嵌套简单 if 语句

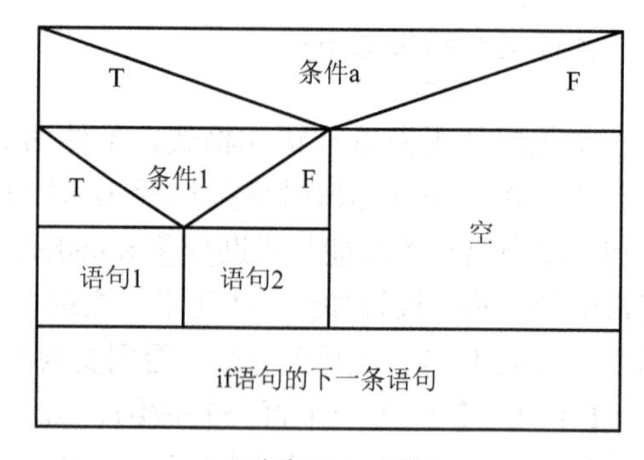

（b）嵌套 if-else 语句

图 5-3 if 语句的嵌套

对例 5.2 中 if 结构做修改，例如：

```
if (score>=60)
    if (score<70) printf("Pass!");
```

它内嵌一个简单 if 语句，只有当 score 的值在 60～70 之间时才执行 printf 语句，输出字符串"Pass!"。注意，对于此结构，未设定 score 的值小于 60 或大于等于 70 的操作，故当取值在此范围时，屏幕上不输出任何内容。

又如：

```
if (score>=60)
    if (score<70)  printf("Pass!");
    else printf("Good!");
```

它内嵌一个 if-else 语句，当 score 的值在 60～70 之间时执行 printf 语句，输出字符串"Pass!"；当 score 的值大于或等于 70 时，执行另外的 printf 语句，输出字符串"Good!"。当 score 的值小于 60 时，屏幕无输出。

2. 格式二

```
if (表达式 a)
   { if 语句 }
else
   语句 a
```

说明：此格式在 if-else 语句的肯定分支（条件为真时执行的分支）上嵌套一个 if 语句，内嵌的 if 语句可以是两种不同的格式，对应的 N-S 图如图 5-4 所示。

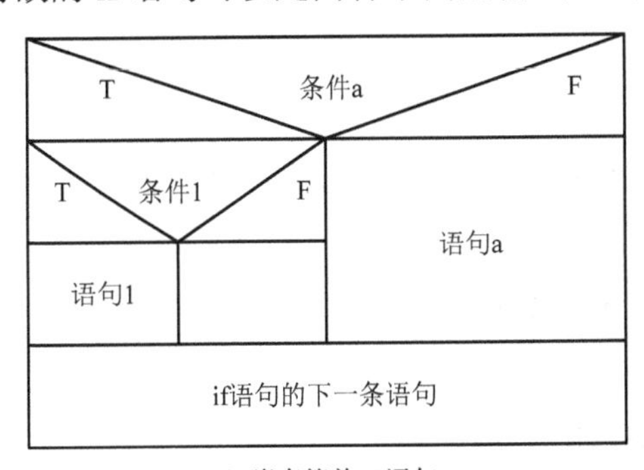

（a）嵌套简单 if 语句

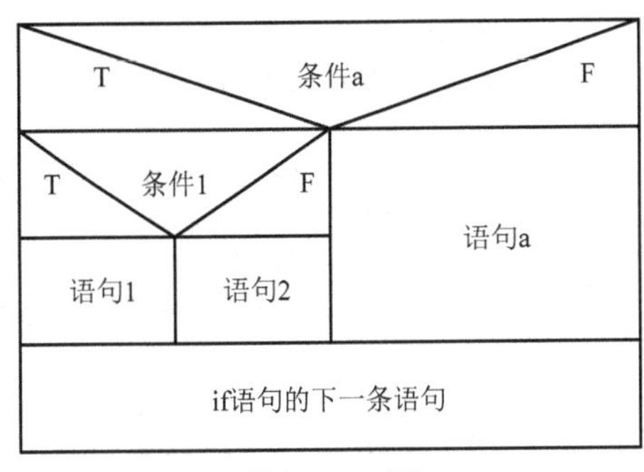

（b）嵌套 if-else 语句

图 5-4　if 语句在肯定分支上的嵌套

需要特别注意，当内嵌语句为简单 if 语句时，必须用花括号括起来，用以说明其后的 else 语句与外层 if 语句相匹配。例如：

```
if (score>=60)
   {if (score<70)  printf("Pass!");}
else  printf("Good!");
```

表示当 score 满足 $60 \leqslant score < 70$ 时，输出"Pass!"。与上例不同的是，当 score < 60 时，才执行 printf("Good!");语句。

3. 格式三

```
if (条件 a)
   语句 a
```

```
else
    if 语句
```

说明：此格式的内嵌语句位于if-else语句的否定分支上（条件为假时执行的分支），它也可以是不同格式的if语句，对应的N-S图如图5-5所示。

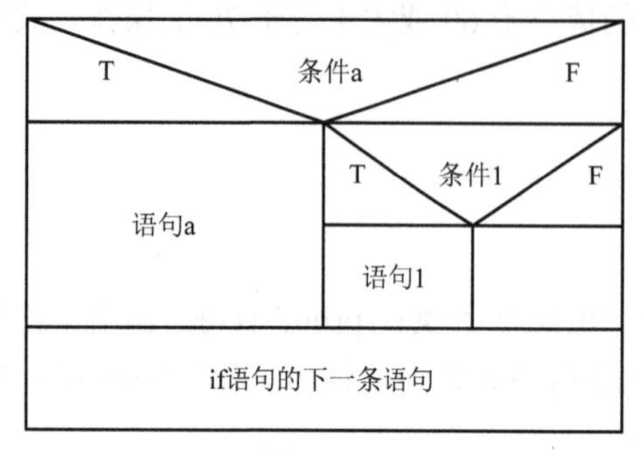

（a）嵌套简单if语句

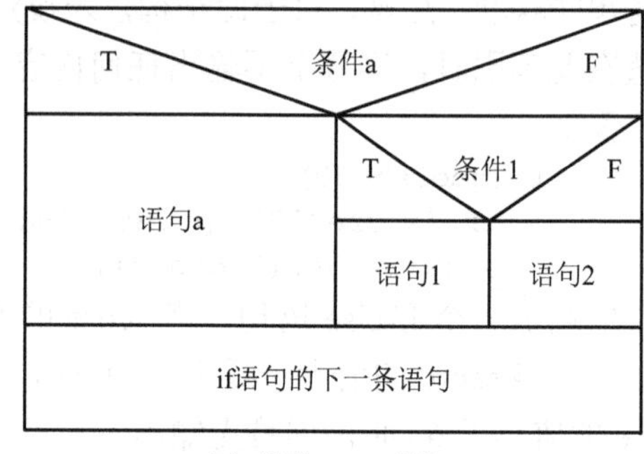

（b）嵌套if-else语句

图5-5 if语句在否定分支上的嵌套

【例5.3】编写一个售票提示程序：若是成年人，请买全票；若是儿童，需要测量身高，如果身高大于1.2m，买半票，否则免票。

程序源代码如下：

```
#include <stdio.h>
int main( )
{
   char type;
   float height;

   printf("Please input 'A' or 'C':");
   scanf("%c",&type);
   if (type=='A')
      printf("Please buy a full-price ticket!");
   else
   {
      printf( "Please input your height:");
      scanf("%f",&height);
      if (height>1.2)
         printf("Please buy a half-price ticket!");
      else
         printf("Free ticket!");
   }

   return 0;
}
```

输入：

```
A↙
```

程序运行结果如下：

```
Please buy a full-price ticket!
```

若输入：

```
C↙
```

程序输出：

```
Please input your height:
```

再次输入：

```
1.5↙
```

程序运行结果如下：

```
Please buy a half-price ticket!
```

若第二次输入 1.0，则输出：

```
Free ticket!
```

4. 格式四

```
if (条件 a)
    if (条件 1) 语句 1
    else 语句 2
else
    if (条件 2) 语句 3
    else 语句 4
```

说明：此格式是最复杂的一种嵌套结构。内嵌语句有两条，分别位于 if-else 语句的肯定分支与否定分支上，内嵌语句同样可以是不同格式的 if 语句（同前所述），这里不再重述，将 if-else 语句的嵌套用 N-S 图描述，如图 5-6 所示。

【例 5.4】求 3 个数中的最大数。

分析：首先在 2 个数中求最大数，将最大数和第 2 个数比较，再求这 2 个数的最大数，所得的结果即 3 个数中的最大数。

程序 N-S 图如图 5-7 所示。

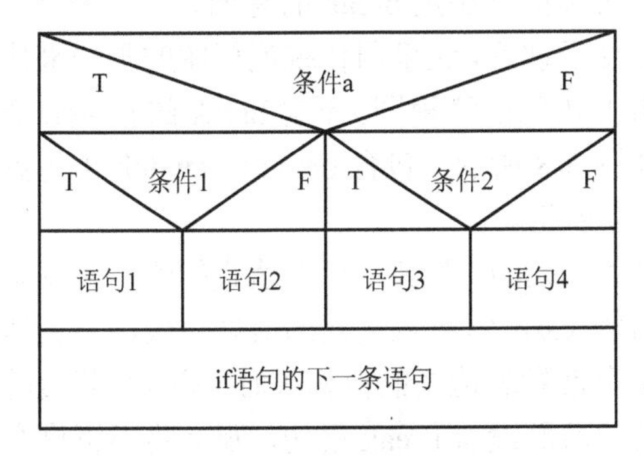

图 5-6 双分支 if 语句的嵌套

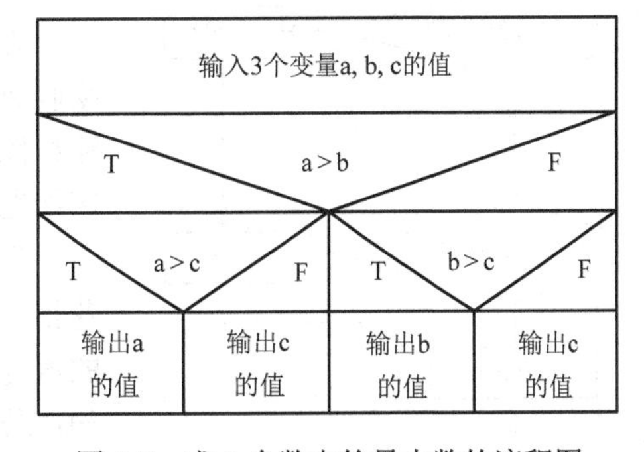

图 5-7 求 3 个数中的最大数的流程图

程序源代码如下：

```
#include <stdio.h>
int main( )
{
    int a,b,c;
    printf("Please input a,b,c:");
    scanf("%d,%d,%d",&a,&b,&c);
    if (a>b)
        if (a>c)  printf("%d",a);
        else  printf("%d",c);
    else
```

```
        if (b>c)  printf("%d",b);
        else  printf("%d",c);
    return 0;
}
```

输入：

```
25,89,34↙
```

程序运行结果如下：

```
89
```

5.2 switch 语句

如前所述，if 语句的基本功能是实现两个分支的选择。但对于实际问题，往往需要在多个分支中选择。虽然 if 语句的嵌套可以用来实现多分支的选择，但嵌套使得程序表达不够直观、简洁，并且当分支过多时嵌套层次必然复杂，增加了理解的难度，也容易出错，更不利于修改和扩充。为了解决这一问题，C 语言提供 switch 语句实现多分支的选择。该语句简洁明了，方便有效。其一般格式如下：

```
switch (表达式){
    case 常量表达式 1: 语句 1;[break;]
    case 常量表达式 2: 语句 2;[break;]
    ……
    case 常量表达式 n: 语句 n;[break;]
    default: 语句 n+1;[break;]
}
```

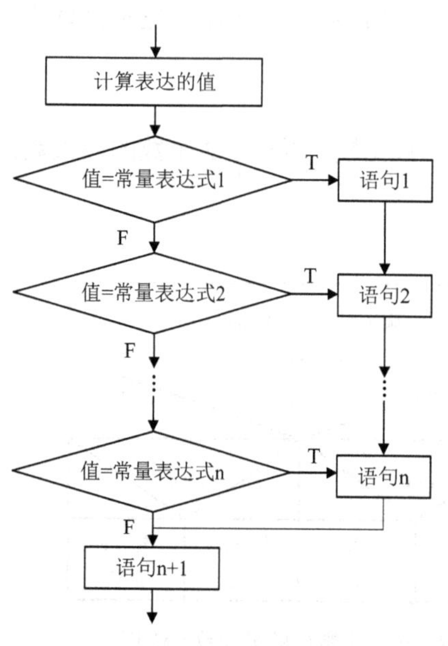

图 5-8　不含 break 的 switch 语句流程图

根据实际情况决定 break 的有无。

为了便于理解，这里用传统流程图的画法来分别绘制 switch 语句的流程图。不含 break 的 switch 语句流程图如图 5-8 所示；包含 break 的 switch 语句流程图如图 5-9 所示。

先计算 switch 关键字后表达式的值，并逐个与花括号内的 case 常量表达式的值做比较，当表达式的值与某个常量表达式的值相等时，就执行其后的语句；若语句后面没有 break 语句，那么将不再进行判断，继续执行后面所有 case 后的语句，直到遇到 break 或"}"为止。如果表达式的值与所有 case 后的常量表达式的值均不相等，则执行 default 后的语句。

注意：

① switch 后的圆括号内的表达式，其值的类型应该是整型（包括字符型）。

② case 后的常量表达式类型只能是整型、字符型或枚举型，不能出现变量或由变量构成的表达式，并且各常量表达式必须互不相同。

③ 语句 i（i=1, 2, …, n, n+1）可以是一条或多条语句，若为多条语句，则不必用"{ }"括起来。语句 i 处也可以没有语句，程序执行到此会自动向下顺序执行。

④ default 语句可以出现在花括号内的任意位置，但是将其放在所有 case 语句之后是

一种良好的编程习惯。不论 default 语句处于何种位置，都表示在所有的常量表达式都不匹配的情况下最后执行，若 default 分支中没有可执行语句，则 default 语句也可以省略。

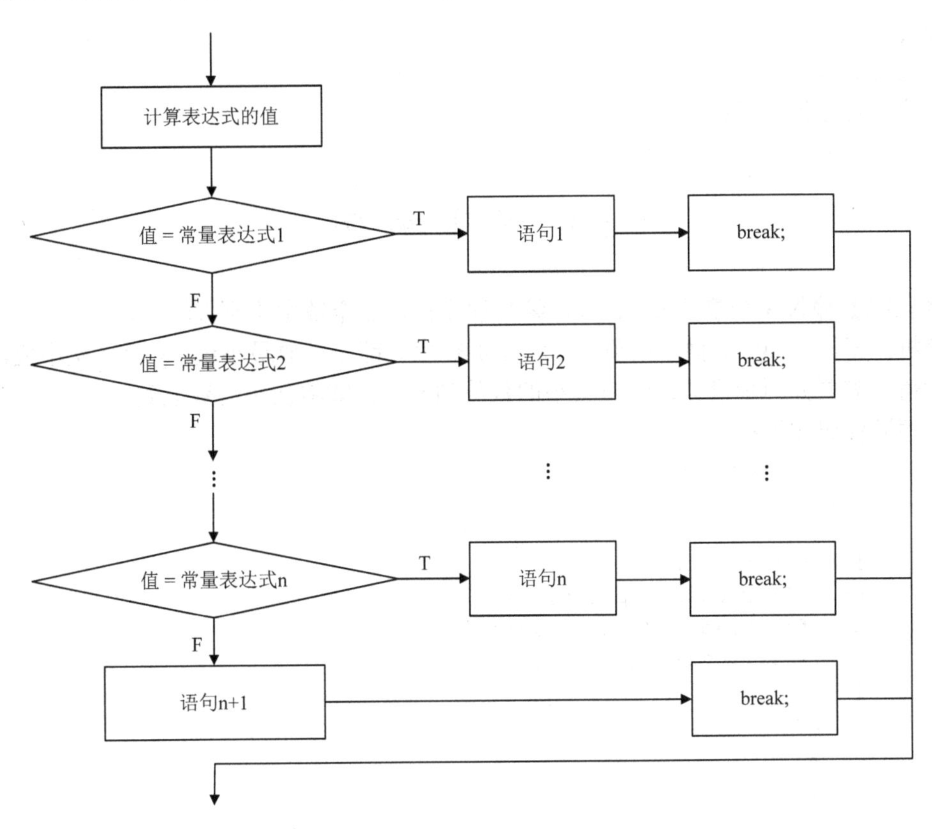

图 5-9　包含 break 的 switch 语句流程图

【例 5.5】 编写一个计算器程序。

分析：程序开始时输入两个数和一个运算符，然后根据运算符是“+”“-”“*”“/”来选择不同的分支执行相应的操作。

程序源代码如下：

```
#include <stdio.h>
int main()
{
    float val1,val2;
    char opr;

    printf("Please input expression:");
    scanf("%f%c%f ",&val1,&opr,&val2);
    switch (opr)
    {
      case '+': printf("%f\n",val1+val2); break;
      case '-': printf("%f\n",val1-val2); break;
      case '*': printf("%f\n",val1*val2); break;
      case '/': printf("%f\n",val1/val2); break;
      default: printf("Input error!\n");
```

```
    }
    return 0;
}
```

输入：

```
12.67*45↙
```

程序运行结果如下：

```
570.150003
```

5.3 程 序 举 例

【例 5.6】 输入 3 个整数 x、y、z，编写程序把这 3 个数由小到大输出。

分析：无论 x、y、z 输入何值，在程序执行后 x 都应存放最小值，y 存放次小值，z 存放最大值。需要分两步设计：①将最小的数放到 x 上；②将次小的数放到 y 上。

程序源代码如下：

```
#include <stdio.h>
int main( )
{
    int x,y,z,buf;
    printf("Please input x,y,z:");
    scanf("%d,%d,%d",&x,&y,&z);
    if (x>y)  /*交换 x,y 的值*/
    {
        buf=x;
        x=y;
        y=buf;
    }
    if (x>z)   /*交换 x,z 的值*/
    {
        buf=z;
        z=x;
        x=buf;
    }
    if (y>z)  /*交换 z,y 的值*/
    {
        buf=y;
        y=z;
        z=buf;
    }
    printf("Small to big: %d %d %d\n",x,y,z);
    return 0;
}
```

输入：

```
10,45,19↙
```

程序运行结果如下：

```
Small to big: 10 19 45
```

【例 5.7】 输入一个不多于 5 位的正整数，求它是几位数，并逆序打印出各位数字。

分析：程序首先判断输入的整数是否为不多于 5 位的正整数，如果不是，则显示错误提示；否则，分离各位数字，然后根据首位数字不能为0的原则判断输入数据是几位数，再将各位数字按照相反的顺序输出。

程序源代码如下：

```
#include <stdio.h>
int main( )
{
    long num1,num2,num3,num4,num5,num;
    printf("Please input a number(number<100000):");
    scanf("%ld",&num);
    if (num<100000&&num>0)
    {
        num1=num/10000;              /*分解出万位*/
        num2=num%10000/1000;         /*分解出千位*/
        num3=num%1000/100;           /*分解出百位*/
        num4=num%100/10;             /*分解出十位*/
        num5=num%10;                 /*分解出个位*/
        if (num1!=0)
            printf("There are 5: %ld %ld %ld %ld %ld\n",num5,num4,num3,
        num2,num1);
        else if (num2!=0)printf("There are 4: %ld %ld %ld %ld\n",num5,
        num4,num3,num2);
            else if (num3!=0)printf("There are 3: %ld %ld %ld\n",num5,
        num4,num3);
                else if (num4!=0)printf("There are 2: %ld %ld\n",num5, num4);
                    else if (num5!=0)printf("There are 1: %ld\n",num5);
    }
    else printf("Error!Input again!");
    return 0;
}
```

输入：

```
13579↙
```

程序运行结果如下：

```
There are 5: 9 7 5 3 1
```

【例5.8】分别输入年、月、日的值，并判断这一天是这一年的第几天？

分析：以2020年5月9日为例，应该先把前4个月的天数加起来，然后加上9天，结果即该天是本年的第几天。注意：当该年为闰年时，若输入的月份大于3，则2月份多一天。

程序源代码如下：

```
#include <stdio.h>
int main( )
{
    int day,month,year,count,flag;

    printf("Please input year,month,day:");
    scanf("%d,%d,%d",&year,&month,&day);
    switch (month)             /*计算某月以前月份的总天数*/
    {
```

```
        case 1: count=0; break;
        case 2: count=31; break;
        case 3: count=59; break;
        case 4: count=90; break;
        case 5: count=120; break;
        case 6: count=151; break;
        case 7: count=181; break;
        case 8: count=212; break;
        case 9: count=243; break;
        case 10: count=273; break;
        case 11: count=304; break;
        case 12: count=334; break;
        default: printf("Data error!"); break;
      }
      count=count+day;      /*再加上某天的天数*/
      if ( year%400==0||(year%4==0&&year%100!=0))     /*判断是不是闰年*/
        flag=1;
      else
        flag=0;
      if (flag==1 && month>2) /*如果是闰年且月份大于 2，总天数应该加一天*/
        count++;
      printf("It is the %dth day in %d.",count,year);
      return 0;
  }
```

输入：

```
2008,3,5↙
```

程序运行结果如下：

```
It is the 65th day in 2008.
```

【例 5.9】输入一个百分制成绩 score，输出对应的等级 grade。

分析：此题输出时涉及多种可能："A""B""C""D""E"，可用多分支的选择结构 switch 语句。将 score/10 得到的整数与 case 后面的值进行比较，赋予 grade 输出的等级。

程序源代码如下：

```
#include <stdio.h>
int main( )
{
    int score;
    char grade;

    printf("Please input score:");
    scanf("%d",&score);
    switch (score/10)
    {
        case 0:
        case 1:
        case 2:
        case 3:
        case 4:
        case 5: grade='E'; break;
```

```
        case 6: grade='D'; break;
        case 7: grade='C'; break;
        case 8: grade='B'; break;
        case 9:
        case 10: grade='A'; break;
        default: grade='F';
    }
    if (grade=='F')
        printf("Error!Input again!");
    else
        printf("Grade is %c.",grade);
    return 0;
}
```

输入：

```
89↙
```

程序运行结果如下：

```
Grade is B.
```

另外，此题也可以用if语句的嵌套来完成，读者可以自己思考完成。

使用if语句的嵌套，与使用switch语句的程序代码相比过于复杂，故对于较多分支的选择结构，推荐使用switch语句来实现。

5.4 案例：学生成绩管理系统——功能选择菜单

本章学习了选择结构的知识，根据输入的学生成绩，计算出学生平均分，同时利用选择结构if语句，把百分制的平均分转换成等级制。

采用switch语句，在4.4小节的基础上增加功能选择菜单。先完成一个简单的功能选择菜单，当进入系统主界面后，如果输入1，完成4.4小节中学生成绩的输入、求平均分、根据平均分求等级以及输出；如果输入0，则显示“退出系统”，并退出。

程序源代码如下：

```
#include <stdio.h>
int main( )
{   float math_score,Chinese_score,English_score,average_score; /*百分制成
                                                                  绩*/
    int flag;           /*功能选择*/
    char grade;         /*成绩等级*/
    printf("******欢迎使用学生成绩管理系统******\n");
    printf("************************************\n");
    printf("请输入菜单选项:\n");
    printf("0 退出系统\n");
    printf("1 输入学生成绩\n");
    printf("************************************\n");
    scanf("%d",&flag);
    switch (flag)
    {
        case 1:
```

```
            printf("请输入学生的成绩\n");
            printf("输入格式为:数学成绩,语文成绩,英语成绩\n");
            scanf("%f,%f,%f",&math_score,&Chinese_score,&English_score);
            average_score=( math_score+ Chinese_score+ English_score) /3;
            if (average_score>=90&&average_score<=100)
               grade='A';
            else if (average_score>=80)
               grade='B';
            else if (average_score>=70)
               grade='C';
            else if (average_score>=60)
               grade='D';
            else if (average_score>=0)
               grade='E';
            else
               printf("输入错误\n");
            printf("该同学成绩为:\n");
            printf("-----------------------------------------------\n");
            printf("|数学成绩   |语文成绩   |英语成绩   |平均成绩   |等级     |\n");
            printf("-----------------------------------------------\n");
            printf("|%-12.2f|%-12.2f|%-12.2f|%-12.2f|%-12c|\n",
               math_score, Chinese_score, English_score, average_score,
            grade);
            break;
        case 0:
            printf("退出系统\n");
            break;
    }
    return 0;
}
```

运行开始界面如图 5-10 所示。

```
******欢迎使用学生成绩管理系统******
***********************************
请输入菜单选项:
0 退出系统
1 输入学生成绩
***********************************
```

图 5-10 运行开始界面

当输入 1 时，进入输入学生成绩界面，如图 5-11 所示。

当输入 0 时，显示“退出系统”。

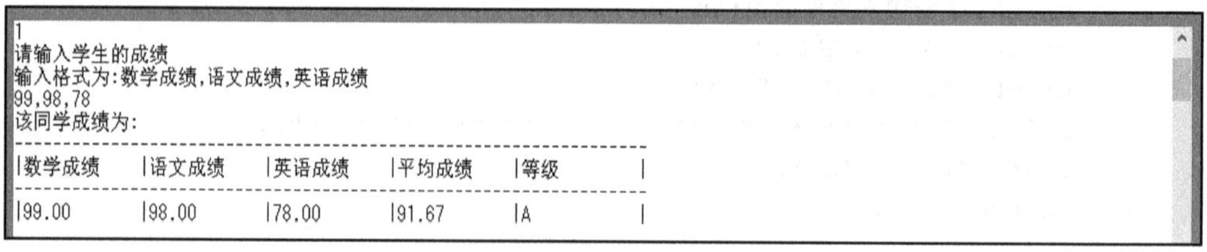

```
1
请输入学生的成绩
输入格式为:数学成绩,语文成绩,英语成绩
99,98,78
该同学成绩为:
-----------------------------------------------
|数学成绩    |语文成绩    |英语成绩    |平均成绩    |等级        |
-----------------------------------------------
|99.00       |98.00       |78.00       |91.67       |A           |
```

图 5-11 输入学生成绩界面

5.5 小　　结

选择结构是根据对某个条件的判断来选择执行不同程序段的程序结构，可分为简单分支（两个分支）结构和多分支结构。一般采用 if 语句实现简单分支结构程序，采用嵌套 if 语句或 switch 语句实现多分支结构程序。

if 后面的控制条件通常用关系表达式或逻辑表达式构造，也可以用一般表达式表示。

选择结构程序设计中的常见错误是 else 和 if 的匹配问题。else 默认与其前面最近的同一复合语句中的不带 else 的 if 相匹配。

习　　题

5.1　编程实现：输入一个整数，判断它是否为偶数，并显示相应的信息。

5.2　分析下面两段程序：

```
#include <stdio.h>
int main( )
{
    int a,b,c;
    printf("\na,b,c:");
    scanf("%d,%d,%d",&a,&b,&c);
    if (a==b)
        if (b==c)
            printf("a=b=c");
        else
            printf("a<>b");
     return 0;
}

#include <stdio.h>
int main( )
{
    int a,b,c;

    printf("a,b,c:");
    scanf("%d,%d,%d",&a,&b,&c);
    if (a==b)
    {
        if (b==c)
            printf("a=b=c");
    }
    else printf("a<>b");
    return 0;
}
```

分别输入：

```
1,2,3
1,1,1
```

```
1,1,2
```

程序的输出结果将会如何？为什么？

5.3 编程实现符号函数。即对于任意的 x，根据下式计算并输出 y 的值。

$$y=\begin{cases}1 & x>0\\0 & x=0\\-1 & x<0\end{cases}$$

5.4 编程实现：输入3个数，求这3个数中所有奇数的和。

5.5 编程实现：输入一个字符，如果是大写字母（A～Z），输出“UPPER”；如果是小写字母（a～z），输出“LOWER”；如果是数字（0～9），输出“DIGITAL”；否则输出“OTHER”。

第6章 循环结构程序设计

学习目标

- 熟练掌握3种循环语句的使用方法；
- 熟练掌握3层以内循环的嵌套使用；
- 培养循环结构程序设计的能力。

计算机广泛用于解决实际问题，这些问题中有大量的重复运算问题，例如：

（1）求某班同学一学期的平均分；

（2）计算 1*2*3*…*n 的值；

（3）将 10 个数由大到小排序。

这些问题中，有些情况重复的次数是已知的，如（1）、（3），有些情况是未知的，如（2）。但都存在重复性工作，可以采用循环结构解决这类问题。循环结构的主要功能是重复执行某些语句或某段程序代码。

C 语言提供了 3 种实现循环结构的语句：while 语句、do-while 语句和 for 语句，3 种循环语句各有不同的特点，可以灵活使用。

6.1 while 循环

在 C 语言中可以采用 while 语句实现循环结构。

6.1.1 while 语句

while 语句的一般格式如下：

```
while (表达式)
    语句
```

说明：

（1）圆括号中的表达式表示控制循环结束的条件，一般为关系表达式或逻辑表达式。

（2）“语句”是循环体，可以是单个语句，也可以是复合语句。

while 语句的执行流程如图 6-1 所示。

由图 6-1 可看出，while 循环的执行过程如下。

（1）判断表达式的值。若其值非 0，转向步骤（2）；若其值为 0，转向步骤（4）。

（2）执行一次 while 循环体。

（3）程序跳转到步骤（1）执行。

（4）结束循环，执行 while 循环之后的语句。

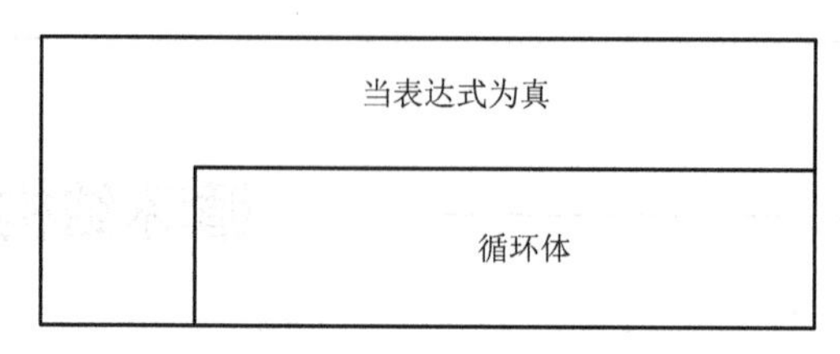

图 6-1　while 语句的执行流程

需要特别指出的是：

（1）用 while 语句构成的是“当型”循环结构，它的特点是先判断，后执行，如果表达式的初值为 0 或 F，则循环体语句一次也不执行。只有当表达式的值非 0 或为 T 时，才执行循环体语句。之后，再返回循环的开始部位，重新判断表达式的值以决定是否继续循环。

（2）循环体可以由一条或多条语句构成，但使用多条语句时必须采用复合语句的形式。

（3）循环体内一定要有能够改变表达式的值的操作，最终使其表达式的值变为 0 或 F，否则将形成无休止的“死循环”。

（4）如果不修改表达式的值，也可以在循环体中插入 break 语句，强行退出循环。例如：

```
while (1)
{
    ……
    语句 1
    ……
    if (条件表达式) break;
    ……
    语句 n;
}
```

（5）C 语言规定，如果 while 循环结构中的表达式仅用来表示等于零或不等于零的关系，则表达式可以简化。例如：

while (x != 0)　　简化为　　while (x)

while (x == 0)　　简化为　　while (!x)

【例 6.1】编程求 1, 2, 3, …, 100 的和。

分析：该问题是求累加和。需要定义两个 int 型变量 sum 和 i，sum 用来存放累加和，i 用来存放循环变量的值。i 从 1 变化到 100，每循环一次增加 1，共循环 100 次。循环体内的表达式 sum = sum + i 用来执行累加操作。

程序的 N-S 图如图 6-2 所示。

程序源代码如下：

```
#include <stdio.h>
int main( )
{
    int sum,i;
    sum=0;
    i=1;
```

```
    while (i<=100)
    {
      sum=sum+i;
      i++;
    }
    printf("sum=%d",sum);
    return 0;
}
```

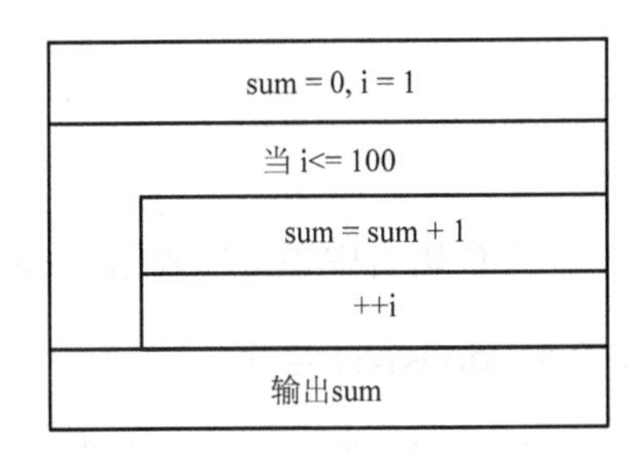

图 6-2　例 6.1 程序的 N-S 图

程序运行结果如下：

```
sum=5050
```

例 6.1 中，如果将 100 替换为任意整数 *n*，则求出的是 1, 2, 3, …, *n* 的累加和。另外，如果再将循环体中的 i++替换为 i = i + 2，则求出的是 1, 3, 5, …, *n* 所有奇数的累加和。

如果编程求 1, 2, 3,…, 10 的积，对例 6.1 程序稍做修改即可。程序中 i 从 1 变化到 100，每循环一次增加 1，共循环 100 次。用 int 型变量 prod 存放累乘积。循环体内的表达式 prod = prod*i 用来执行累乘操作。存放累乘积的变量 prod 也必须赋初值，显然初值不能为 0，应该赋值为 1。读者可以自行完成此程序。

6.1.2　while 循环的简单举例

【例 6.2】输入一个自然数，将其各位数字按相反顺序输出。例如，输入数 5789，输出为 9875；输入数 57，输出 75。

分析：反序输出是指按照个位数、十位数、百位数……的顺序输出。对自然数 *n*，它的个位数可以通过求 n%10 得到，它的十位数可以通过 n 缩小到原来的 1/10（n/10）后再求 n%10 得到，同理可以得出百位数、千位数……直到 n 等于 0 时为止。很明显，这也是一个需要用循环解决的问题。循环判断的条件为 n != 0。

程序的 N-S 图如图 6-3 所示。

程序源代码如下：

```
#include <stdio.h>
int main( )
{
    long int n,t;
    printf("Please input n:");
    scanf("%ld",&n);
    while (n!=0)
    {
      t=n%10;
      printf("%ld",t);
      n=n/10;
    }
    return 0;
}
```

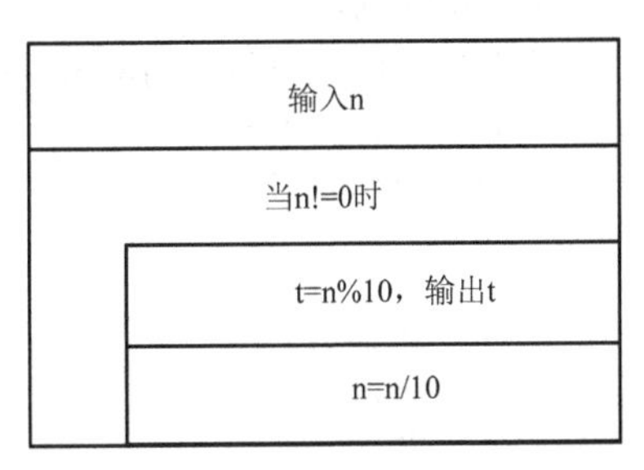

图 6-3　反序输出 n 的各位数的 N-S 图

输入：

```
7985461↙
```

程序运行结果如下：

```
1645897
```

6.2 do-while 循环

在C语言中还可以采用do-while语句实现循环结构。

6.2.1 do-while 语句

do-while语句的一般格式如下：

```
do
    语句
while (表达式);
```

说明：

do-while语句是先执行后判断的循环语句。在do和while之间的语句是循环体，可以是单个语句，也可以是复合语句。圆括号中表达式的说明同while语句。

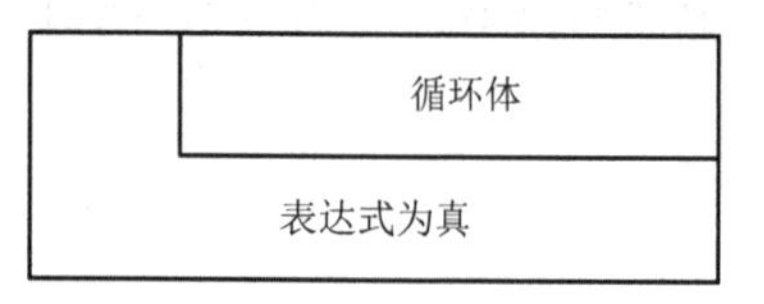

图6-4 do-while语句的执行流程

do-while语句的执行流程如图6-4所示。

由图6-4可看出，do-while循环的执行过程如下。

（1）执行一次循环体语句。

（2）判断表达式的值。若其值非0，转向步骤（1）；若其值为0，转向步骤（3）。

（3）结束循环，执行do-while循环之后的语句。

do-while 语句是一种直到型循环结构，其余内容与 while 语句完全一样。特别注意：do-while语句先执行后判断，循环体至少被执行一次；而while语句先判断后执行，循环体有可能一次也不被执行（当第一次判断while语句的表达式的值为零时）。这是这两种循环语句的主要区别。

对于例6.1，如果用do-while循环语句，程序源代码改写如下：

```
#include <stdio.h>
int main( )
{
    int sum,i;
    sum=0;
    i=1;
    do
    {
        sum=sum+i;
        i++;
    } while (i<=100) ;
    printf("sum=%d",sum);
    return 0;
}
```

6.2.2 do-while 循环的简单举例

【例6.3】从键盘输入一串字符，直到输入字符为“#”时结束。

分析：设置一个字符型变量ch循环接收字符，当ch不等于“#”时，反复执行循环体；否则，结束循环，执行do-while循环之后的语句。

程序源代码如下：

```
#include <stdio.h>
int main( )
{
    char ch;
    do
    {
        ch=getchar( );
    } while (ch!='#');
    return 0;
}
```

6.3 for 循环

在 C 语言中还可以采用 for 语句实现循环结构。

6.3.1 for 语句

for 语句是 C 语言中使用最广泛的循环控制语句，使用灵活方便，特别适合用于循环次数已知的情况。

for 语句的一般格式如下：

```
for (表达式 1;表达式 2;表达式 3)
    语句
```

说明：

表达式 1：一般为赋值表达式，通常为循环控制变量赋初值。

表达式 2：一般为关系表达式或逻辑表达式，表示控制循环的条件。

表达式 3：一般为赋值表达式，表示循环控制变量的增量或减量。

“语句”为循环体的一部分，是需要重复执行的部分，可以是单个语句，也可以是复合语句。

for 语句的执行流程如图 6-5 所示。有时，为了简便易读，将其简化，如图 6-6 所示。

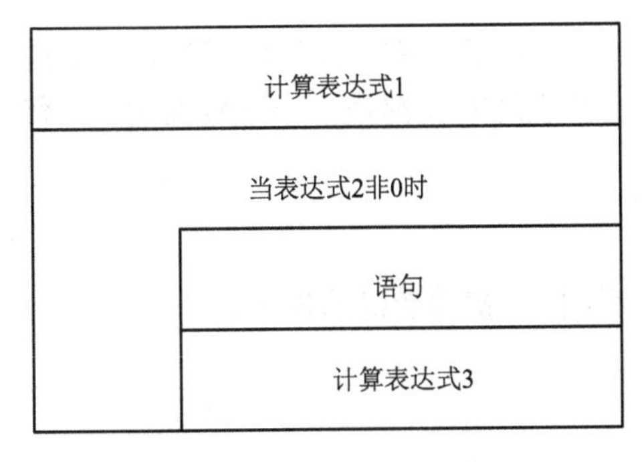

图 6-5 for 语句的执行流程

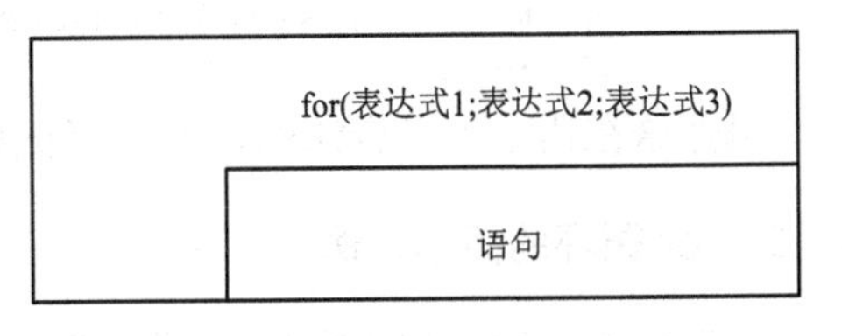

图 6-6 for 循环流程简化图

由图 6-5 可看出，for 循环的执行过程如下。

（1）计算表达式 1 的值，即对循环变量赋初值。

（2）以表达式 2 作为循环的条件，若其值非 0，转向步骤（3）；若其值为 0，转向步骤（5）。

（3）执行一次 for 循环体，即“语句”。

（4）计算表达式 3 的值，即对循环变量的值进行修改，为下一次循环做准备。程序执行跳转到步骤（2）。

（5）结束循环，执行 for 循环之后的语句。

特别注意：

（1）for 语句中的表达式可以部分或全部省略，但两个“;”不可省略，例如：

```
for (  ;  ;  )
    printf("*");
```

语句中，3 个表达式均省略，但因缺少循环终止条件，循环将会无休止地执行，从而形成无限循环（通常称死循环）。

通常在省略 for 的某个表达式时，为了保证循环能够正确无误地执行，应该在程序的适当位置对循环进行控制，具体使用方法如下。

① 如果省略表达式 1，此时应在 for 语句之前为循环变量赋值。例如：

```
i=1;
for ( ;i<=100;i++)
    sum+=i;
```

② 如果省略表达式 2，循环将无终止地进行下去。为了避免死循环，此时应该在循环体中包含能够控制循环结束的语句。例如：

```
for (i=1;  ;i++)
{
    sum+=i;
    if (i>100) break;
}
```

③ 如果省略表达式 3，则循环体中应有使循环变量发生改变的操作。例如：

```
for (i=1;i<=100; )
{
    sum+=i;
    i++;
}
```

（2）C 语言中的 for 语句书写灵活，在 for 后的一对圆括号中，允许出现各种形式的与循环控制无关的表达式。例如，for 语句中表达式 1 和表达式 3 都是一个逗号表达式，代码如下：

```
for (sum=0,i=1;i<=100;sum=sum+i,i++)
     { …… }
```

虽然这在语法上是合法的，但会降低程序的可读性。初学者谨慎使用。

6.3.2 for 循环的简单举例

如果用 for 语句改写例 6.1，程序源代码如下：

```
#include <stdio.h>
int main( )
{
    int sum,i;
```

```
    sum=0;
    for (i=1;i<=100;i++)
        sum=sum+i;
    printf("sum=%d",sum);
    return 0;
}
```

6.4 循环语句的嵌套

在解决实际问题时常常需要用到循环嵌套，C 语言中的 3 种循环语句（for、while、do-while）可以相互嵌套，构成所需的嵌套循环结构。

6.4.1 循环语句的嵌套形式

循环语句的嵌套形式是指在循环体的内部又包含另一个完整的循环结构。处于循环体内部的循环结构称为内层循环，处于循环体外部的循环结构称为外层循环。如果内层循环中再包含其他循环结构，则称为多重循环。例如，下面几种都是合法的嵌套格式：

```
(1) while ( )
    {
        ……
        while ( )
        {
            ……
        }
        ……
    }
```

```
(2) do
    {
        ……
        do
        {
            ……
        } while ( );
        ……
    } while ( );
```

```
(3) for ( ; ; )
    {
        ……
        for ( ; ; )
        {
            ……
        }
        ……
    }
```

```
(4) while ( )
    {
        ……
        do
        {
            ……
        } while ( );
        ……
    }
```

```
(5) for ( ; ; )
    {
        ……
        while ( )
        {
            ……
        }
        ……
    }
```

```
(6) do
    {
        ……
        for ( ; ; )
        {
            ……
        }
        ……
    } while ( );
```

6.4.2 循环语句的嵌套举例

为使程序层次分明，易于阅读，在编写程序时，嵌套循环的书写要采用缩进形式，即内循环中的语句应该比外循环中的语句有规律地向右缩进 2～4 列（如例 6.4 中所示）。

【例 6.4】在屏幕上打印 10 以内加法口诀表。

分析：采用双重循环，外层循环用于控制输出若干行，i 为循环变量，表示对第 i 行进行输出；内层循环用于控制每列若干口诀的输出，j 为循环变量，表示对第 i 行第 j 列口诀进行输出。每行的列数等于该行口诀的个数，故内层循环变量 j 为从 1 开始直到大于 i 为止。

程序源代码如下：

```
#include <stdio.h>
int main( )
{
    int i,j;
    for (i=1;i<=9;i++)
    {
      for (j=1;j<=i;j++)
      {
        printf("%d+%d=%2d",j,i,i+j);
        printf(" ");
      }
      printf("\n");
    }
    return 0;
}
```

程序运行结果如下：

```
1+1= 2
1+2= 3 2+2= 4
1+3= 4 2+3= 5 3+3= 6
1+4= 5 2+4= 6 3+4= 7 4+4= 8
1+5= 6 2+5= 7 3+5= 8 4+5= 9 5+5=10
1+6= 7 2+6= 8 3+6= 9 4+6=10 5+6=11 6+6=12
1+7= 8 2+7= 9 3+7=10 4+7=11 5+7=12 6+7=13 7+7=14
1+8= 9 2+8=10 3+8=11 4+8=12 5+8=13 6+8=14 7+8=15 8+8=16
1+9=10 2+9=11 3+9=12 4+9=13 5+9=14 6+9=15 7+9=16 8+9=17 9+9=18
```

6.5 break 语句和 continue 语句

在上述3种循环结构中，除了利用循环结构提供的出口正常结束循环，还可以利用break语句和continue语句提前结束循环。

6.5.1 break 语句

break 语句的一般格式如下：

```
break;
```

break 语句只能用在循环语句和 switch 语句中。第 5 章已经介绍过用 break 语句跳出switch 结构的方法。在循环结构中，同样也可以用 break 语句跳出本层循环结构，使本层循环提前结束。

break 语句在循环体中的位置应根据程序的需要而定。一般用在循环体内某一个 if 语句中，实现在循环过程中当某一个条件成立时结束循环。为使读者更好地理解 break 的跳转过程，此处使用传统流程图描述跳转过程。

有以下程序段：

```
while (表达式 1)
{
    语句 1
    if (表达式 2) break;
    语句 2
}
```

该程序段的流程图如图 6-7 所示。

图 6-7　break 语句的跳转过程

下面通过一个例子说明使用 break 语句跳出循环的用法。

【例 6.5】break 跳出循环示例。

程序源代码如下：

```
#include <stdio.h>
int main( )
{
    int s,i;
    s=1;
    for (i=1;i<=10;i++)
    {
      s=s*i;
      if (s>8&&s<100)
          break;
      printf("s=%d\n",s);
    }
    return 0;
}
```

程序运行结果如下：

```
s=1
s=2
s=6
```

说明：例 6.5 中，如果没有 break 语句，程序将执行 10 次循环。但当第 4 次循环时，表达式 s >8 && s < 100 的值为真，执行 break 语句，提前终止循环。本例中，return 是最后一条语句，故整个程序执行结束。

6.5.2　continue 语句

continue 语句的一般格式如下：

```
continue;
```

continue 语句也能用在循环结构中改变某一循环的流程。它的作用是使程序提前结束本次循环，从而开始下一次循环。

有以下程序段：

```
while (表达式 1)
{
    语句 1
    if (表达式 2) continue;
    语句 2
}
```

该程序段的流程图如图 6-8 所示。

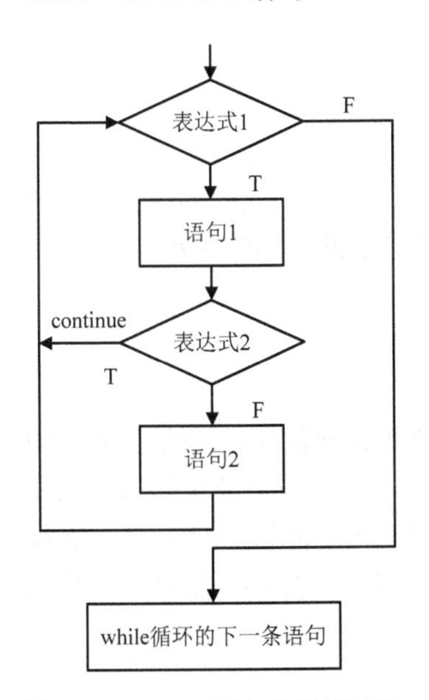

图 6-8　continue 语句的跳转过程

需要注意的是：continue 语句与 break 语句都是循环跳转语句，但二者的根本区别是 continue 只是结束本次循环，跳转到下一次循环开始继续执行，而不是结束整个循环；break 是结束整个循环流程，跳转到循环体之外继续执行。

下面，将例 6.5 中的 break 语句改为 continue 语句：

```
#include <stdio.h>
int main( )
{
    int s,i;
    s=1;
    for (i=1;i<=10;i++)
    {
        s=s*i;
        if (s>5&&s<1000) continue;
        printf("s=%d\n",s);
    }
    return 0;
}
```

程序运行结果如下：

```
s=1
s=2
s=5040
s=40320
s=362880
s=3628800
```

说明：当 $i = 3$ 时 $s = 6$，if 语句的条件表达式成立，break 将跳出 for 循环结构，从而结束整个程序，而 continue 则是结束本次循环，并继续下一次循环，将 i 的值变为 4，此时 if 语句的条件表达式仍然成立，继续进行下一次循环，直到将 i 的值变为 7 时，s=5040，此时 if 语句的条件表达式不成立，才执行 printf("s=%d\n", s);语句。

6.6 程 序 举 例

【例 6.6】按每行输出 5 个数的形式输出 Fibonacci 数列的前 20 项。

分析：Fibonacci 数列的前几项是 1、1、2、3、5、8、13、21、34。此数列的变化规律是：第 1 项和第 2 项的值为 1，从第 3 项开始，每一项的值都是前两项的值的和，即

$$f_n = \begin{cases} 1 & n = 1 \\ 1 & n = 2 \\ f_{n-1} + f_{n-2} & n > 2 \end{cases}$$

先设变量 f1、f2 和 f3，分别用于存放 Fibonacci 数列中的前 3 项数据，开始时为 f1 和 f2 赋初值 1，再令 f3 = f1 + f2 得到第 3 项。由于继续计算第 4 项时，只需要用到第 2 项和第 3 项的值，因此可以先将 f2 的值赋给 f1，将 f3 的值赋给 f2，之后再利用 f3 = f1 + f2 得到第 4 项，求第 5 项的过程依此类推，显然这一过程重复执行多次，应该采用循环结构程序实现。

程序的 N-S 图如图 6-9 所示。

程序源代码如下：

```
#include <stdio.h>
#define N 20
int main( )
{
    int i,f1,f2,f3;
    f1=f2=1;
    printf("\n%8d%8d",f1,f2);
    for (i=3;i<=N;i++)
    {
        f3=f1+f2;
        f1=f2;
        f2=f3;
        printf("%8d",f3);
        if (i%5==0) printf("\n");
    }
    return 0;
}
```

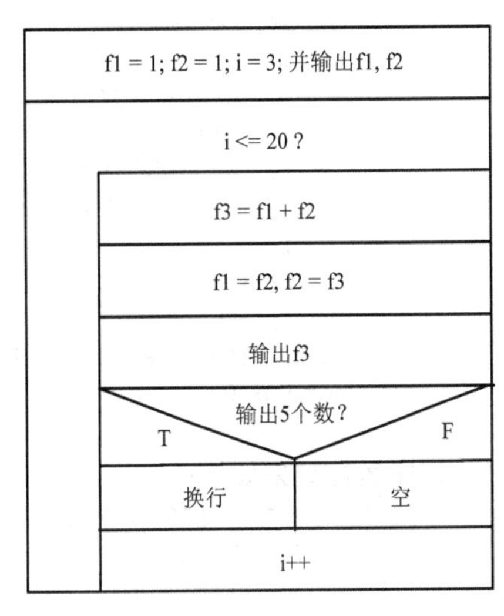

图 6-9　输出 Fibonacci 数列的算法流程图

程序运行结果如下：

```
   1       1       2       3       5
   8      13      21      34      55
  89     144     233     377     610
 987    1597    2584    4181    6765
```

说明：

（1）“#define N 20”为宏定义命令。其中符号常量 N 为程序的循环控制终值，如果要改变输出数据的个数，只需改变 N 的定义即可。

（2）程序中 if 语句的作用是该数列每输出 5 项就输出一个回车换行符。

【例 6.7】判断 101～200 之间有多少个素数，并输出所有素数。

分析：素数是指那些大于 1，且除 1 和它本身以外，不能被其他任何数整除的数。判断一个整数 n 是否为素数，只需用 2～n-1 之间的每一个整数去除，如果都不能被整除，那么 n 就是一个素数。

其实，可以把求素数的过程简化为只需被 2～$\sqrt{n}$ 的每个数去除就可以了（详情可参考相关书籍，本书不再赘述）。

程序源代码如下：

```
#include <stdio.h>
#include <math.h>
int main( )
{
    int m,i,k,h=0,leap=1;
    for (m=101;m<=200;m++)
    {
        k=sqrt(m+1);

        for (i=2;i<=k;i++)
            if (m%i==0)
               {leap=0; break; }
```

```
        if (leap)
        {
            printf("%-4d",m);
            h++;
            if (h%10==0)
             printf("\n");
        }
        leap=1;
    }
    printf("\nThe total is %d",h);
    return 0;
}
```

程序运行结果如下：

```
101 103 107 109 113 127 131 137 139 149
151 157 163 167 173 179 181 191 193 197
199
The total is 21
```

【例 6.8】 利用下式求解 π 的值，直到最后一项的绝对值小于 10^{-8} 为止。

$$\frac{\pi}{4}\approx 1-\frac{1}{3}+\frac{1}{5}-\frac{1}{7}+\frac{1}{9}-\cdots$$

分析：因循环次数未知，故选用 while 循环结构。循环终止条件为判断最后一项的绝对值是否小于 10^{-8}，若满足，结束循环；否则继续运行循环体。

程序流程图如图 6-10 所示。

程序源代码如下：

```
#include <stdio.h>
#include <math.h>
int main( )
{
    int s;
    float n,t,pi;
    t=1.0;
    pi=0;
    n=1.0;
    s=1;
    while (fabs(t)>10e-8)
    {
      pi=pi+t;
      n=n+2.0;
      s=-s;
      t=s/n;
    }
    pi=pi*4;
    printf("pi=%f\n",pi);
    return 0;
}
```

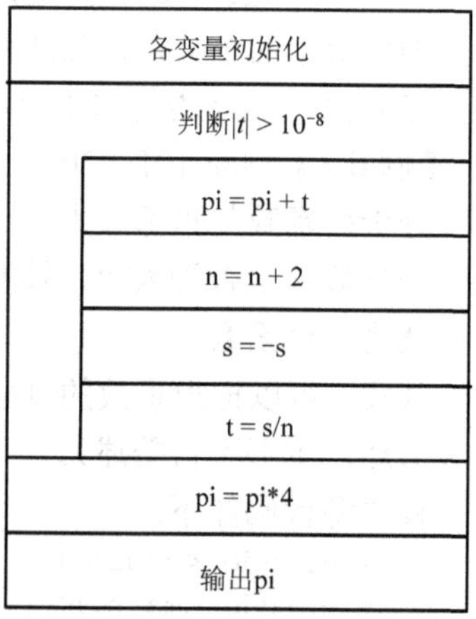

各变量初始化	
判断 $\|t\| > 10^{-8}$	
	pi = pi + t
	n = n + 2
	s = −s
	t = s/n
pi = pi*4	
输出pi	

图 6-10 计算 pi 值的算法流程图

程序运行结果如下：

```
pi=3.141597
```

【例 6.9】用辗转相除法求 m 和 n 的最大公约数。

分析：用辗转相除法求最大公约数时，先求 m 和 n 相除的余数 r，然后将除数 n 赋给 m，将余数 r 赋给 n，并判断 r（或者 n）是否为 0。如果不等于 0，重复求余数，此时 m 为原来的除数，n 为原来的余数，求出的 r 为新的余数。一直计算到 r 等于 0 时结束循环，此时的 m 就是最大公约数。

程序流程图如图 6-11 所示。

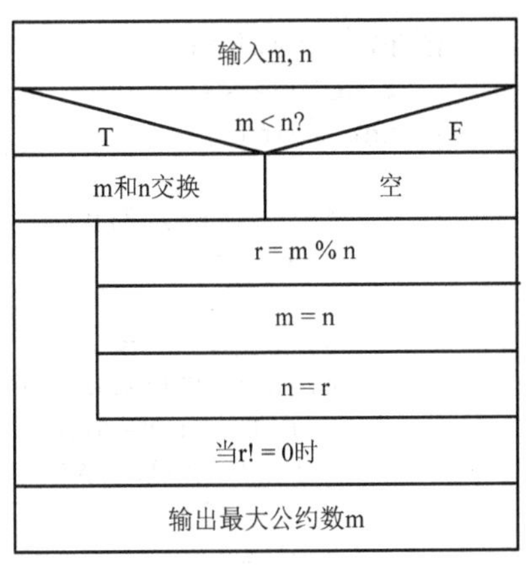

图 6-11　辗转相除法的算法流程图

程序源代码如下：

```
#include <stdio.h>
int main( )
{
    int m,n,r;
    printf("Please input two numbers:");
    scanf("%d,%d",&m,&n);
    if (m<n)
    {
        r=m;
        m=n;
        n=r;
    }
    do
    {
      r=m%n;
      m=n;
      n=r;
    } while (r!=0);
    printf("The greatest common divisor is %d.",m);
    return 0;
}
```

输入：

```
12,8↙
```

程序运行结果如下：

```
The greatest common divisor is 4.
```

【例 6.10】输入一行字符，按 Enter 键结束，统计字母、数字、空格和其他字符的个数并输出相应的统计结果。

分析：设置 4 个计数器 s1、s2、s3、s4，分别记录字母、数字、空格和其他字符的个数，初值均为 0。用字符型变量 ch 接收输入的字符，因为输入的是一行字符，而 ch 只能接收单个字符，所以使用循环结构，重复输入 ch，当等于回车换行符（'\n'）时结束。循环体中判断 ch 属于哪一类字符，如果是字母（在 a～z 或 A～Z 范围内），则字母计数器 s1 加 1；如果是数字（在 0～9 范围内），则数字计数器 s2 加 1；如果是空格（字符' '），则空格计数器 s3 加 1；否则，为其他字符，则其他字符计数器 s4 加 1。循环结束后，s1、s2、s3、s4 即为所求的值。

程序源代码如下：

```
#include <stdio.h>
int main( )
{
    int s1,s2,s3,s4;
    char ch;

    s1=s2=s3=s4=0;
    printf("Please input a string:");
    for ( ; (ch=getchar())!='\n'; )
      if (ch>='a' && ch<='z'||ch>='A'&&ch<='Z')
           s1++;
      else
           if (ch>='0'&&ch<='9')
                s2++;
           else
                if (ch==' ')
                    s3++;
                else
                    s4++;
    printf("The number of Letters is %d.\n",s1);
    printf("The number of figures is %d.\n",s2);
    printf("The number of spaces is %d.\n",s3);
    printf("The number of other characters is %d.\n",s4);
    return 0;
}
```

输入：

```
fd,45:74dfg63F/kl↙
```

程序运行结果如下：

```
Please input a string:fd,45:74dfg63F/kl
The number of Letters is 8.
The number of figures is 6.
The number of spaces is 0.
The number of other characters is 3.
```

【例 6.11】在屏幕中央打印如下图形：

```
    *
   * * *
  * * * * *
 * * * * * * *
* * * * * * * * *
```

分析：图中“*”字符图形是按照一定规律变化的，共 5 行，每行由空格和星号组成，空格和星号的个数与行有关：空格数按行减少，星号按行增加。假设变量 i 控制行号，i 从 1 变化到 5。在每行内使用变量 j，先控制输出若干个空格，再控制输出若干个星号。此题的关键是找出 j 和 i 的变化规律。每行中空格数随行的增加而减少，并保证图形位于屏幕中央，因此 j 要从 1 变化到 40-i，控制第 i 行输出 40-i 个空格。每行中星号数随行的增加而增加，第 1 行输出 1 个星号，第 2 行输出 3 个星号……因此可以使 j 从 1 变化至 2*i-1，控制在第 i 行输出 2*i-1 个星号。

程序流程图如图 6-12 所示，其中，图（b）为图（a）细化后的算法。

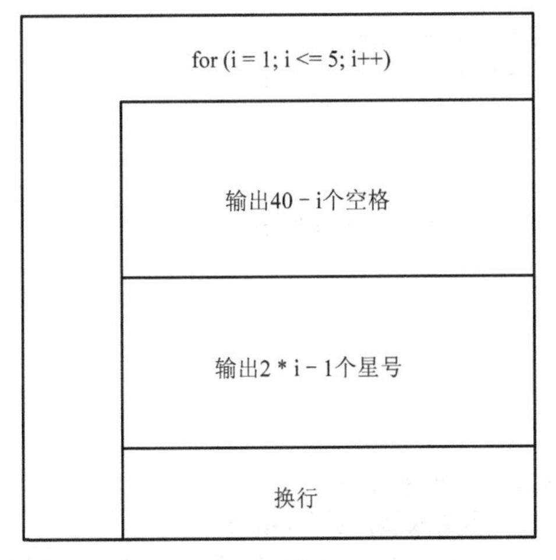

（a）算法流程图

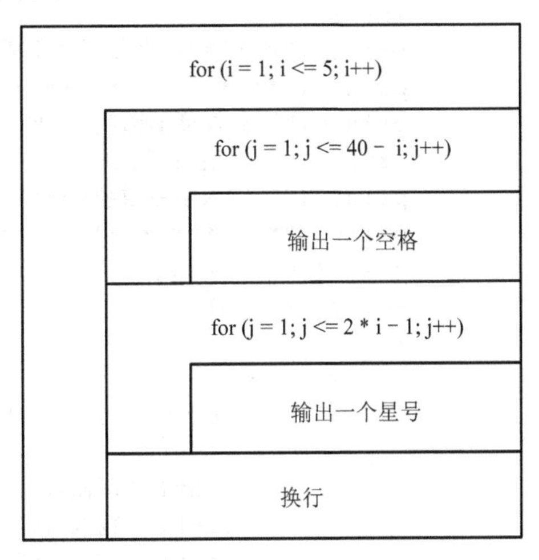

（b）细化后的算法流程图

图 6-12 打印星号的算法流程图

程序源代码如下：

```
# include<stdio.h>
int main( )
{
    int i,j;
    for (i=1;i<=5;i++)
    {
        for (j=1;j<=40-i;j++)
            printf(" ");
        for (j=1;j<=2*i-1;j++)
            printf("*");
        printf("\n");
    }
    return 0;
}
```

6.7 案例：学生成绩管理系统——批量学生成绩输入

本章学习了循环结构，如果需要重复输入多名学生的成绩，可以采用循环结构完成。在 5.4 小节中，已经完成了 1 位学生成绩的输入、平均成绩计算、等级转换以及功能菜单的选择。本小节中要完成批量（这里以 5 位同学为例）学生成绩的输入以及每位同学平均成绩的计算及输出，只需要把 5.4 小节中部分代码作为循环体，重复循环 5 次即可。

程序源代码如下：

```
#include <stdio.h>
int main( )
{
    float math_score,Chinese_score,English_score,average_score;
    char grade;
```

```
        int flag;
        int i;
        printf("******欢迎使用学生成绩管理系统******\n");
        printf("************************************\n");
        printf("请输入菜单选项:\n");
        printf("0 退出系统\n");
        printf("1 输入学生成绩\n");
        printf("************************************\n");
        scanf("%d",&flag);
        switch (flag)
        {
            case 1:
                for (i=0; i<5; i++)
                {
                    printf("请输入第%d 学生的成绩\n",i+1);
                    printf("输入格式为:数学成绩,语文成绩,英语成绩\n");
                    scanf("%f,%f,%f",&math_score,&Chinese_score,&English_score);
                    average_score=(math_score+ Chinese_score+ English_score) / 3;
                    if (average_score>=90&&average_score<=100)
                        grade='A';
                    else if (average_score>=80)
                            grade='B';
                         else if (average_score>=70)
                                grade='C';
                              else if (average_score>=60)
                                    grade='D';
                                   else if (average_score>=0)
                                        grade='E';
                                        else
                                        printf("输入错误\n");
                    printf("第%d 位同学成绩为:\n",i+1);
                    printf("----------------------------------------\n");
                    printf("|数学成绩|语文成绩|英语成绩|平均成绩|等级|\n");
                    printf("----------------------------------------\n");
                    printf("|%-12.2f|%-12.2f|%-12.2f|%-12.2f|%-12c|\n"
                    ,math_score, Chinese_score, English_score, average_score,grade);
                }
                break;
            case 0:
                printf("退出系统\n");
                break;
        }
        return 0;
    }
```

由以上代码可以看出，5 位同学的成绩通过循环输入并输出。因为变量 math_score，Chinese_score，English_score，average_score，grade 只能存储 1 位同学的成绩或等级，所以重复使用这组变量 5 次，但是最终变量中只能保留 1 位同学的成绩或等级。

6.8 小　　结

本章介绍了循环结构的程序设计。C语言中，用for语句、while语句和do-while语句实现循环结构。

一般情况下，用某种循环语句编写的程序段，也能用其他循环语句实现。无论是哪种循环语句，使用时都要包含以下内容。

（1）控制循环的变量：该变量出现在循环条件表达式中，控制循环的执行与否。

（2）在第一次运算循环表达式时，必须通过适当的方式（输入或赋值）给循环变量赋初值。

（3）循环体中必须有能够改变循环变量值的语句，且循环变量值的改变应保证循环条件最终取假值，即循环结构必须有出口。

一个循环体中又包含了另外的循环语句称为循环嵌套。3种循环结构可相互嵌套，嵌套也可以有多重。嵌套循环程序执行时，外层循环每执行一次，内层循环都需要循环执行多次。在实现多层循环嵌套时，一定要注意层次清楚，循环语句不得交叉。为了便于编程和阅读，读者应注意采用缩进的形式书写程序代码。

循环的执行流程可以通过在循环体中使用break语句或continue语句改变。break语句能终止整个循环语句的执行，continue语句只能结束本次循环，并开始下一次循环。

习　　题

6.1　编程输出0～100的偶数，每行输出10个数。

6.2　编程求1－3＋5－7＋…－99的值，并输出结果。

6.3　编程输入两个数，输出这两个数及这两个数之间所有整数的平方值。

6.4　从键盘输入两个整数，输出这两个数之间所有不能被7整除的数。

6.5　编程实现简单的计算器功能，即对两个数进行加、减、乘、除四则运算并输出结果。

6.6　编程实现输入10个数，输出其中的最大值。

6.7　编写程序，在屏幕左端打印如下图形：

```
1
1 2
1 2 3
1 2 3 4
1 2 3 4
1 2 3
1 2
1
```

6.8　编写程序，输出从公元1000年至2100年所有闰年的年号。要求每输出4个年号换一行。判断公元年是否为闰年的条件是公元年数满足如下条件。

（1）能被4整除，而不能被100整除。

（2）能被400整除。

6.9　编程实现输入两个整数，输出其最小公倍数。

6.10 编程求 y 的值：

$$y=\frac{1}{3}+\frac{2}{5}+\frac{3}{7}+\frac{4}{9}+\cdots+\frac{n}{2n+1}\quad(n\leqslant 20)$$

6.11 打印输出 2～1000 的所有完数。所谓完数，是指该数的各因子之和正好等于该数本身，如 6=1+2+3，28=1+2+4+7+14，所以 6、28 都是完数。

6.12 找出所有的水仙花数。水仙花数是指一个 3 位十进制整数，该数的各位数字的三次方和恰好等于该数本身，如 $370=3^3+7^3+0^3$。

第7章 数组

学习目标

- 掌握一维数组、二维数组的定义;
- 掌握用循环语句给数组赋值和输出数组元素的值;
- 掌握字符串的使用方法并且学会用字符数组处理字符串问题;
- 培养利用数组编写相关程序的能力。

实际问题中存在许多相同类型的数据，如编写程序求全班 50 名同学某门课的平均成绩，如果对每个同学定义一个课程成绩变量，需要定义 50 个变量，程序烦琐且不方便处理。所以，把具有相同类型的若干数据按有序的形式组织起来，这些按顺序排列的同类数据元素的集合称为数组。如果使用数组处理 50 名学生的成绩，程序代码就会变得比较简洁。在 C 语言中，数组属于构造数据类型。一个数组可以包含多个数组元素，这些数组元素可以是基本数据类型，也可以是构造类型。

7.1 一维数组

数组是一组有序数据的集合，只有一个下标的数组称为一维数组。50 个学生的成绩可以采用一个一维数组表示，数组的大小是 50，这样可以使代码简单。

7.1.1 一维数组的定义

数组必须先定义后使用。一维数组的定义格式如下：

```
类型说明符 数组名[常量表达式];
```

类型说明符用来定义数组中元素的数据类型，数组名必须符合标识符的命名规定，常量表达式用来定义数组中元素的个数。常量表达式只能是字符型常量或符号常量，不能是变量，C 语言中不允许动态定义数组的大小。

例如，int a, x[6]; 是合法的数组定义。int x[a]; 是不合法的数组定义。因为数组的长度必须是常量或常量表达式，不能是变量。

对于数组定义，应注意以下 4 点。

（1）数组的类型实际上是指数组元素的取值类型。对于同一个数组，其所有元素的数

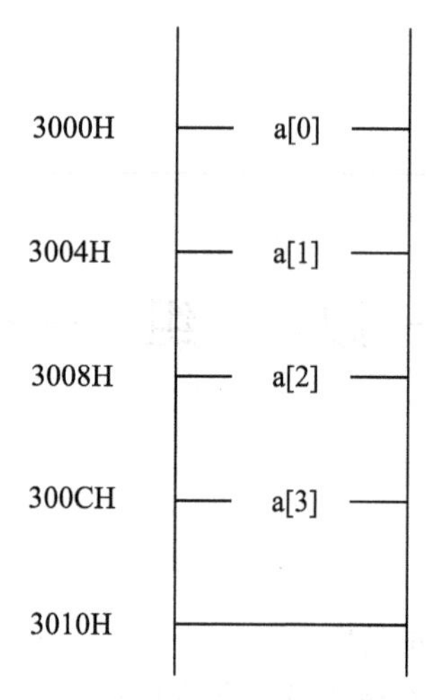

图 7-1 数组 a 的存储示意图

据类型都是相同的。

（2）数组名也是标识符，不能与其他变量名相同。

（3）可以在同一个类型说明中定义多个数组和变量。

（4）在 C 语言中，用“数组名[下标]”形式表示数组中的元素，且下标从 0 开始。

数组定义后，系统在内存中给数组分配一块连续的存储空间，存储空间的大小取决于数组的数据类型和数组元素的个数。数组名表示数组在内存中的首地址。

例如：float a[4];

数组 a 包含 4 个元素，每个元素都是 float 型且在内存中占 4 字节的存储空间，因此系统给数组 a 共分配 16 字节的存储空间。数组中包括 4 个元素，分别是 a[0]、a[1]、a[2]、a[3]，其存储情况如图 7-1 所示，地址的编码以十六进制表示，3000H、3004H 为用十六进制数表示的内存地址。

7.1.2 一维数组的初始化

数组定义以后，若要使用数组中的元素，必须给数组中的元素赋值，赋值的方式有两种。

（1）定义数组后，使用赋值语句分别给各个元素赋值，如 a[2] = 2.6;

（2）在定义数组时赋值，即数组的初始化。

数组初始化的格式如下：

```
类型说明符 数组名[常量表达式]={元素值表};
```

在对数组元素初始化时，各元素的值要按顺序放在一个花括号里面，各元素之间用逗号隔开，将花括号中的第一个值赋给数组中下标为 0 的元素，第二个值赋给数组中下标为 1 的元素，依此类推。

数组元素的初始化有以下 3 种方式。

（1）给所有元素赋初值。例如：

```
int x[6]={3,5,23,12,0,8};
```

（2）给部分元素赋初值时，其余元素的值为 0。例如：

```
int x[6]={3,5};
```

其中，x[0]的值为 3，x[1]的值为 5，其余元素的值为 0。

（3）给所有元素赋初值时，在数组说明中可以省略数组元素的个数，系统会自动根据花括号中元素值的个数确定数组的长度。例如：

```
int x[]={3,5,23,12,0,8};
```

相当于

```
int x[6]={3,5,23,12,0,8};
```

这种初始化方式只能在数组定义时进行，定义之后只能逐个元素赋值。例如：

```
int x[6];
x[6]={3,5,23,12,0,8};
```

这种赋值方式是错误的。

初始化时，花括号中元素值的个数应少于或等于数组元素的个数。

7.1.3 一维数组元素的引用

定义了一维数组以后，数组中的每个元素就相当于一个普通变量。可以用下列格式引用数组中的每个元素：

数组名[数组长度表达式]

例如：

```
int a[6];
```

则数组 a 中可以使用的数组元素包括 a[0]、a[1]、a[2]、a[3]、a[4]、a[5] 6 个元素。

数组元素引用时，应注意以下问题。

（1）下标表达式的值必须是一个整型的量，可以是整型常量、整型变量或运算结果为整型的表达式。

（2）只能单个使用数组中的元素，而不能引用整个数组（字符数组除外）。

（3）C 语言的数组下标是从 0 开始的，因此数组的下标范围为 0～*L*-1，其中 *L* 为数组的长度。C 语言中不对数组进行越界检查。数组 a 包含了 6 个元素，若有语句 a[10]=2;，编译时不出错，但可能导致其他变量或程序出错。

【例 7.1】一维数组的简单应用。

```
int main( )
{
   int a[10]={0,1,2,3,4,5,6,7,8,9}/*一维数组 a 的定义及初始化*/
   int i;
   for (i=0;i<10;i++)                        /*正序输出数组 a 中的各个元素*/
      printf("%5d", a[i]);
   printf("\n");
   for (i=9;i>=0;i--)                        /*逆序输出数组 a 中的各个元素*/
      printf("%5d", a[i]);
   return 0;
}
```

该程序在定义数组 a 时将数组元素依次初始化为 0～9，并按正序和逆序两种方式输出数组中元素的值。

【例 7.2】定义数组后，利用赋值语句给数组元素赋值。

程序源代码如下：

```
int main()
{
   int a[10],i,j;
   for (i=0;i<10;i++)
     a[i]=i;
   for (j=0;j<10;j++)
   {
     for (i=0; i<=j;i++)
        printf("%5d",a[i]);
     printf("\n");
   }
   return 0;
}
```

程序运行结果如下：

```
0
0   1
0   1   2
0   1   2   3
0   1   2   3   4
0   1   2   3   4   5
0   1   2   3   4   5   6
0   1   2   3   4   5   6   7
0   1   2   3   4   5   6   7   8
0   1   2   3   4   5   6   7   8   9
```

【例 7.3】在循环中用 scanf 函数分别给数组中的每一个元素赋值。

```
int main( )
{
    int a[10],i,s=0;
    for (i=0;i<10;i++)
        scanf("%d",&a[i]);
    for (i=0;i<10;i++)
        s=s+a[i];
    printf("%d",s);
    return 0;
}
```

该程序的功能是把从键盘输入的 10 个数保存在数组 a 中，并求这 10 个数之和。

7.1.4 一维数组程序举例

【例 7.4】求某班高等数学考试的最高成绩。

分析：因为所有学生成绩的数据类型相同且成绩中可能出现小数，所以可以使用实型数组；学生人数不定，但在 C 语言中不允许动态定义数组的大小，所以将数组的长度定义为班级人数中的最大值（这里假设班级人数最多为 50 人）。设变量 max 用来保存最高成绩，假定数组中的第 0 个元素是最高成绩，然后将数组中的每个元素和 max 比较，只要比 max 大，就将该元素的值赋给 max，即打擂台的方式。

程序源代码如下：

```
int main( )
{
    int i;
    float a[50],max;
    for (i=0;i<50;i++)
        scanf("%f",&a[i]);
    max=a[0];
    for (i=1;i<50;i++)
        if (a[i]>max)
          max=a[i];
    printf("%f",max);
    return 0;
}
```

该程序也可以使用符号常量定义数组的长度，这样程序更具有灵活性。

【例 7.5】利用一维数组计算例 6.6 中的 Fibonacci 数列。

程序源代码如下：

```
int main( )
{
    long a[20]={1,1};
    int i;
    for (i=2;i<20;i++)
      a[i]=a[i-1]+a[i-2];

    printf("%ld",a[19]);
    return 0;
}
```

【例 7.6】输出 2～100 之间的所有素数。

分析：定义一个整型数组，数组的长度为 101，用数组的下标表示 2～100 之间的数，数组元素的值初始化为 1，即假定都是素数。用下标 i 除以 2～i-1 之间的数，若能整除，则该元素不是素数，修改该数组元素的值为 0。最后输出值为 1 的数组元素的下标，即素数。

程序源代码如下：

```
int main( )
{
    int x[101],i,j;
    for (i=2;i<=100;i++)
        x[i]=1;
    for (i=2;i<=100;i++)
        for (j=2;j<i;j++)
            if (i%j==0)
            {
                x[i]=0;
                break;
            }
    for (i=2;i<=100;i++)
        if (x[i]==1)
            printf("%5d",i);
    return 0;
}
```

7.2 二 维 数 组

前面介绍的数组只有一个下标，称为一维数组。在实际问题中有很多数据是二维的或多维的，因此 C 语言允许构造多维数组。本书只介绍二维数组，多维数组可由二维数组类推得到。

例如有 3 个小组，每个小组内有 5 个学生，需要把这些学生的信息保存起来，就需要用到二维数组。

7.2.1 二维数组的定义

二维数组类型说明的一般格式如下：

```
类型说明符 数组名[常量表达式 1][常量表达式 2];
```

其中，常量表达式 1 用来定义数组的行数，常量表达式 2 用来定义数组的列数。例如：

```
int x[3][3];
```

定义了二维数组 x，由 3 行 3 列 9 个元素组成。数组元素的行、列下标都从 0 开始。这 9 个元素分别为

```
x[0][0]  x[0][1]  x[0][2]
x[1][0]  x[1][1]  x[1][2]
x[2][0]  x[2][1]  x[2][2]
```

在 C 语言中可以将二维数组看成多个一维数组，如上例，可将数组 x 看成由 3 个一维数组组成，分别为 x[0]、x[1]、x[2]。每个一维数组又由 3 个元素组成。即 x[0] 由 x[0][0]、x[0][1]、x[0][2] 组成，x[1] 由 x[1][0]、x[1][1]、x[1][2] 组成，x[2] 由 x[2][0]、x[2][1]、x[2][2] 组成。

在 C 语言中，按行存储二维数组中的元素，即先存储第 0 行元素，再存储第 1 行元素，同一行按列下标由小到大的顺序存储，以此类推。例如：

```
int b[2][2];
```

数组 b 的存储情况如图 7-2 所示。

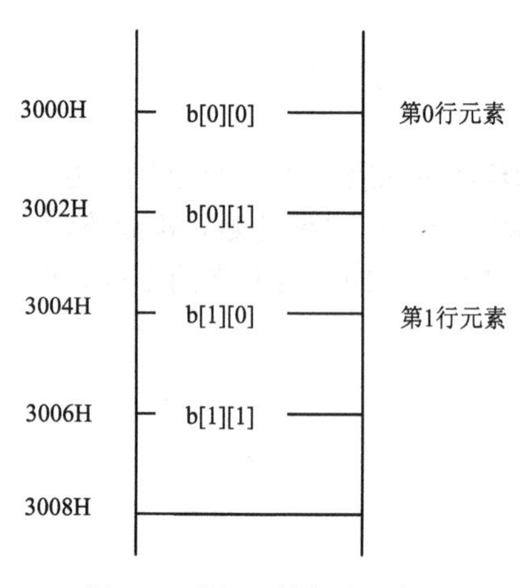

图 7-2 数组 b 的存储示意图

7.2.2 二维数组的初始化

二维数组的初始化与一维数组的初始化类似，有以下几种方法。

1. 给全部元素赋初值

（1）按行赋初值。例如：

```
int a[2][3]={{1,2,3},{4,5,6}};
```

（2）按存储结构赋值，所有数据放在一个花括号中。例如：

```
int a[2][3]={1,2,3,4,5,6};    /*与按行赋值等效*/
```

2. 给部分元素赋初值，未赋值元素的值为 0

（1）按行赋初值。例如：

```
int a[2][3]={{1,2,3},{4}};
```

则 a[1][1]、a[1][2]的值为 0。

（2）按存储结构赋值，所有数据放在一个花括号中。例如：

```
int a[2][3]={1,2,3,4};
```

同样 a[1][1], a[1][2]的值为 0。

3. 省略二维数组的行数，二维数组的列数不能省略

（1）按行赋初值。例如：

```
int a[ ][3]={{1,2,3},{4}};
```

系统自动定义数组 a 的行数为 2。

（2）按存储结构赋值，数组的行数为花括号中元素的个数除以数组的列数向上取整。例如：

```
int a[ ][3]={1,2,3,4};
```

花括号中包含 4 个元素，用 4/3 向上取整，则系统自动定义数组 a 的行数为 2。

7.2.3　二维数组元素的引用

定义了二维数组以后，可以用下列格式引用二维数组中的每个元素。

```
数组名[下标][下标]
```

例如：

```
int c[3][2];
c[1][1]=2;
c[1][2]=c[1][1]*2;
```

【例 7.7】用双重循环给数组中的每个元素赋值。

```
int main( )
{
    int c[3][3],i,j;

    for (i=0;i<3;i++)
        for (j=0;j<3;j++)
            scanf("%d",&c[i][j]);      /*注意：输入数据的顺序，按行输入*/
    for (i=0; i<3; i++)
    {
        for (j=0;j<3;j++)
            printf("%6d",c[i][j]);
        printf("\n");
    }
    return 0;
}
```

思考：如果程序的第六行改为 scanf("%d", &c[j][i]);，输入相同的数据，结果有什么不同？

7.2.4　二维数组程序举例

【例 7.8】将一个 3×2 的矩阵转置。

分析：假设将矩阵 x[3][2]转置，将形成一个 2 行 3 列的矩阵，原矩阵的第 0 行变成新矩阵的第 0 列，原矩阵的第 1 行变成新矩阵的第 1 列，以此类推。矩阵在 C 语言中可以用数组实现。

程序源代码如下：

```
int main( )
{
    int x[3][2],y[2][3],i,j;
```

```
    for (i=0;i<3;i++)
      for (j=0;j<2;j++)
      {
        scanf("%d",&x[i][j]);
        y[j][i]=x[i][j];
      }
    for (i=0;i<2;i++)
    {
      for (j=0;j<3;j++)
        printf("%d  ",y[i][j]);
      printf("\n");
    }
    return 0;
}
```

【例 7.9】打印杨辉三角形的前 10 行。

```
1
1   1
1   2   1
1   3   3   1
1   4   6   4   1
1   5   10  10  5   1
……
```

分析：可以用一个 10 行 10 列的二维数组实现。数组的第 0 列和对角线上的元素值均为 1，其余元素的值为“a[i][j] = a[i−1][j−1] + a[i−1][j];”，输出时只输出下三角部分的元素。

程序源代码如下：

```
int main( )
{
    int a[10][10],i,j;
    for (i=0;i<10;i++)
    {
        a[i][0]=1;
        a[i][i]=1;
    }
    for (i=2;i<10;i++)
        for (j=1;j<i;j++)
            a[i][j]=a[i-1][j-1]+a[i-1][j];
    for (i=0;i<10;i++)
    {
        for (j=0;j<=i;j++)
            printf("%5d",a[i][j]);
        printf("\n");
    }
    return 0;
}
```

7.3 字符数组

许多实际问题中涉及的数据是字符型数据，如果数组的数据类型为字符型，则此数组为字符数组，数组中的每个元素都是一个字符。

7.3.1 字符数组的定义、初始化及引用

1. 字符数组的定义

字符数组定义的格式如下：

```
char 数组名[常量表达式];                    /*一维字符数组的定义*/
char 数组名[常量表达式1] [常量表达式2];     /*二维字符数组的定义*/
```

例如：

```
char b[5],c[2][5];
```

其中，b 是一维字符数组，c 是二维字符数组。

2. 字符数组的初始化

字符数组的初始化方法有以下两种。

1）逐个字符初始化

（1）全部元素赋初值。

例如：

```
char b[5]={'a','b','c','d','e'};
char b[2][5]={{'a','b','c','d','e'},{'1','2','3','4','5'}};
char b[2][5]={'a','b','c','d','e','1','2','3','4','5'};
```

（2）部分元素赋初值，未赋值元素的值为 ASCII 为 0 的字符，即'\0'。

例如：

```
char b[5]={'a','b','c'};
char b[2][5]={{'a','b','c'},{'1','2','3','4','5'}};
char b[2][5]={'a','b','c','d','e','1','2'};
```

2）字符串赋值

在 C 语言中字符串是用双引号括起来的字符序列。它是一个常量。例如，"abc123"这个字符串包含了 6 个字符，但在内存中存储时占用了 7 字节的空间。系统自动在字符串的末尾加上一个'\0'字符作为字符串结束的标志。其在内存中的存储结构如图 7-3 所示。

a	b	c	1	2	3	\0

图 7-3 字符串存储结构图

例如：

```
char s1[5]={"abcd"};
char s2[5]={"abcde"};
```

字符数组 s1 在内存中的存储结构如图 7-4 所示。数组 s1 的长度为 5，将字符串"abcd"写入数组中；字符串长度小于数组的个数，那么其余元素是值为'\0'的字符，而数组 s2 的长度为 5，而"abcde"存储时要占用 6 字节的空间（最后加一个'\0'），故数组 s2 定义时初始化错误。

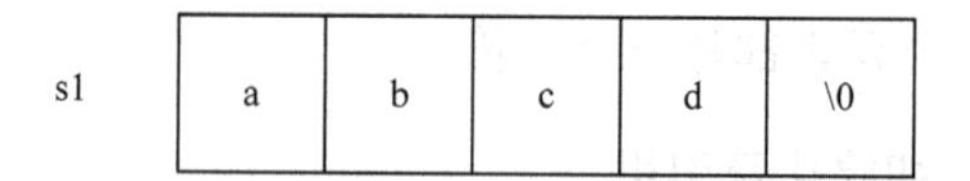

图 7-4　字符数组 s1 的存储结构图

若改为如下定义：

```
char s1[ ]={"abcd"};
char s2[ ]={'a','b','c','d'};
```

则 s1 和 s2 数组的长度分别是 5 和 4。

使用字符串给字符数组赋值时可以省略花括号。

例如：

```
char x[5]="abcd";
char y[2][10]={"abcde","12345678"};
```

3. 字符数组的引用

整型、实型数组只能引用数组中的元素，不能引用整个数组。字符数组既可以引用数组中的元素，也可以引用整个数组。

（1）引用字符数组中的元素。

【例 7.10】输出一个字符串。

```
int main( )
{
    char x[10];
    int i;
    for (i=0;i<10;i++)
        scanf("%c",&x[i]);
    for (i=0;i<10;i++)
        printf("%c",x[i]);
    return 0;
}
```

【例 7.11】用*输出字母 C 的图案。

```
int main( )
{
    char s[4][4]={{' ','*','*','*'},{'*',' ',' ',' '},{'*',' ',' ',' '},
{' ','*','*','*'}};
    int i,j;
    for (i=0;i<4;i++)
    {
      for (j=0;j<4;j++)
      {
         printf("%c",s[i][j]);
      }
      printf("\n");
    }
    return 0;
}
```

程序运行结果如下：

```
 ***
*
*
 ***
```

（2）引用整个数组，此时按字符串处理字符数组。

例如：

```
int main( )
{
    char x[128];
    scanf("%s",x);
    printf("%s",x);
    return 0;
}
```

用“%s”输入/输出字符串时，scanf函数中的地址项和printf函数中的变量名，都应为数组名，不能是数组元素地址或数组元素。用scanf函数输入的字符的个数可以大于、等于或小于字符数组的长度，当大于字符数组长度时数组越界（C语言中不检测数组是否越界），当按Enter键、空格键或TAB键时输入结束，系统自动在最后一个字符后面加上字符“\0”。用printf函数输出字符串时，从字符数组的第一个字符开始输出，直到“\0”字符结束。

7.3.2 字符串处理函数

C语言提供了丰富的字符串处理函数，下面介绍几个常用的字符串处理函数。

1. 字符串输入/输出函数

使用前应包含头文件"stdio.h"。

1）gets(字符数组)

功能：从键盘输入一个字符串，并将字符串保存到字符数组中。

scanf(" %s",字符数组名)的功能也是将键盘输入的字符串保存到字符数组中。两者之间的区别是：scanf( )函数输入字符串时，如果输入空格或按TAB键时字符串输入结束（输入的字符串中不能包含空格符、制表符两种字符）。gets( )函数可以输入空格符、制表符，只有按Enter键时输入才结束。输入结束后在数组的下一元素中添加结束标志“\0”。

例如：

```
int main( )
{
    char s1[20];
    scanf("%s",s1);
    printf("%s",s1);
    return 0;
}
```

若运行时输入：

```
abc def↙
```

则输出结果为：

```
abc
```

```
int main( )
{
    char s1[20];
    gets(s1);
    printf("%s",s1);
    return 0;
}
```

若运行时输入：

```
abc def↙
```

则输出结果为：

```
abc def
```

2）puts(字符数组/字符串)

功能：从字符数组或字符串的起始字符开始输出，直到遇到'\0'的字符为止。输出字符串后光标自动换到下一行。

其功能与函数printf(" %s", 字符数组名)相同，但若字符数组中不包含'\0'的字符，printf函数将无休止地输出下去，直到遇到'\0'为止。

2. 包含头文件“string.h”的函数

1）求字符串长度函数

```
strlen(字符串或字符数组)
```

功能：求字符串或字符数组的有效字符的个数（'\0'前字符的个数）。

例如：

```
#include <string.h>
int main( )
{
   char x[128]="BeiJing";
   int a,b;
   a=strlen(x);
   b=strlen("abc\0def");
   printf("%d  %d",a,b);
   return 0;
}
```

程序运行结果如下：

```
7 3
```

2）字符串拷贝函数

```
strcpy(字符数组1,字符串2或字符数组2)
```

功能：将字符串2或字符数组2复制到字符数组1中。

```
strncpy(字符数组1,字符串2,n)
```

功能：将字符串2的前n个字符复制到字符数组1中。

例如：

```
char x[128]=" BeiJing",y[128];
strcpy(y,x);
strcpy(y,"ShangHai");
strncpy(y,"ShangHai",5);
```

注意：字符数组1的长度要足够大，其长度要大于或等于需要复制的字符串的长度。

3）字符串连接函数

```
strcat(字符数组1,字符串2或字符数组2)
```

功能：将字符串2或字符数组2连接到字符数组1的后面。

```
#include <stdio.h>
#include <string.h>
int main( )
{
   char x[128]=" BeiJing";
   puts(strcat(x, " in China"));
   return 0;
}
```

程序运行结果如下：

```
BeiJing in China
```

注意： 字符数组1长度要足够大，其长度要大于或等于进行连接的两个字符串的长度之和。

4）字符串比较函数

```
strcmp(字符串1,字符串2)
```

功能：比较两个字符串的大小。若字符串1大于字符串2，则函数返回值为正数；若字符串1等于字符串2，则函数返回值为0；若字符串1小于字符串2，则函数返回值为负数。其中字符串1和字符串2也可以是字符数组。

字符串比较的规则：两个字符串从左到右逐个字符进行比较(按ASCII码的大小比较)，直到出现不相同的字符或'\0'为止。

7.3.3 字符数组程序举例

【例7.12】 输入一行字符，统计其中字母、数字、空格及其他字符的个数。

```
#include <stdio.h>
#include <string.h>
int main( )
{
   char a[128];
   int i,len,z,s,k,q;
   z=0;s=0;k=0;q=0;            /*分别表示字母、数字、空格及其他字符的个数*/
   gets(a);
   len=strlen(a);
   for (i=0;i<len;i++)
      if ((a[i]>='a'&&a[i]<='z')||(a[i]>='A'&&a[i]<='Z'))
           z++;
      else
           if ((a[i]>='0'&&a[i]<='9'))
              s++;
           else
              if (a[i]=' ')
                 k++;
              else
                 q++;
   printf("%5d%5d%5d%5d",z,s,k,q);
   return 0;
}
```

【例7.13】 编写一个程序将两个字符串连接起来，不使用strcat函数。

```
#include <stdio.h>
#include <string.h>
int main( )
{
   char s1[128],s2[50];
   int i,j=0;
   gets(s1);
   gets(s2);
```

```
    /*将 i 指向字符串 s1 的末尾，然后将 s2 中的各个字符赋值到数组 s1 中*/
    for (i=strlen(s1);s2[j]!='\0';i++,j++)
        s1[i]=s2[j];
    s1[i]='\0';
    puts(s1);
    return 0;
}
```

7.4 案例：学生成绩管理系统——用数组存储学生信息

本小节中，程序主要完成 3 个功能：输入学生成绩、显示学生成绩、根据均分排序。为此，主菜单中加入两个选项。

当进入系统主界面后，有以下菜单选项：1 学生成绩输入；2 显示学生成绩；3 根据均分排序；0 退出系统。

在 6.7 小节的程序中，5 位同学的成绩通过循环输入并输出。因为变量 math_score, Chinese_score,English_score, average_score 只能存储 1 位同学各门课的成绩，所以只能重复使用这组变量 5 次，但是最终变量中只能保留 1 位同学的成绩。

为了完成本小节的功能，增加了以下变量：

（1）本章学习了数组的知识，可以采用数组存储学生成绩，便于对学生成绩排序和对学生成绩统计，数组定义如下：

```
float  math_score[5],Chinese_score[5],English_score[5],average_score[5],
  grade[5];
```

分别表示五位同学的成绩，下标为 i 代表第 i 个同学的成绩。

（2）二维字符数组 char name[5][10]存储学生的姓名。限制每位学生的姓名最多有 9 个字符。

（3）一维数组 int rank[5]存储每位同学的名次，没有排序前名次都是 0，排序完成后名次从高到低为第 1 名到第 5 名。

根据冒泡排序算法，可以将学生的成绩按照平均成绩从大到小排序，算法思路如下：

```
for (i=0;i<4;i++)
  for (j=0;j<4-i;j++)
    if (average_score[j]< average_score[j+1])
    {
       /*交换第 j 个学生的信息和第 j+1 个学生的信息*/
    }
```

完整的程序代码如下：

```
#include<stdio.h>
#include<string.h>
int main( )
{
    float math_score[5], Chinese_score[5], English_score[5], average_score[5];
    char name[5][10];
    int rank[5];
    char grade[5];
    char tempgrade;
    int flag;
```

```
int i,j;
float temp;
char string[10];

printf("******欢迎使用学生成绩管理系统******\n");
while (1)
{
   printf("************************************\n");
   printf("请输入菜单选项:\n");
   printf("0 退出系统\n");
   printf("1 输入学生成绩\n");
   printf("2 显示学生成绩\n");
   printf("3 根据均分排序\n");
   printf("************************************\n");
   scanf("%d",&flag);
   switch (flag)
   {
      case 1:
         for (i=0;i<5;i++)
         {
           printf("输入姓名:\n");
           scanf("%s",name[i]);
           printf("输入成绩,格式为:数学成绩,语文成绩,英语成绩\n");
           scanf("%f,%f,%f",&math_score[i],&Chinese_score[i],
                &English_score[i]);
           average_score[i] =(math_score[i]+Chinese_score[i]
             +English_score[i])/3;
           if (average_score[i]>=90&&average_score[i]<=100)
              grade[i]='A';
           else if (average_score[i]>=80)
                 grade[i]='B';
              else if (average_score[i]>=70)
                    grade[i]='C';
                 else if (average_score[i]>=60)
                       grade[i]='D';
                    else if (average_score[i]>=0)
                          grade[i]='E';
                       else
                          printf("输入错误\n");
          rank[i]=0;  /*未排序时名次都是 0*/
          getchar( );
         }
         break;
      case 2:
         printf("-----------------------------------------\n");
         printf("|姓名|数学成绩|语文成绩|英语成绩|平均成绩|等级|名次|\n");
         for (i=0;i<5;i++)
         {
            printf("-----------------------------------------\n");
            printf("|%-12s|%-12.2f|%-12.2f|%-12.2f|%-12.2f|%-12c
            |%-12d|\n",name[i],math_score[i],Chinese_score[i],
```

```
                English_score[i],average_score[i],grade[i],rank[i]);
            }
            printf("-----------------------------------------\n");
            break;
        case 3:
            for (i=0;i<4;i++)
                for (j=0;j<4-i;j++)
                    if (average_score[j]<average_score[j+1])
                    {   /*第 j 个学生的信息和第 j+1 个学生的信息交换*/
                     temp=math_score[j];
                     math_score[j]=math_score[j+1];
                     math_score[j+1]=temp;

                     temp=Chinese_score[j];
                     Chinese_score[j]=Chinese_score[j+1];
                     Chinese_score[j+1]=temp;

                     temp=English_score[j];
                     English_score[j]=English_score[j+1];
                     English_score[j+1]=temp;

                     temp=average_score[j];
                     average_score[j]=average_score[j+1];
                     average_score[j+1]=temp;

                     tempgrade=grade[j];
                     grade[j]=grade[j+1];
                     grade[j+1]=tempgrade;

                     strcpy(string,name[j]);
                     strcpy(name[j],name[j+1]);
                     strcpy(name[j+1],string);
                    }
            for (i=0;i<5;i++)
                rank[i]=i+1;
            break;
        case 0:
            printf("退出系统\n");
            return 0;
        }
    }
    return 0;
}
```

运行结果主菜单如图 7-5 所示。

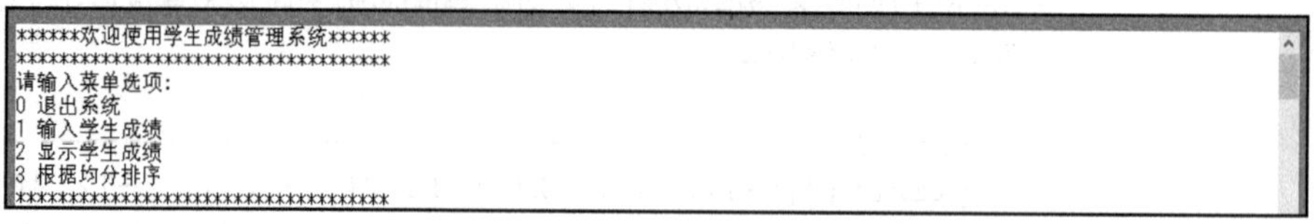

```
******欢迎使用学生成绩管理系统******
************************************
请输入菜单选项:
0 退出系统
1 输入学生成绩
2 显示学生成绩
3 根据均分排序
************************************
```

图 7-5　主菜单

输入1，进入输入学生成绩界面，如图7-6所示。

```
1
输入姓名:
zhulin
输入成绩,格式为:数学成绩,语文成绩,英语成绩
88,88,89
输入姓名:
zhenghai
输入成绩,格式为:数学成绩,语文成绩,英语成绩
99,99,99
输入姓名:
zhangqing
输入成绩,格式为:数学成绩,语文成绩,英语成绩
89,89,87
输入姓名:
tianmeng
输入成绩,格式为:数学成绩,语文成绩,英语成绩
88,80,80
输入姓名:
weiqiang
输入成绩,格式为:数学成绩,语文成绩,英语成绩
77,77,77
****************************************
请输入菜单选项:
0 退出系统
1 输入学生成绩
2 显示学生成绩
3 根据均分排序
****************************************
```

图7-6 输入学生成绩界面

输入完成后，回到主菜单选择界面。

输入2，显示学生成绩，如图7-7所示。

```
2
---------------------------------------------------------------------------------------
|姓名        |数学成绩    |语文成绩    |英语成绩    |平均成绩    |等级        |名次        |
---------------------------------------------------------------------------------------
|zhulin      |88.00       |88.00       |89.00       |88.33       |B           |0           |
---------------------------------------------------------------------------------------
|zhenghai    |99.00       |99.00       |99.00       |99.00       |A           |0           |
---------------------------------------------------------------------------------------
|zhangqing   |89.00       |89.00       |87.00       |88.33       |B           |0           |
---------------------------------------------------------------------------------------
|tianmeng    |88.00       |80.00       |80.00       |82.67       |B           |0           |
---------------------------------------------------------------------------------------
|weiqiang    |77.00       |77.00       |77.00       |77.00       |C           |0           |
---------------------------------------------------------------------------------------
```

图7-7 显示学生成绩

显示完成后，回到主菜单选择界面。

输入3，根据均分进行排序，显示排序后的结果，如图7-8所示，排序完成后回到主菜单界面。

```
****************************************
2
---------------------------------------------------------------------------------------
|姓名        |数学成绩    |语文成绩    |英语成绩    |平均成绩    |等级        |名次        |
---------------------------------------------------------------------------------------
|zhenghai    |99.00       |99.00       |99.00       |99.00       |A           |1           |
---------------------------------------------------------------------------------------
|zhulin      |88.00       |88.00       |89.00       |88.33       |B           |2           |
---------------------------------------------------------------------------------------
|zhangqing   |89.00       |89.00       |87.00       |88.33       |B           |3           |
---------------------------------------------------------------------------------------
|tianmeng    |88.00       |80.00       |80.00       |82.67       |B           |4           |
---------------------------------------------------------------------------------------
|weiqiang    |77.00       |77.00       |77.00       |77.00       |C           |5           |
---------------------------------------------------------------------------------------
```

图7-8 显示排序后的结果

输入0，退出系统。界面如图7-9所示。

```
*************************************
请输入菜单选项:
0 退出系统
1 输入学生成绩
2 显示学生成绩
3 根据均分排序
*************************************
0
退出系统
```

图 7-9 退出系统

7.5 小 结

本章主要介绍了数组定义、数组初始化以及数组应用的一些实例，使读者能够初步了解数组在内存的存储形式，以及数组的使用方法。本章的重点内容是字符数组的应用，还介绍了一些字符处理函数的使用方法，通过本章的学习，读者能够用数组来实现更为复杂的数据结构。

习 题

7.1 有一个已经排好序的数组 a[10] = {2, 13, 25, 31, 56, 67, 80, 94, 111}。现输入一个数，将该数插入数组中，使数组仍然有序。

7.2 将数组 x[5] = {1, 3, 5, 7, 9}中的数据逆序存放，即数组中各元素的值变成 x[5] = {9, 7, 5, 3, 1}。

7.3 从键盘输入 10 个数，将它们保存在一个一维数组中，求出数组中最大值和最小值所在的位置。

7.4 定义一个包含 10 个元素的一维数组，找出其中最大值，让其与第一个元素交换，最小值与最后一个元素交换，输出数组中各元素的值。

7.5 求一个 4×4 方阵中对角线元素之和。

7.6 定义一个包含 8 个元素的一维数组 y[8]，从键盘输入一个数 x，在数组 y 中查找 x，若存在该数将其从数组中删除。

7.7 编写一个程序，求字符串的长度。

7.8 从键盘输入一个字符串，将该字符串中的小写字母全部转换成大写字母。

7.9 输入一个字符串，判断它是不是回文（该字符串从左到右读和从右到左读是相同的）。

7.10 编写一个程序，实现字符串的复制功能（不能使用 strcpy 函数）。

7.11 编写一个程序，比较两个字符串的大小（不能使用 strcmp 函数）。

7.12 从键盘任意输入一个字符串，将其中的空格符删掉。

7.13 求两个矩阵之和，矩阵的行数和列数用符号常量定义。

7.14 某班级有 50 个学生，一学期学 3 门课程。求各门课程的平均成绩和最高成绩，并求出总分最高的学生。

7.15 在二维数组 b[3][5]中选出各行最大的元素组成一个一维数组 c[3]。

第8章 函数

学习目标

- 熟练掌握函数的定义、调用和参数传递；
- 了解变量的存储类型和作用域；
- 掌握字符串的使用方法，并且学会用字符数组处理字符串问题；
- 培养利用函数编写相关程序的能力。

在结构化程序设计中，一个较大的程序一般应分为若干个程序模块，每个模块完成某一特定的功能。C 语言是结构化程序设计语言，引入了函数的概念，用函数来完成各个程序模块的设计。

8.1 C 语言程序的一般结构

函数是 C 语言程序的基本单位，一个 C 语言程序由一个或多个函数组成，其中必须包含一个 main 函数且只能有一个 main 函数，当然还可能包含其他函数。C 语言程序的执行总是从 main 函数开始的，而其他函数的运行都是通过调用来完成的。

C 语言本身提供了极为丰富的函数库，前面经常用到的 printf、scanf 等函数就是 C 语言函数库中的函数；此外，C 语言还提供了用户自定义函数的功能，以满足不同用户对不同问题求解的需要。以下从三个方面对 C 语言中的函数进行分类介绍。

1. 从函数定义的角度分类

函数可分为库函数和用户自定义函数两种。

（1）库函数：C 语言系统提供的定义好的函数，用户可以直接拿来使用。使用时需要在程序开头引入函数所在的文件。C 语言的库函数可以进行如下划分。

① 字符类型分类函数：用于将字符按 ASCII 码分类成字母、数字、控制字符、分隔符和大小写字母等。

② 转换函数：用于字符或字符串的转换。例如，在字符量和各类数字量（整型、实型等）之间进行转换或在大、小写之间进行转换。

③ 目录路径函数：用于文件目录和路径操作。

④ 诊断函数：用于内部错误检测。
⑤ 图形函数：用于屏幕管理和各种图形功能。
⑥ 输入/输出函数：用于完成输入/输出功能。
⑦ 接口函数：用作与DOS、BIOS和硬件的接口。
⑧ 字符串函数：用于字符串操作和处理。
⑨ 数学函数：用于数学函数计算。
⑩ 日期和时间函数：用于日期、时间转换操作。

（2）自定义函数：用户自己编写的完成特定功能的函数。自定义函数需要用户自己定义函数的返回值类型、形式参数类型、实现的功能等所有相关内容。

2. 从函数有无返回值的角度分类

函数可分为有返回值函数和无返回值函数两种。

（1）有返回值函数：函数调用结束后要有一个结果被返回，比如前面讲的求和、求阶乘等函数。此种类型函数的特点是必须在定义时明确函数的返回值类型。

（2）无返回值函数：函数调用结束后并没有任何结果被返回，比如前面用到的printf、scanf等函数。此种类型函数一般用于解决不保留任何结果的任务，其特点是只完成功能，不返回结果，在C语言中一般将其声明为void空类型。

3. 从函数是否带参数的角度分类

函数可以分为无参函数和带参函数两种。

（1）无参函数：没有参数的函数，即函数的定义中没有任何参数。此种类型函数的特点是在主调函数和被调函数之间没有任何数据传递，仅限于完成功能。

（2）带参函数：函数定义时带有参数的函数。此种类型函数的特点是在主调函数和被调函数之间有数据传递，数据是通过参数来传递的，此函数不仅完成功能，还要与被调函数交互。

8.2 函数的定义和返回值

虽然标准函数库为用户提供了丰富的函数，但是不可能穷尽所有的应用需求。自定义函数就是程序设计人员根据任务的需要自己定义的函数。

8.2.1 函数的定义及声明

1. 函数的定义

函数是为实现某种特定的功能而编写的程序模块。在C语言中函数和变量一样，在使用之前进行定义和说明。下面从三个方面来讲述函数定义的一般格式。

1）无参函数

无参函数的定义格式如下：

```
类型标识符 函数名( )
```

```
{
    ……
}
```

说明：

（1）类型标识符：用于指定函数值的类型，即函数返回值的类型，函数返回值可以是C 语言中的任何一种有效的数据类型。C 语言中函数的默认返回值为整型；无返回值的函数的类型为 void 型。

（2）函数名：即函数的名称，用来唯一标识函数，它的命名规则同变量，在 C 语言中函数名不能重复。

（3）花括号内的部分称为函数体，它由变量定义和功能实现语句两部分组成。变量定义部分用于定义函数内使用的变量；功能实现语句部分由 C 语言的基本语句组成，它负责实现函数的功能。

（4）C 语言中不允许在一个函数体内再定义另一个函数。

【例 8.1】无参函数定义示例。

```
void example( )
{
    printf("This is a function without parameter.");
}
```

2）带参函数

带参函数的定义格式如下：

```
类型标识符 函数名(形式参数列表)
{
    变量定义
    功能实现语句
}
```

带参函数和无参函数的唯一区别就是带参函数多了参数，带参函数的形式参数列表中各个参数之间用逗号隔开。形式参数类型的声明放在第 1 行，即放在函数首部的括号中，具体情况如下：

```
int min(int x,int y)        /*函数首部中对形式参数 x，y 进行声明，类型为 int*/
{
    int z;
    if (x<y) z=x;
    else z=y;
    return z;
}
```

3）空函数

空函数的定义格式如下：

```
类型说明符 函数名( )
{}
```

其中，函数体只有一对花括号，没有任何代码，函数首部也没有任何参数。这种函数其实不完成任何功能，它的主要作用是标识程序的各个功能部分，使得程序结构清楚，增加可读性，为以后扩充新的功能提供方便。

2. 函数的声明

函数声明是把函数的名称、函数的类型以及形式参数的类型、个数和顺序通知编译系统，以便在调用该函数时系统按此进行对照检查。函数声明是由函数的首部加上一个分号“;”构成的。

函数声明的一般格式有以下两种：

```
函数类型 函数名(参数类型 1，参数类型 2…);
函数类型 函数名(参数类型 1 参数名 1，参数类型 2 参数名 2…);
```

例如：

```
int min(int,int);
```

或

```
int min(int x,int y);
```

C 语言对函数的定义位置和调用位置没有严格的要求，可以用以下两种方式完成：

（1）先定义后调用。

这种情况是最自然的一种情况，在调用时没有特殊要求，可以不对函数进行说明。

（2）先调用后定义。

这种情况比较特殊，因为在调用前没有定义，系统不知道函数的返回值类型及参数情况，所以必须先通知系统函数的情况，因此在调用前要先进行函数声明。

【例 8.2】先定义后调用示例。

```
float min(float x,float y)        /*函数的定义部分*/
{
    float z;

    if (x<y)
        z=x;
    else
        z=y;
    return (z);
}

int main( )
{
    float a,b,c,n;

    scanf("%f,%f,%f",&a,&b,&c);
    n=a;
    n=min(n,b);                    /*函数的调用语句*/
    n=min(n,c);                    /*函数的调用语句*/
    printf("min=%f",n);
    return 0;
}
```

此程序是先定义后调用的情况，在执行时先编译 min 函数，后编译 main 函数，因此在 main 函数中遇到对 min 的调用时，编译程序已经知道 min 函数的返回值类型和参数的类型，所以不会出错，也没必要对函数进行说明。

8.2.2 函数的返回值

在函数的定义中，可以指定函数的返回值的类型，也可以不指定，若不指定，则默认为 int 型。下面从两个方面对返回值进行一些说明。

1. 返回语句

函数若想返回值，则需要调用 return 语句来完成。该语句的一般格式如下：

```
return(表达式);
```

或

```
return 表达式;
```

或

```
return;
```

其中，表达式可以是简单的常量、变量或复杂的表达式，表达式也可以用圆括号括起来。

例如：

```
return;
return z;
return (z);
return (x>y?x:y);
```

函数的返回值是通过函数体中的 return 语句获得的。return 语句将被调用函数中的一个确定值带回主调函数中。被调用函数中如果没有 return 语句，函数仍然会有一个返回值，只不过这个值是不确定的，也不一定是用户所期望的，因此当函数不需要返回值时，最好使用 void 声明为空类型。这样，可以保证正确调用函数，减少出错的可能性。

2. 函数返回值

函数返回值的类型即函数值的类型，函数值的类型以函数定义的类型为准，当 return 语句中的表达式的值与函数值的定义类型不一致时系统将自动进行类型转换；如果系统不能自动转换，则需要编程人员进行强制转换。一个函数最多只能有一个返回值，如果需要函数一次调用带回多个值，则需要通过使用指针或全局变量来实现（有关全局变量的内容在后续章节讲述）。

8.3 函数间的数据传递

在大多数情况下，主调函数和被调函数之间存在着数据传递关系。这种传递主要有以下 3 种形式。

（1）通过实际参数和形式参数来实现函数之间的数据传递。

（2）通过 return 语句把函数值返回到主调函数的调用处来实现数据的传递。

（3）用全局变量的方式来实现函数间数据的传递。

在程序中主要使用前两种方式。

8.3.1 实参与形参

实参和形参是实际参数和形式参数的简称。函数间的数据传递大多是通过函数的形参和实参来实现的。

实参：是函数调用中出现的变量，写在函数名后的圆括号里。

形参：是函数定义时函数首部括号中定义的参数。

实参与形参的主要区别如下。

（1）形参只能出现在函数体内部，而实参是在调用函数时才传递给函数的，只出现在函数调用语句中，只在函数调用时起作用。

（2）形参只能是变量，实参可以是常量、变量、函数或表达式。

另外，实参的个数和形参的个数应该相等，当函数的形参个数在两个及以上时，实参与形参在顺序上应该一一对应，因为实参与形参的结合是按照位置对应关系进行的，第一个实参的值传递给第一个形参，第二个实参的值传递给第二个形参，依此类推。

【例 8.3】 函数的实参和形参应用举例，自定义函数是求两个数中的最小值。

```
int main( )
{
    float a,b,c,n;
    float min(float,float);             /*函数 min 的说明语句，不能省略*/
    scanf("%f,%f,%f",&a,&b,&c);
    n=a;
    n=min(n,b);                         /*函数调用语句，实参为 n，b*/
    n=min(n,c);                         /*函数调用语句，实参为 n，c*/
    printf("min=%f",n);
    return 0;
}

float min(float x,float y)              /*函数定义首部，形参为 x，y*/
{
    float z;

    if (x<y) z=x;
    else  z=y;
    return (z);                         /*函数值返回语句，返回 z 的值*/
}
```

在 min 函数的定义中，函数首部 float min(float x, float y)中的变量 x、y 是形参。主函数中语句 n = min(n, b);和 n = min(n, c);中的 n、b、c 是实参。其中，实参 n 对应于形参 x，实参 b、c 都对应于形参 y，两者的数据类型、个数、顺序完全相同。

8.3.2 值传递与地址传递

C 语言函数调用时，实参传递给形参的可以是一个数值，也可以是一个地址（内存空间的地址）。

1. 值传递

C 语言只有在函数调用时，才根据形参的数据类型为被调函数中的各个形参分配存储单元，并将实参的值复制到对应的形参单元中，调用结束后，自动释放形参所占用的存储空间。当参数是基本类型的变量或数组元素时，形参与实参在内存中分别占用不同的存储单元，形参值的改变不会影响与其对应的实参的值。

【例 8.4】值传递示例。

```
/*以下为被调函数 sub，sub 函数为无返回值函数*/
void sub(int x,int y)    /*函数首部，x、y 为形参*/
{
    printf("x1=%d,y1=%d\n",x,y);
    x=x-5;y=y-6;
    printf("x2=%d,y2=%d\n",x,y);
}
/*以下为主函数 main*/
int main( )
{
    int m,n;
    m=20;
    n=30;
    printf("m1=%d,n1=%d\n",m,n);
    sub(m,n);      /*函数调用语句，m、n 是实参，其值被分别传递给形参 x、y*/
    printf("m2=%d,n2=%d\n",m,n);
    return 0;
}
```

程序运行结果如下：

```
m1=20,  n1=30
x1=20,  y1=30
x2=15,  y2=24
m2=20,  n2=30
```

从输出结果可以看到，调用 sub 函数输出的结果是值做减法后的结果，而最后由主函数输出的 m 和 n 的值是没有做减法的值，也就是说函数调用结束后值没有被保留。这充分说明主调函数 main 中的实参 m、n 和被调函数 sub 中的形参 x、y 分别占用不同的存储单元，即值传递是单向传递，只能由调用函数向被调用函数传递，而不能把形参的值返回给实参。函数调用的实际过程如图 8-1 所示。

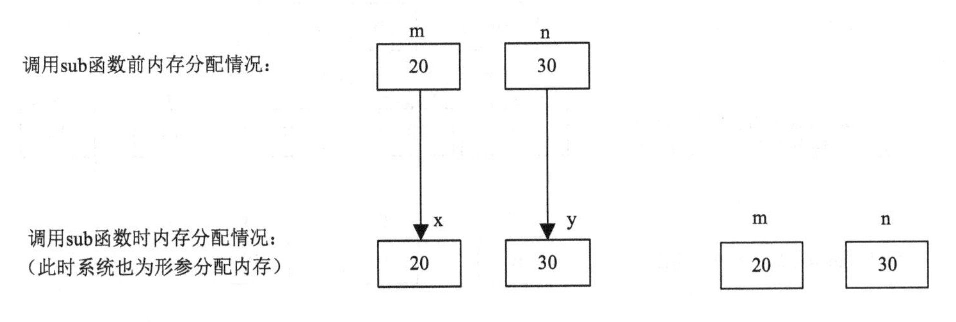

图 8-1 函数调用内存分配图

由图 8-1 可以看出，程序在调用函数之前系统已为变量 m、n 分配了存储空间。在调用 sub 函数时，系统才为形参 x、y 分配临时的存储空间，同时将实参 m、n 的值传递给形参 x、y。因此，形参和实参的值是相同的（x 和 y 的值分别为 20 和 30），但所占用的存储空间不同。在函数调用过程中对 x、y 的操作，实际上就是对形参内存空间中的值的操作，因此相减后 x、y 的值分别为 15 和 24，而实参 m、n 内存中的值并没有发生改变，在函数调用结束时，x 和 y 的临时空间被收回，即调用结束后 x 和 y 就不复存在，内存中只有 m、n。所以输出的结果为 20、30。

【例 8.5】 分析下面程序的输出结果，注意参数的传递过程。

```
int main( )
{
    int m,n,k;
    void sum(int,int);
    m=n=k=10;
    printf("m1=%d,n1=%d,k1=%d\n",m,n,k);
    sum(m+n,k);    /* m+n、k 分别为实参*/
    printf("m2=%d,n2=%d,k2=%d\n",m,n,k);
    return 0;
}
/* sum( )函数的定义部分*/
void sum(int x,int y)  /* x、y 分别为形参*/
{
    printf("x=%d    sum=%d\n",x,x+y);
}
```

程序运行结果如下：

```
m1=10,  n1=10,  k1=10
x=20  sum=30
m2=10,  n2=10,  k2=10
```

在调用函数过程中，参数的传递情况如图 8-2 所示。

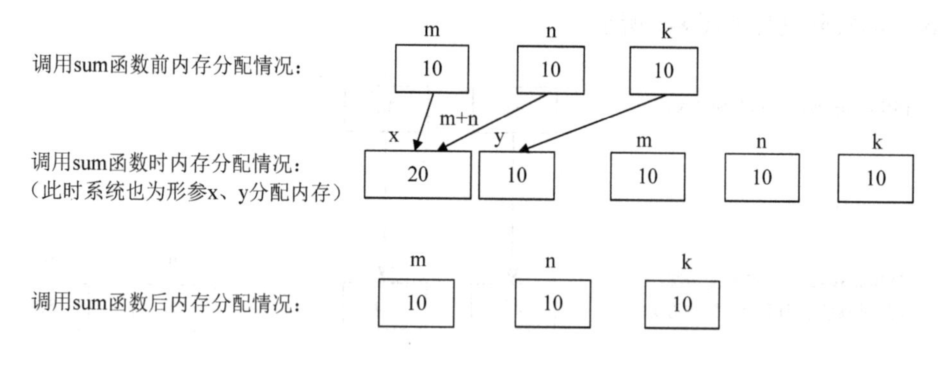

图 8-2　函数调用内存空间分配图

注意： 函数调用时，当实参为表达式时，先计算出表达式的值，再将其值传递到相应的形参单元。在本例中实参是个表达式，调用时先计算表达式 m + n 的值，然后将结果 20 传递给形参 x。

在例 8.5 中，程序在调用函数之前系统已为变量 m、n、k 分配了存储空间。在调用 sum 函数时，系统为形参 x、y 分配临时存储空间，同时将实参 m + n、k 的值传递给形参 x、y，形参的实际值是 m + n 的值 20 和 k 的值 10，形参和实参分别占用不同的存储空间。在函数调用过程中对 x、y 的操作，实际上就是对形参内存空间中的值的操作，因此在函数调用过程中输出的 x + y 的值为 20 + 10=30，而实参 m、n、k 在内存中的值并没有发生改变，所以当再次输出 m、n、k 的值时结果仍为 10、10、10；在函数调用结束时，x 和 y 的临时空间被收回，内存中只有 m、n、k，再次输出结果仍为 10、10 和 10。

2. 地址传递

当实参是数组名时，传递给形参的是数组的首地址，在被调函数执行时会给传过来的数组的首地址分配临时存储空间，而数组还是共用原来的空间，因此对形参指向的数组元素的值进行处理，实际上就是对主调函数中相应的数组元素的值进行处理，改变的是实参指向的值。

【例 8.6】下面程序的功能：从键盘输入 10 个整数，利用简单选择排序算法对这 10 个数按从小到大的顺序排序，并输出结果。

```
/*sort 函数的功能是对 arr 数组中的前 n 个数利用简单选择排序算法进行从小到大排序*/
void sort(int arr[ ],int n)        /*函数的定义，arr 和 n 是形参*/
{
    int i,j,k,t;
    for (i=0;i<n-1;i++)
    {
        k=i;
        for (j=i+1;j<n;j++)
            if (arr[j]<arr[k])k=j;
        t=arr[k];arr[k]=arr[i];arr[i]=t;
    }
}
int main( )
{
    int a[10],i;
    for (i=0;i<10;i++)
        scanf("%d",&a[i]);
    sort(a,10);                    /*函数调用语句，a 和 10 是实参*/
    printf("\n the sorted array:\n");
    for (i=0;i<10;i++)
        printf("%4d",a[i]);
    return 0;
}
```

当输入：

```
5 15 2 1 6 7 9 13 16 17
```

程序运行结果如下：

```
1   2   5   6   7   9  13  15  16  17
```

若 a 数组的首地址为 2000H，调用 sort 函数时，将实参数组 a 的首地址传递给形参 arr，函数在执行过程中形参数组 arr 与实参数组 a 在内存中占有相同的存储区域，如图 8-3 所示。访问 arr 数组的元素 arr[0]就是访问 a 数组的元素 a[0]，对 arr 数组排序就是对 a 数组排序，所以被调函数中输出的结果与主函数中输出的结果一定是相同的。

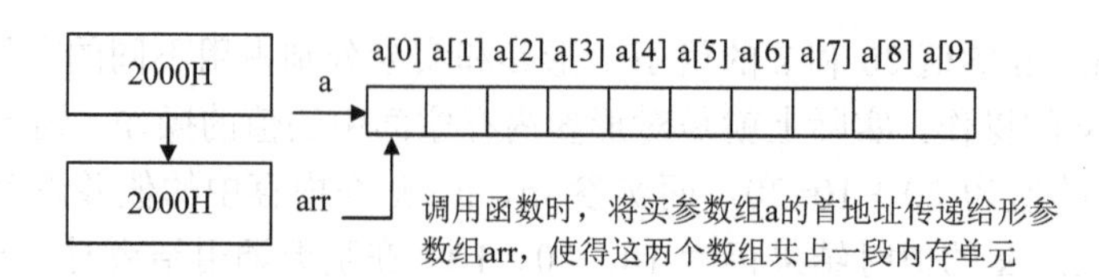

图 8-3　数组作为参数时的内存分配图

注意：在函数调用过程中，内存中只有数组 a 的存储空间，形参和实参指向的是同一块存储区域（a[i] = arr[i]）。

【例 8.7】分析下面程序的输出结果，注意参数的传递过程。

```
void multi(int arr[ ],int n)        /*函数的定义，arr 和 n 是形参*/
{
    int i;
    for (i=0;i<n;i++)
        arr[i] *=2;
}
int main( )
{
    int a[5]={1,2,3,4,5};
    int i;
    multi(a,5);                     /*函数调用语句，数组 a 和 5 是实参*/
    for (i=0;i<5;i++)
        printf("%4d",a[i]);
    return 0;
}
```

程序运行结果如下：

```
2   4   6   8   10
```

在此例中函数间传递的是地址，程序调用时参数值的传递与例 8.6 相似，即实参和形参共同指向同一块内存空间，这块空间不会因为函数调用结束而释放，所以被调函数对数组中元素值的改变会保留下来，在函数调用结束后数组存放的是改变后的值。

8.3.3　简单变量作参数

C 语言中的变量有多种类型，本小节所用到的变量均指除构造类型、指针类型和空类型之外的所有基本变量，以后称为简单变量。简单变量经常用作函数的形参和实参，但实参不一定是简单变量。

【例 8.8】输入一串字符，对输入的字符进行加密，然后输出。加密变换规则为：每个字符转成其后的第 *n* 个字符，并进行循环处理。例如，当 *n* 为 1 时，a 加密为 b，b 加密为 c，c 加密为 d，……，z 加密为 a，*n*<32。

```
#include <stdio.h>
void change(char c,int n)
{
    if ((c>='a'&&c<='z')||(c>='A'&&c<='Z'))
    {
        c=c+n;                      /*完成将每个字符转成其后的第 n 个字符的操作*/
        if ((c>'z')||('Z'<c&&c<'a'))
            c=c-26;
```

```
    }
    putchar(c);
}
int main( )
{
    int n,i;
    char older[ ] = {'H','e','l','l','o'};
    printf("\nplease input n \n");
    scanf("%d",&n);             /*从键盘读入 n 的值*/
    printf("\nthe new string is\n");
    for (i=0;i<5;i++)
        change(older[i], n);    /*调用 change 函数，数组元素 older[i]，n 是实参*/
    printf("\nthe older string is\n");
    for (i=0;i<5;i++)
        putchar(older[i]);
    return 0;
}
```

程序运行结果如下：

```
please input n
1

the new string is
Ifmmp
the older string is
Hello
```

本例中实参是简单变量 older[i]而不是数组名，所以当调用结束后实参 older[i]的值并未改变，而是临时变量 c 的值发生了改变，即单向传递。change 函数被调用时，在 change 函数中输出的是加密后的字符；而调用结束后，主函数中输出的则是未加密的字符。

【例 8.9】分析下面程序的输出结果，注意参数的传递过程。

```
/*下面这个函数是判断素数的函数*/
#include <math.h>
int isprime(int x)    /*定义函数，x 是形参*/
{
    int i;
    if (x==0) return 0;
    for (i=2; i<=(int)sqrt((double) x);i++)
        if (x%i==0) return 0;
    return 1;
}

int main( )
{
    int n,flag;
    printf("\n please input n \n");
    scanf("%d",&n);
    flag=isprime(n);    /*调用函数，n 是实参*/
    if (flag)
        printf("n=%d is a prime!\n",n);
```

```
    else
       printf("n=%d is not a prime!\n",n);
    return 0;
}
```

请读者自行分析本例中形参的值是否发生改变。如果它的值发生了改变，实参 n 的值是否也会发生变化？

8.3.4 数组作参数

数组名代表数组的起始地址。数组名和数组元素都可以作为函数的参数使用。在 C 语言中，数组元素只能作为函数的实参使用，不能作为函数的形参使用，而数组名既可以作为函数的实参使用，也可以作为函数的形参使用，此时传递的是整个数组。

1. 数组元素作为函数的实参

用一维或二维数组元素作为函数的实参时，形参为同类型的普通变量，其用法与简单变量相同，也是单向值传递（前面已经详细叙述，此处不再重复）。

【例 8.10】用一维数组元素作为函数实参，编程实现输出 8 个学生的期末总成绩。

```
void output(float sum,int i)      /* 定义 output 函数，sum 和 i 是形参*/
{
    printf("score[%d] is %f",i,sum);
}
int main( )
{
    float score[8];
    int i;
    for (i=0;i<8;i++)
    {
       scanf("%f",&score[i]);
       output(score[i],i);        /*调用 output 函数，score[i]和 i 是实参*/
    }
    return 0;
}
```

本例中形参 i 和实参 i 在内存中的存储空间是否相同，内存分配时间是否相同？读者自行调试程序，并分析结果。

2. 一维数组名作为函数的参数

用数组名作为函数参数时，实参和形参都应使用数组名，并且在主调函数和被调函数中分别进行定义。

【例 8.11】用函数编程实现输入学生的 6 门单科成绩，计算出该学生的平均成绩，要求用一维数组作为函数的参数。

```
#include"stdio.h"
float average(float score[ ],int n)      /* score 数组和 n 是形参*/
{
    float aver,sum=0.0;
    int i;
```

```
    for (i=0;i<n;i++)
        sum+=score[i];
    aver=sum/n;
    return aver;
}
int main( )
{
    float score[6],aver;
    int i;
    printf("please input the score\n");
    for (i=0;i<6;i++)
        scanf("%f ",&score[i]);
    aver=average(score,6);              /*score 数组是实参，与形参同名*/
    printf("the average score is %f ",aver);
    return 0;
}
```

（1）当执行 aver = average(score,6);语句时，将实参数组 score 的首地址传给形参数组 score，形参实际上是一个地址变量，即后面章节讲到的指针。因数组名就是数组的首地址，所以此例是传地址调用。

（2）实参数组名 score 是地址常量，而形参数组名 score 是变量，不是常量。

（3）当以数组名作为形参时函数首部还可以写成以下四种形式：

① float average(float *score, int n)（将在指针中讲）。

② float average(float score[], int n)。

③ float average(float score[6], int n)。

④ #define M 6

float average(float score[M], int n)或 float average(float score[], int n)。

【例 8.12】用冒泡法将 10 个整数从小到大排序。

```
void printarray(int arr[10])        /*此函数是输出数组值，数组名 arr 是形参*/
{
    int i;
    for (i=0;i<10;i++)
        printf("%6d",arr[i]);
    printf("\n");
}
void sort(int a[ ],int n)           /*对数组进行冒泡排序，数组名 a 是形参*/
{
    int i,j,t;
    for (i=1;i<n;i++)
        for (j=0;j<n-i;j++)
            if (a[j]>a[j+1])
            {t = a[j];a[j]=a[j+1];a[j+1]=t;}
}
int main( )
{
    int a[ ]={50,23,22,12,60,70,80,90,10,5};
    printf("\nThe array before sorted is:\n");
```

```
    printarray(a);          /*打印排序前的数组，数组名 a 作函数实参*/
    sort(a,10);             /*调用排序函数，数组名 a 作函数实参*/
    printf("\nThe array is after sorted:\n");
    printarray(a);          /*打印排序后的数组，数组名 a 作函数实参*/
    return 0;
}
```

程序运行结果如下：

```
The array before sorted is:
   50  23   22   12   60   70   80  90   10    5
The array is after sorted:
   5   10   12   22   23   50   60  70   80   90
```

本例程序由 3 个函数构成：主函数、printarray 函数及 sort 函数。主函数调用 sort 函数时，实参是数组名 a，形参 a 接收的是实参 a 的首地址，形参 a 其实是一个指针变量（后续章节讲指针），它指向实参数组 a，绝对不能理解为将实参 a 数组中各个元素的值传递给形参数组 a。

3. 用多维数组名作为函数的参数

多维数组名作实参与一维数组名作实参相同，这里主要讨论多维数组名作实参的情况。用多维数组名作实参时，与之相对应的形参也应该定义为一个多维数组。在被调函数中定义形参数组时可以指定每一维的大小，也可以省略第一维的大小说明。此处以二维数组为例。

例如，定义形参 int array[2][5]与 int array[ ][5]等价，而定义形参 int array[ ][ ]不合法。因为实参传给形参数组名的是实参数组的起始地址。在内存中，数组元素按行顺序存放，而并不区分行和列。如果在形参中不说明列数，则系统无法确定形参数组一行有几个元素。

【例 8.13】 求 2×7 矩阵所有元素中的最小值。

分析：将矩阵中的第一个元素赋给变量 min，然后将矩阵中的各个元素依次与 min 比较，凡小于 min 者将其值存放在 min 中，全部元素比较完后 min 存放的就是所有元素的最小值。

```
int main( )
{
    int min(int arr[ ][7],int m,int n);
    int a;
    int b[2][7]={{50,30,75,20,10,8,90},{2,1,100,88,77,55,11}};
    a=min(b,2,7);                              /*b 是实参数组*/
    printf("min=%d",a);
    return 0;
}

int min(int arr[ ][7],int m,int n)          /*arr 是二维形参数组*/
{
    int i,j,min;
    min=arr[0][0];
    for (i=0;i<m;i++)
```

```
        for (j=0;j<n;j++)
            min=(min<arr[i][j])?min:arr[i][j];
    return min;
}
```

程序运行结果如下：

```
min=1
```

用二维数组作为函数的形参时也可以用下列形式之一替代。即

```
min(int (*a)[ ][n]);    /*将在指针章节中讲*/
min(int a[ ][n]);
min(int a[m][n]);
```

注意：上述 3 种方式的列下标（第二维下标）不能省略。另外，特别注意，主调函数中调用 min 的语句是 a = min(b, 2, 7);，系统将 arr 看作实参数组 b 的第 0 行的指针，与一维数组作参数时一样；形参只是一个指针变量，形参指向实参数组。

8.4 函数的调用

引入函数的目的是减少代码的冗余以提高程序的效率，而要使用函数则需要通过调用来完成。函数调用分为一般调用、嵌套调用和递归调用。

8.4.1 函数调用的语法要求

函数调用的一般格式如下：

```
函数名(实参列表);
```

函数调用时，实参与形参的个数应相等，类型应一致。实参与形参按对应顺序传递数据。在 C 语言中，可以通过以下几种方式来调用函数。

1. 参与表达式运算

函数出现在一个表达式中，如赋值表达式 maxvalue = max(a, b)中把函数 max 的返回值赋予变量 maxvalue，这时要求函数必须有确定的返回值。

2. 函数调用语句

函数调用的一般格式加上分号即构成函数语句。例如，printf(“%f”, a);或 scanf(“%c”, &b) ;，这时函数有没有返回值皆可。

3. 作为其他函数调用的实参

函数作为另一个函数调用的实际参数出现。例如，printf("%d", f(x, y));是把 f 的返回值作为 printf 函数的实参使用。

8.4.2 函数的嵌套调用

函数的嵌套调用是指一个函数在调用的过程中又调用另一个函数的情况。C 语言规定函数不能嵌套定义，但能嵌套调用。

【例 8.14】函数的嵌套调用举例。

```
int main( )
{
    int fun1(int);
    int fun2(int);
    int n=6;
    printf("%d",fun2(n));  /*printf 调用 fun2 函数，也是函数作实参的例子*/
    return 0;
}

int fun1(int n)
{
    int i,m=1;

    for (i=n;i>0;i--)
        m=m*i;
    return m;
}

int fun2(int n)
{
    return fun1(n) *2;    /* fun2 对函数 fun1 的嵌套调用语句*/
}
```

程序运行结果如下：

```
1440
```

在本例中，主函数调用 fun2 函数，fun2 函数又调用 fun1 函数，嵌套调用过程详情如图 8-4 所示。

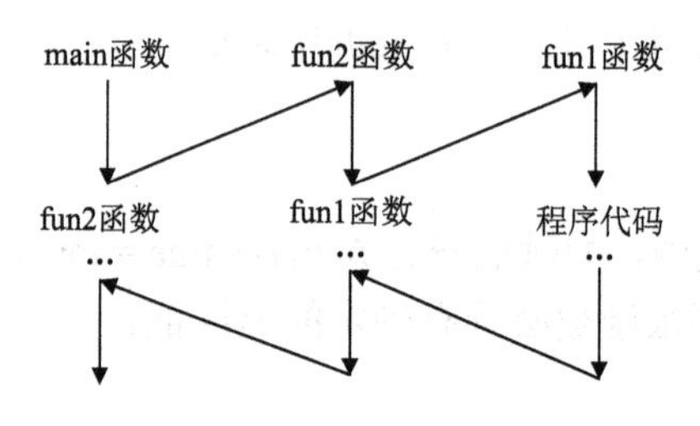

图 8-4　函数的嵌套调用过程图

8.4.3　函数的递归调用

函数的递归调用有两种方式：一种称为直接递归调用，即一个函数直接调用自身的情况，如图 8-5 所示；另一种称为间接递归调用，即一个函数通过其他函数调用自身的情况，如图 8-6 所示。

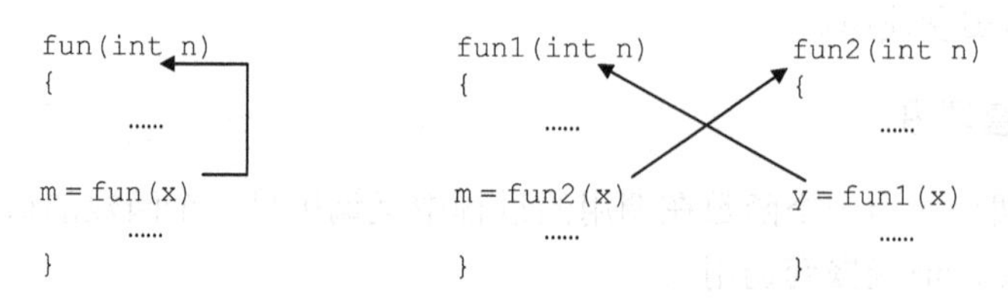

图 8-5　直接递归调用　　　　图 8-6　间接递归调用

递归是一种常用的程序设计技术。当一个问题蕴含了递归关系且结构比较复杂时，采用递归调用的程序设计技术不仅可以使程序代码简练，还能很容易地解决一些用非递归算法很难解决的问题。递归函数的执行过程与函数的嵌套调用类似，因此，读递归函数的难度不大，但对初学者来说，编制递归函数的难度要比编制一般的函数难度大得多。

递归函数是自己调用自己，类似于循环，而循环要有结束循环的条件，否则会造成死循环，因此递归函数中也必须有一个递归结束条件。因此，若想编写一个递归函数，就要能够找出正确的递推算法（递推公式）和合适的递推结束条件（回归条件）。

【例 8.15】有 3 只大熊猫并排坐在一起，已知第 3 只熊猫比第 2 只熊猫大 1 岁，第 2 只熊猫比第 1 只熊猫大 1 岁，第 1 只熊猫的岁数是 2 岁，求第 3 只熊猫的岁数。

分析：显然这是一个递归问题。要知道第 3 只熊猫的年龄，就必须知道第 2 只熊猫的年龄，要知道第 2 只熊猫的年龄，就必须知道第 1 只熊猫的年龄（已知条件），而且每只熊猫的年龄均比前一只熊猫的年龄大 1。因此，可以设求年龄的函数为 age(n)，其中变量 n 代表第 n 只熊猫，函数 age(n)返回的结果为第 n 只熊猫的年龄，则求每只熊猫年龄的递推公式可写为

$$age(n) = age(n-1) + 1$$

其中，n=2,3, …，age(n−1)代表前一只熊猫的年龄。

age(3)就可采用如下方式递推求解：

age(3) = age(2) + 1 = 4　　　age(2)即为 age(n−1)，此时 n = 3
age(2) = age(1) + 1 = 3　　　age(1)即为 age(n−1)，此时 n = 2
age(1) = 2　　　当 n=1 时已知熊猫年龄为 2 岁，即回归条件

从以上分析可知递归的结束条件是 age(1) = 2，由此可编写如下程序求出第 3 只熊猫的年龄：

```
int age(int n)
{
    int c;
    if (n==1)
        c=2;    /*递归结束条件*/
    else
        c=age(n-1)+1;
    return c;
}
int main( )
{
    printf("The age is %d\n",age(3));
    return 0;
}
```

程序运行结果如下：

```
The age is 4
```

程序的函数递归调用过程如图 8-7 所示。

程序的运行过程如下：当执行 main 函数中的语句 printf("The age is %d\n", age(3));时开始调用函数 age(3)，实参为 3。这时程序的运行转向 age 函数，形参 n 接受实参传递过来的值 3，当函数 age 运行到 if 语句时，由于 n 的值是 3，所以执行 c = age(n−1)+1;语句，此语

句在执行的过程中又要调用 age 函数本身，形成第一次递归调用。由于此时实参是 n-1= 2（实参是 2），所以此次调用其实就是执行函数 age(2)。在调用 age 的过程中由于 n = 2，不是循环结束条件，所以要执行 c = age(n-1)+1;语句，形成第二次递归调用。如此类推，直到当 n = 1 时执行 c = 2;语句，结束递归调用。当调用结束后，被调函数会将其值依次返回到主调函数，最终结束函数调用，求出其值。

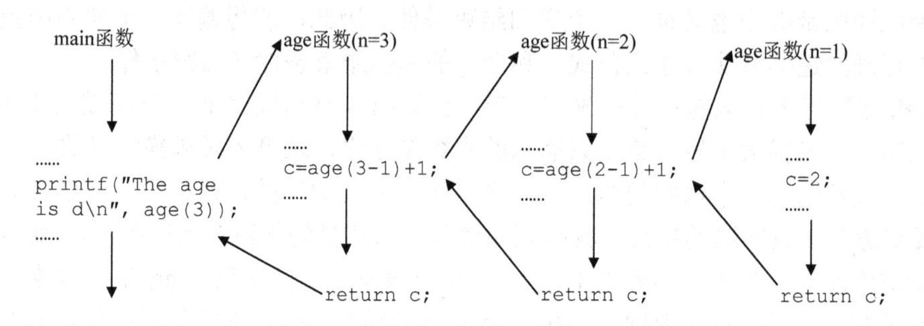

图 8-7　函数递归调用过程示意图

【例 8.16】编写一个递归函数求 n!。

分析：以求 5!为例，5! = 5×4!、4! = 4×3!、3! = 3×2!、2! = 2×1!、1! = 1、0! = 1，从分析可知问题的结束条件（回归条件）是 n = 1 或 n = 0 时，n! = 1。如果设递归函数为 fac(n)，则有如下递推公式：

$$\mathrm{fac}(n)=\begin{cases}1 & n=0,1\\ \mathrm{fac}(n-1)\times n & n>1\end{cases}$$

程序源代码如下：

```
int main( )
{
    long fac(int);
    int n;
    printf("please input a integer number\n");
    scanf("%d",&n);
    if (n < 0)
        printf("number error! n<0");
    else
        printf("%d!=%ld",n,fac(n));         /*调用 fac 函数*/
    return 0;
}
long fac(int n)
{
    long f;

    if (n==1||n==0)                         /*回归条件*/
        f=1;
    else
        f=fac(n-1)*n;                       /*递推公式*/
    return (f);
}
```

当输入 5 时，程序运行结果如下：

```
5!=120
```

函数的递归调用过程如图 8-8 所示。

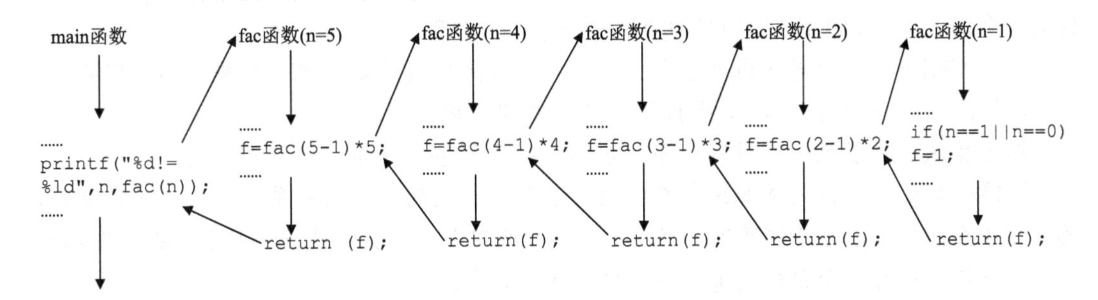

图 8-8　函数的递归调用过程示意图

本例的具体执行过程与例 8.15 相似，此处不再赘述。本例的递归过程分为递推和回归两个阶段：递推阶段，即将求解 5!变成求解 5*4!，4!变成求解 4*3!，如此类推，直到 1!=1 为止。回归阶段，即根据 2*1!得到 2!，再根据 3*2!得到 3!，如此类推，直到 n*(n-1) !得到 n!（5*4!）。显然，在一个递归调用过程中，回归阶段是有限的递归调用过程，这样就必须有递归结束条件（回归条件），否则会无限地递归调用下去。

本例的回归条件是当 n = 1 或 n = 0 时，n! = 1，在整个递归调用过程中是通过调用 return 语句将每层的调用结果带到上一层的，如将函数 fac(n−1)的值带回到上一层 fac(n)函数，如此一层一层返回，最终在主函数中得到 fac(5)的结果，在整个递归调用结束后，程序流程会返回主调函数。

【例 8.17】汉诺塔问题求解：这是一个用递归方法解题的典型例子。汉诺塔问题的描述是这样的：有 3 个塔 A、B、C，每个塔都可以堆放 n 个盘子，盘子大小不等，按直径增大的次序放置，小的在上，大的在下。开始时塔 A 上有 n 个盘子，其他塔上没有盘子，如图 8-9 所示。此题的目的是设计一个盘子移动的序列，使得塔 A 上的所有盘子借助于塔 B 移动到塔 C 上，移动时有以下两个限制。

（1）一次只能搬动一个盘子。

（2）任何时候不能把盘子放在比它小的盘子的上面。

递归解题方法如下：若只有一个盘子，则直接从 A 移到 C。若有一个以上的盘子（设为 n 个），则考虑以下 3 个步骤。

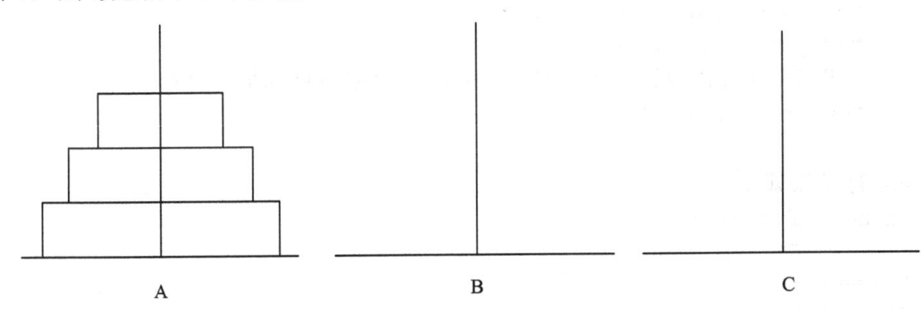

图 8-9　汉诺塔示意图

（1）把 n-1 个盘子从塔 A 搬到塔 B。不违反说明的第一条限制（一次只能搬动一个盘子）；所有 n-1 个盘子不能作为一个整体一起搬动，而是符合要求地从一个塔移到另一个塔上。注意尽管最终目标是把盘子从 A 搬到 C，但是你可以用相同的算法把盘子从一个塔移到另一个塔上，只要把源塔和目的塔的名称改变一下即可。

（2）将剩下的一只盘（也就是最大的一只）直接从 A 塔搬到那个仍然空着的塔 C。

（3）用（1）的算法，再次将 B 塔上的盘搬到 C 塔。

这个算法达到了预期的目标，即在 C 塔上按正确的顺序堆放了所有的盘。

注意：前面的讨论是按照递归算法的标准形式表达的。显而易见的情形（一只盘的情况）能够直接解决。而其他情况，将用一个“变简单”的参数（减少一只盘）去调用函数。最终，将达到仅有一个盘的情形，这时递归就终止了。

程序源代码如下：

```
int main( )
{
    int disknumber;
    void towers(int,char,char,char);
    printf("Number of disks: ");
    scanf("%d",&disknumber);
    towers(disknumber,'A','B','C');
    return 0;
}
void move_disk(char src,char dst)
{
    printf("%c ====> %c\n",src,dst);
}
void towers(int n,char src,char mid,char dst)
{
    void move_disk(char,char);
    if (n==1)                    /*递归结束条件 */
    {
        move_disk(src,dst);
        return;
    }
    /*递推公式，以目的塔作为辅助，将最大的盘子上面的 n-1 个盘子全部移到中间辅助塔上，
      然后将最大的盘子移到目的塔上。*/
    towers(n-1,src,dst,mid);
    move_disk(src,dst);
    /*以源塔作为辅助塔，将剩下的 n-1 个盘子全部移到目的塔上。*/
    towers(n-1,mid,src,dst);
}
```

程序运行结果如下：

```
Number of disks: 3
A ====> C
A ====> B
C ====> B
A ====> C
B ====> A
```

```
B ====> C
A ====> C
```

move_disk 函数递归结束的条件是：当盘子数 n = 1 时，将盘子直接移到目的塔上。当盘子数为 n 时执行 towers(n-1, src, dst, mid);语句，进行递归调用，直到盘子数 n=1 时进行递推，返回递归调用的值。

8.5 变量的作用域及其存储类型

形参变量只在被调用期间才分配内存单元，调用结束后立即释放，形参变量只有在函数内才是有效的，这种变量有效性范围就是变量的作用域。按照其作用域范围的不同可分为两种，即局部变量和全局变量。

8.5.1 变量的作用域

1. 局部变量

在函数内部定义的变量称为局部变量，也称为内部变量。它只在本函数的范围内有效。

【例 8.18】 局部变量作用域示例。

```
double f1(int x,int y)
{
   double m,n;
  ……
}
```

x、y、m、n 都是函数 f1 的局部变量，作用域只限于 f1 函数。（x、y 是函数的形参，m、n 是函数内部定义的局部变量。）

```
int f2 (int t)
{
  float a,b;
  ……
}
```

a、b、t 都是函数 f2 的局部变量，作用域只限于 f2 函数。（t 是函数的形参，a、b 是函数内部定义的局部变量。）

```
int main( )
{
  char sum,add;
  ……
}
```

sum、add 都是函数 main 的局部变量，作用域只限于 main 函数。

局部变量的使用要注意以下几点。

（1）主函数中定义的变量只能在主函数中使用，不能在其他函数中使用。同时，主函数中也不能使用其他函数中定义的变量。主函数也是一个函数，与其他函数是平行关系。

（2）形参变量是属于被调函数的局部变量，实参变量是属于主调函数的局部变量。

（3）C 语言允许在不同的函数中使用相同的变量名，它们代表不同的对象，分配不同的存储单元。

（4）可以在一个函数内部对变量的作用范围再次限定。在复合语句中定义的变量，只在本复合语句中有效。例如：

```
char f3(int x)
{
   int a,b,m,n;
    a=b+a;

   {
       int sum;
       sum=m*n;
   }

}
```

这是一个复合语句块，变量sum只在这个语句块中起作用。

x是形参变量，在整个函数f3内起作用。a、b、m、n是函数内部定义的变量，作用域是从定义函数开始到整个函数结束。

2. 全局变量

全局变量是在函数外部定义的变量，也称为外部变量。它属于一个源程序文件。其作用域是从定义变量的位置开始到本源程序文件结束。

全局变量定义的一般格式如下：

类型说明符 变量名,变量名,…;

如果在全局变量定义之前需要引用该全局变量，则应该在引用之前用关键字extern对该变量作外部变量声明，把作用域扩展到当前位置，一般格式如下：

extern类型说明符 变量名,变量名,…;

【例8.19】全局变量作用域示例。

```
char s1,s2;            /*全局变量的定义*/
char f1( )             /*函数的定义*/
{
    char s;
    extern int d1,d2;          /*全局变量的说明*/
    s=s1+s2+d1+d2;             /*函数之前定义的全局变量s1, s2*/
    ……                         /*在函数内部可以直接使用不用说明*/
    return s;
}
int d1,d2;          /*全局变量的定义*/
int f2(double x)    /*函数的定义*/
{
   ……
   d1=x+d2;         /*函数之前定义的全局变量d1, d2*/
   ……               /*在函数内部可以直接使用*/
}
int main( )
{
   ……
}
```

d1,d2的作用域

s1,s2的作用域

从例8.19可知，s1、s2、d1、d2都是在函数外部定义的全局变量。但d1、d2定义在函数f1之后，因此，若想在f1内使用d1、d2必须在f1函数体内用说明符extern对d1、d2进行声明，否则它们在f1内无效。

有关全局变量有以下几点注意事项。

（1）全局变量从定义的位置开始直到本文件结束时都有效。

（2）全局变量的值在某一函数中发生改变时，则该变量的值的改变将影响到其他函数。

（3）若函数中局部变量与全局变量同名，局部变量起作用。

（4）全局变量可加强函数模块之间的数据联系，但又破坏了函数的独立性，不符合“高内聚，低耦合”思想，因此尽量不要使用全局变量。

（5）如果在全局变量定义之前使用该全局变量，则首先用关键字 extern 对该变量作外部变量声明，然后才可使用。

【例 8.20】 输入 3 个数分别代表长方体的长、宽、高，求其体积及 3 个面的面积。

分析：可以在主函数中完成长、宽、高的输入及结果输出，然后专门用一个函数来求长方体的体积和 3 个面的面积。

程序源代码如下：

```
int area1,area2,area3;                              /*全局变量的定义*/
int calcuarea(int a,int b,int c)
{
    int v;
    v=a*b*c;
    area1=a*b;                                      /*全局变量的使用*/
    area2=b*c;
    area3=c*a;
    return v;
}

int main()
{
    int v,l,w,h;
    printf("\nplease input length,width and height\n");
    scanf("%d%d%d",&l,&w,&h);
    v = calcuarea(l,w,h);
    printf("\nv=%d, area1=%d,area2=%d, area3=%d",v,area1,area2,area3);
    /*全局变量的使用*/
    return 0;
}
```

由于 C 语言规定函数返回值只有一个，当需要增加函数的返回数据时，用全局变量是一种很好的方式。本例中，在函数 calcuarea 中求得的 v、area1、area2、area3 4 个值，在 main 函数中仍然有效。全局变量是实现函数之间数据传递的有效手段，但不提倡使用。

8.5.2 变量的存储类型

在第 2 章中，已经介绍了如何定义和使用变量。定义变量的类型是为了便于编译系统给变量分配存储单元。例如，在 C 语言中 int 型占 4 字节，float 型占 4 字节。8.5.1 小节中从变量的作用域（或称作用空间）角度对变量进行了分类介绍，本节将从变量值存在的时间（或称变量的生存周期）角度来对变量进行划分，可分为静态存储方式和动态存储方式（一个变量有两个属性：数据类型和数据的存储类型）。

（1）静态存储方式：是指在程序运行期间分配固定的存储空间的方式。静态存储变量在变量定义时就分配固定的存储单元并一直保持不变，直至整个程序结束，全局变量即属于此类存储方式。

（2）动态存储方式：是在程序运行期间根据需要动态地分配存储空间的方式。此种存储方式在使用时分配存储单元，使用完毕后立即释放内存单元（如函数的形式参数）。

由于变量存储方式不同而产生的特性称为变量的生存周期。生存周期表示了变量存在的时间。生存周期和作用域是从时间和空间两个不同的角度对变量进行描述的。

栈区
堆区
全局区（静态区）
文字常量区
程序代码区

图 8-10 内存分配图

在计算机内存中，可供用户使用的存储空间分为以下几个部分（图 8-10）。

（1）栈区（stack）：由编译器自动分配和释放，存放函数的参数值、局部变量的值等。

（2）堆区（heap）：一般由程序员分配和释放，若程序员不释放，程序结束时可能由操作系统回收。

（3）全局区（静态区）（static）：全局变量和静态变量是存储在一块的，初始化的全局变量和静态变量在一块区域，未初始化的全局变量和未初始化的静态变量在相邻的另一块区域，程序结束后由系统释放。

（4）文字常量区：常量字符串就是放在这里的，程序结束后由系统释放。

（5）程序代码区：存放函数体的二进制代码。

在 C 语言中变量的存储类型可分为四种：自动变量（auto）、寄存器变量（register）、外部变量（extern）、静态变量（static）。

自动变量和寄存器变量属于动态存储类型，外部变量和静态变量属于静态存储类型。在介绍了变量的存储类型之后，可以知道对一个变量的说明不仅应说明其数据类型，还应说明其存储类型，因此变量说明的完整格式如下：

存储类型说明符　类型说明符 变量名列表；

例如：

```
static char s1,s2;              //说明静态字符型变量 s1，s2
auto float f1,f2;               //说明自动实型变量 f1，f2
extern int x,y;                 //说明全局变量 x，y
```

1. 自动（auto）变量

在函数内部或复合语句内定义的没有指定存储类型或使用了 auto 说明符的变量为自动变量。

自动变量在栈存储区分配存储单元。函数调用时，编译系统自动为自动变量分配存储单元，函数返回时，系统自动释放这些存储单元，自动变量中存放的值也随之消失，再次调用时，系统将为其重新分配存储单元。

自动变量的赋值是在程序运行过程中进行的，每调用一次都要赋一次初值，没有初始化的自动变量的值是一个不确定的值。在函数内部定义的自动变量，其作用范围只能是本函数。

2. 静态（static）变量

由 static 声明的变量为静态变量，静态变量在函数调用结束后仍然存在，只有在整个程序结束时才会消失。全局变量是静态存储方式但不一定是静态变量，只有由static定义的全局变量才能称为静态全局变量。

自动变量前如果加上static声明，则该变量为静态自动变量，即静态局部变量。一个变量可由static进行再说明，来改变其原有的存储方式。

1）静态局部变量

静态局部变量的定义方式如下：

```
static int a,b;
static double x[6]={11,6,5,4,2,7};
```

静态局部变量属于静态存储类型，它具有以下特点。

（1）静态局部变量虽然在函数内定义，但它的生存周期为整个程序，始终存在。函数调用结束时并不消失。

（2）静态局部变量的作用域仍与自动变量相同，即只在定义该变量的函数内起作用，函数调用结束后，虽然该变量仍然继续存在，但不能使用。

（3）静态局部变量在编译时就已经分配存储单元，整个程序执行过程中不再重新分配存储单元，变量所占的存储空间是固定的。而自动变量是在使用时才分配存储单元的，用后立即回收存储单元，释放空间。

（4）如果在定义局部变量时不赋初值，则对静态局部变量来说，编译时自动赋初值0（对数值型变量）或空字符（对字符型变量）。而对自动变量来说，如果不赋初值，则它的值是一个不确定的值。

总之，静态局部变量的生存周期为整个源程序。虽然函数调用结束后该变量不能使用，但当再次调用定义它的函数时，它又可继续使用，而且保存了前次被调用后留下的值。因此，当多次调用一个函数且要求在调用之间保留某些变量的值时，可考虑采用静态局部变量。

【例8.21】 静态局部变量示例。

```
int f(int x)
{
    int y=0;                    /*y为自动变量*/
    static int z=6;             /*z为静态局部变量*/
    y++;
    z++;
    return (x+y+z);
}
int main( )
{
    int a=2,i;
    for (i=0;i<4;i++)
        printf("%5d",f(a));
    return 0;
}
```

程序运行结果如下：

```
10    11    12    13
```

在程序的第3行定义了自动变量y，在函数f范围内有效；第4行定义了静态局部变量z，在函数f多次被调用后，它一直都不释放存储空间。从程序运行后几次调用输出的结果不同可以看出，函数调用结束后静态变量z并不释放存储空间，第1次调用函数f时，实参 a = 2、y = 0、z = 6，第 1 次调用结束时，y = 1、z = 7，返回值为 x + y + z = 2 + 1 + 7 = 10；第 2 次调用函数 f 时，实参 a 不变，y 是自动变量，在第 1 次调用完成后已经被释放，本次调用时才重新分配存储空间及值，因此 y = 0。而静态变量 z 在第 1 次调用结束后并没有被释放，仍保持原值 z = 7，执行 z++;语句之后，z = 8。第 2 次调用结束返回时，x + y + z = 2 + 1 + 8 = 11；同样在第 3、4 次调用函数 f 时，f(a)的值分别为 12、13。

【例 8.22】分析下面两个程序，注意观察静态局部变量和自动局部变量两种局部变量的不同作用。

程序 1：

```
int main( )
{
    int fun(int);
    int n=4,sum=0,i;
    for (i=1;i<=n;i++)
        sum=sum+fun(i);
    printf("\nfunsum=1+2+3+4=%d",sum);
    return 0;
}

int fun(int a)
{
    int n=1;                    /*自动局部变量*/
    n=n*a;
    return n;
}
```

程序运行结果如下：

```
funsum =1+2+3+4=10
```

程序 2：

```
int main( )
{
    int fun(int);
    int n=4,sum=0,i;
    for (i=1;i<=n;i++)
        sum=sum+fun(i);
    printf("\nfunsum=1!+2!+3!+4!=%d",sum);
    return 0;
}
int fun(int a)
{
    static int n=1;         /*静态局部变量*/
    n=n*a;
    return n;
}
```

程序运行结果如下：

```
funsum =1!+2!+3!+4!=33
```

程序 1 与程序 2 的不同之处是函数 fun 中局部变量 n 的存储类型不一样，前者定义 n 为自动局部变量，后者定义 n 为静态局部变量，从而使两个程序的运行结果截然不同。

2）静态全局变量

在全局变量（外部变量）的说明之前加上关键字 static 就成为静态全局变量。静态全局变量仍是静态存储类型。非静态全局变量和静态全局变量的主要区别是：非静态全局变量的作用域是整个源程序，包括源程序的多个组成文件；静态全局变量只在定义该变量的源文件内有效，在源程序的其他组成文件中不能使用。静态全局变量的这个特点可以使其避免在其他源文件中引起错误。

总之，把局部变量重新定义为静态变量，改变了它的存储类型，即改变了它的生存周期；而把全局变量重新定义为静态全局变量，改变了它的作用域，即限制了它的使用范围。因此 static 这个说明符在不同的地方所起的作用是不同的。

3. 寄存器（register）变量

存放在 CPU 的寄存器中的变量为寄存器变量。这种变量在使用时，不需要访问内存，而直接从寄存器中读写，这样可提高效率。寄存器变量的说明符是 register。对于循环次数较多的循环控制变量及循环体内反复使用的变量，均可定义为寄存器变量。例如：

```
register int x;             /*定义 x 为寄存器变量*/
```

由于寄存器的存取速度远高于内存的存取速度，因此，使用寄存器变量可提高执行效率。寄存器变量的使用应注意以下几点。

（1）只有局部的自动变量和形参可以定义为寄存器变量，其他变量则不行。寄存器变量是动态存储类型，因此，凡需要采用静态存储方式的变量都不能定义为寄存器变量。另外，不同系统对于寄存器变量的处理方式也可能不同，有的系统只允许将 int、char 和指针型变量定义为寄存器变量，而有的系统则将寄存器变量当作自动变量来看，并不真正把它们存放在寄存器中。

（2）CPU 中的寄存器数目有限，不能定义很多个寄存器变量。一般只有那些使用频率非常高的变量才需要声明为寄存器变量。而且对于不同的系统来说，所允许使用的寄存器变量最大数量也是不同的。

4. 外部变量

外部变量是指在函数外部定义的变量，外部变量的类型说明符为 extern，在前面介绍全局变量时已介绍过外部变量，这里再补充说明外部变量的几个特点。

（1）外部变量和全局变量是对同一类变量的两种不同角度的提法。全局变量是从它的作用域提出的，外部变量是从它的存储类型提出的，表示它的生存周期。

（2）当一个源程序由若干个源文件组成时，在一个源文件中定义的外部变量在其他的源文件中也有效。例如，有一个源程序由源文件 FILE1.c 和 FILE2.c 组成。

FILE1.c 源文件如下：

```
float a,b;                  /*外部变量定义*/
char c;                     /*外部变量定义*/
int main( )
{
    ......
}
```

FILE2.c 源文件如下：

```
extern float a,b;            /*外部变量说明，其中类型名 float 可以省略*/
extern char c;               /*外部变量说明*/
int main( )
{
    ……
    fun1(a,b);
    ……

}
fun1(float x,float y)
{
    ……

}
```

FILE1.c 和 FILE2.c 两个文件中都要使用 a、b、c 3 个变量。在 FILE1.c 文件中把 a、b、c 都定义为外部变量。在 FILE2.c 文件中用 extern 把 3 个变量说明为外部变量。

外部变量的作用域不仅可以是一个文件而且可以包含多个文件。在处理较大的项目程序时，往往需要多人共同编制一个项目，每个成员常常需要共享一些变量，这些变量可以被多人访问，此类型变量可以声明为外部变量。一般在项目中将这些共享变量的定义集中存放在一个特定的文件中，每个成员只需在自己的文件中引用即可。

8.5.3 变量分类总结

初学者可能会感觉有关变量的作用域和生存周期这部分内容比较繁杂，难以掌握。在本小节中根据前面的介绍把变量的分类再归纳一下。

1. 按照变量的作用域分类

1）局部变量

函数内或复合语句内定义的变量（包括形参）称为局部变量。

2）全局变量

函数外定义的变量称为全局变量。区分局部变量和全局变量比较容易，只要看它的定义是在函数内还是函数外即可。

2. 按照变量的生存周期分类

1）静态存储变量

由 static 声明的变量称为静态存储变量。

2）动态存储变量

分配在栈区中的变量称为动态存储变量。动态存储变量和静态存储变量是根据变量在内存中所处的位置和定义变量时使用的存储类别标识符来划分的。由于变量的存储类型直接影响变量值的存在时间。因此，必须清楚存储类型与存储区的关系，见表 8-1。

表 8-1 存储类型与存储区的关系表

存储类型	存储类型标识符	定义形式	变量所在存储区	说明
静态的	static	显式	静态区	形参以外的变量都可显式定义为静态变量
外部的	extern	隐式	静态区	函数外定义的变量隐式定义为外部变量
自动的	auto	显式或隐式	栈区	局部变量（包括形参）可以显式或隐式定义为自动变量
寄存器的	register	显式	CPU 中的寄存器	局部变量（包括形参）可以显式定义为寄存器变量

8.6 内部函数和外部函数

与变量的存储类型类似，C 语言中的函数也可分为外部函数和内部函数。前面例题中定义过的函数除了主函数，其他函数都已经被隐式定义为外部函数了，如果一个函数不想定义为外部函数，则可以将该函数定义为静态的（static）。

8.6.1 内部函数

只能被本文件中的其他函数调用的函数称为内部函数。内部函数又称为静态函数，其有效范围只局限于其所在的文件。其头部描述格式如下：

```
static  数据类型标识符  函数名（形参说明）
```

例如：

```
static int f1(int a,int b)
```

静态函数的特点：在函数的定义前面增加了保留字 static。

【例 8.23】内部函数应用示例。求 3 个数的最大值和最小值。

```
/*以下程序以文件 file1.c 的形式保存在磁盘中，求 3 个数的最小值 mfun( )*/
static int mfun(int x,int y,int z)  /*静态函数 mfun 定义语句*/
{
   int a;
   a=x<y?x:y;
   a=a<z?a:z;
   return a;
}

/*以下程序以文件 file2.c 的形式保存在磁盘中，求 3 个数的最大值 mfun( )*/
static int mfun(int x,int y,int z)   /*静态函数 mfun 定义语句*/
{
   int a;
   a=x>y?x:y;
   a=a>z?a:z;
   return a;
}

int main( )
{
   int a,b,c,m;
```

```
        a=15;
        b=25;
        c=10;
        m=mfun(a,b,c);
        printf("\na=%d,b=%d,c=%d,m=%d",a,b,c,m);

        return 0;
    }
```

可以将 file1.c 和 file2.c 两个文件合并为一个 C 语言程序。其方法是：在 TC 环境中选择菜单 project 并按 Enter 键，在弹出的 project name 对话框中输入项目名 p.prj，并以文件名 p.prj 存盘，项目文件内容为：

```
file1.c
file2.c
```

按 Ctrl+F9 组合键，运行此项目。

程序运行结果如下：

```
a=15, b=25, c=10, m=25
```

本例中文件 file1.c 和 file2.c 中的 mfun 函数都是内部函数。从程序的运行结果来看，输出的 m 是两个数中的最大值。因而可以确定 main 函数调用的是与它在同一个文件 file2.c 中的 mfun 函数，而不是文件 file1.c 中的 static int mfun 函数，所以不同文件中的内部函数可以同名，互不影响。

【例 8.24】 将例 8.23 做如下修改，分析程序运行结果。

```
/*文件 file1.c 的代码如下*/
static int mfun(int x,int y,int z)          /*内部函数的定义*/
{
    int a;
    a=x<y?x:y;
    a=a<z?a:z;
    return a;
}

/*文件 file2.c 的清单如下*/
int main( )
{
    int a,b,c,m;
    a=15;
    b=25;
    c=10;
    m=mfun(a,b,c);
    printf("\na=%d,b=%d,c=%d,m=%d",a,b,c,m);
    return 0;
}
```

在 DEV C++编程环境下，新建一个项目，在左侧“项目管理”的页签中添加源程序文件 file1.c、file2.c 到项目中即可。

编译连接此项目时，在下方“编译器”页签的“信息”项中出现：file2.c(...):undefined referenc to 'mfun'，也就是说在 file2.c 中引用的 mfun 函数没有定义，从而说明 file2.c 主函数不能调用 file1.c 中的内部函数 mfun 函数。

8.6.2 外部函数

能够被其他文件中的函数调用的函数称为外部函数。其头部描述格式如下：

```
extern  数据类型标识符  函数名（形参说明）
```

例如：

```
extern int f1(int a,int b)
```

外部函数由 extern 保留字声明的函数，但外部函数的保留字 extern 可以省略，因此以前定义的函数都是外部函数。

【例 8.25】 将例 8.24 中的语句 static int mfun(int x, int y, int z)修改为 int mfun(int x, int y, int z)，其他语句不变，试分析程序的运行结果。

```
/*文件 file1.c 的代码如下*/
int mfun(int x,int y,int z)    /*内部函数的定义*/
{
   int a;
   a=x<y?x:y;
   a=a<z?a:z;
   return a;
}

/*文件 file2.c 的清单如下*/
int main( )
{
   int a,b,c,m;
   a=15;
   b=25;
   c=10;
   m=mfun(a,b,c);
   printf("\na=%d,b=%d,c=%d,m=%d",a,b,c,m);
   return 0;
}
```

程序运行结果如下：

```
a=15, b=25, c=10, m=10
```

本例中文件 file1.c 中定义的 mfun 函数为外部函数，其功能为求 3 个数的最小值。由于程序的运行结果是输出两个数的最小值，而文件 file2.c 中并没有定义 mfun 函数，所以程序的结果肯定是由 file1.c 中的外部函数 mfun 输出的，从而验证了“外部函数可以被其他文件中的函数调用”这一结论。

【例 8.26】 假设对例 8.24 中的程序做如下修改，结果会怎样呢？分析输出结果。

```
/*以下程序以文件 file1.c 的形式保存在磁盘中，用 mfun 函数求 3 个数的最小值*/
int mfun(int x,int y,int z)  /*外部函数*/
{
   int a;
   a=x<y?x:y;
   a=a<z?a:z;
   return a;
}

/*以下程序以文件 file2.c 的形式保存在磁盘中，用 mfun 函数求 3 个数的最大值*/
```

```
static int mfun(int x,int y,int z)      /*内部函数，求最大值*/
{
    int a;
    a=x>y?x:y;
    a=a>z?a:z;
    return a;
}

int main( )
{
    int a,b,c,m;
    a=15;
    b=25;
    c=10;
    m=mfun(a,b,c);
    printf("\na=%d,b=%d,c=%d,m=%d",a,b,c,m);
    return 0;
}
```

将两个文件组成一个工程，运行结果如下：

```
a=15, b=25, c=10, m=25
```

从结果可以看出，main 函数调用的是内部函数，而不是外部函数。也就是说，当内部函数与外部函数同名时，主调函数调用的是内部函数，而不是外部函数。那么如果将 file2.c 中的内部函数[static int mfun(int x,int y,int z)]改为外部函数[int mfun(int x,int y,int z)]，则程序运行时会出现什么问题呢？如果这样改动，程序运行时会出现两个同名的外部函数错误。

从上述程序的运行结果可知，同一个程序中不同文件的两个内部函数可以同名，内部函数与外部函数也可以同名，但两个外部函数不允许同名。在内部函数与外部函数同名的情况下，函数调用的是内部函数，而不是外部函数。

8.7 案例：学生成绩管理系统——函数实现功能模块

本章学习了函数的定义和使用，针对学生成绩管理系统，我们采用模块化的程序设计方法，把每个独立的功能都做成自定义函数，然后由主函数调用。本小节完成的功能模块示意图如图 8-11 所示。

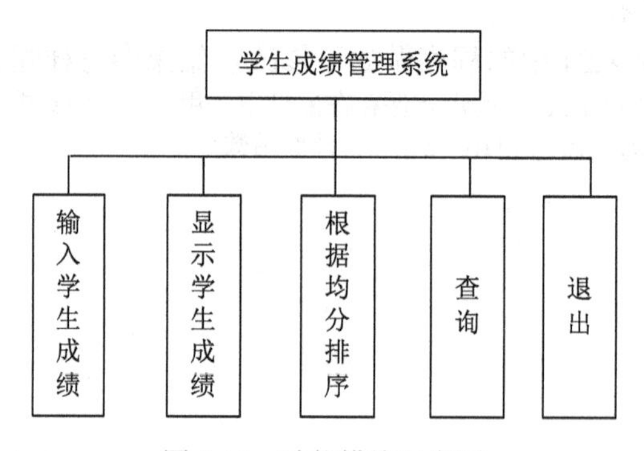

图 8-11 功能模块示意图

由于这里采用数组存储学生的成绩，因此暂时不进行插入和删除操作。

根据目前所学知识，表示学生的信息采用的数组比较多，考虑到参数传递方便，先把之前使用的学生成绩相关的数组设为全局变量。全局变量包括：

```
float math_score[5], Chinese_score[5], English_score[5], average_score[5],
  total_score[5];
char name[5][10];
int rank[5];
char grade[5];
```

1）功能选择菜单

设计一个函数 menu，用来显示功能选择界面，在 7.4 小节的基础上添加了其他选择菜单。选择 1，调用输入学生成绩的函数；选择 2，调用显示学生成绩的函数；选择 3，调用根据均分排序的函数；选择 4，调用查询函数；选择 0，退出系统。

```
void menu( )
{
    printf("************************************\n");
    printf("请输入菜单选项:\n");
    printf("0 退出系统\n");
    printf("1 输入学生成绩\n");
    printf("2 显示学生成绩\n");
    printf("3 根据均分排序\n");
    printf("4 查询\n");
    printf("************************************\n");
}
```

2）主函数

```
int main( )
{
    int flag;

    printf("******欢迎使用学生成绩管理系统******\n");
    while (1)
    {
        menu( );
        scanf("%d",&flag);
        getchar();
        switch (flag)
        {
            case 1:input( );
                break;
            case 2:show( );
                break;
            case 3:sort( );
                break;
            case 4:search( );
                break;
            case 0:printf("退出系统\n");
            return 0;
        }
    }
```

```
    return 0;
}
```

运行程序，主函数界面如图 8-12 所示。

```
******欢迎使用学生成绩管理系统******
************************************
请输入菜单选项:
0 退出系统
1 输入学生成绩
2 显示学生成绩
3 根据均分排序
4 查询
************************************
```

图 8-12　主函数界面

3）输入学生成绩

把学生均分成绩转换成等级制的这段程序写成一个独立函数 score_to_grade。

```
char score_to_grade(float average_score)
{
    char grade;
    if (average_score>=90&&average_score<=100)
        grade='A';
    else if (average_score>=80)
            grade='B';
         else if (average_score>=70)
                 grade='C';
              else if (average_score>=60)
                      grade='D';
                   else if (average_score>=0)
                           grade='E';
                        else
                        {
                           printf("输入错误\n");
                           grade='F';
                        }
     return grade;
}
```

定义输入学生成绩的函数名为 input，把 7.4 小节中关于输入学生成绩的代码放入函数内即可。

```
void input( )
{
    int i;

    for (i=0;i<5;i++)
    {
       printf("输入姓名:\n");
       scanf("%s", name[i]);
       printf("输入成绩,格式为:数学成绩,语文成绩,英语成绩\n");
       scanf("%f,%f,%f",&math_score[i],&Chinese_score[i],&English_score[i]);
       average_score[i]=(math_score[i]+Chinese_score[i]+English_score[i])/3;
       grade[i]=score_to_grade (average_score[i]);
```

```
        rank[i]=0;/*未排序时名次都是 0*/
        getchar( );
    }
}
```

在主函数菜单显示界面输入 1，进入输入界面，如图 8-13 所示。

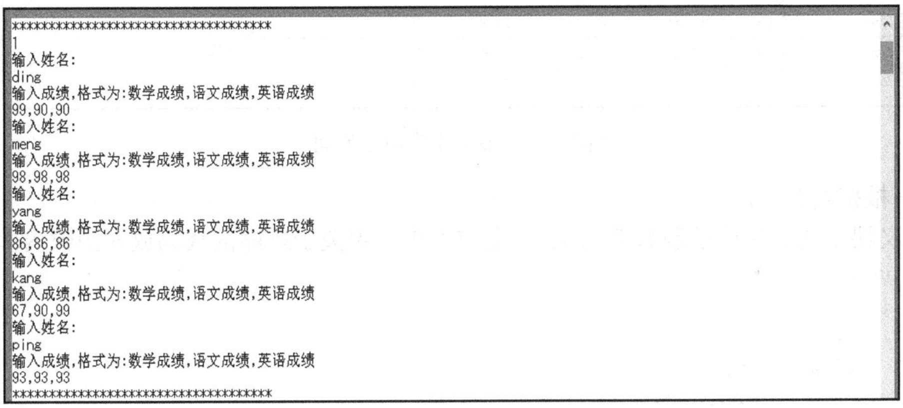

```
************************************
1
输入姓名:
ding
输入成绩,格式为:数学成绩,语文成绩,英语成绩
99,90,90
输入姓名:
meng
输入成绩,格式为:数学成绩,语文成绩,英语成绩
98,98,98
输入姓名:
yang
输入成绩,格式为:数学成绩,语文成绩,英语成绩
86,86,86
输入姓名:
kang
输入成绩,格式为:数学成绩,语文成绩,英语成绩
67,90,99
输入姓名:
ping
输入成绩,格式为:数学成绩,语文成绩,英语成绩
93,93,93
************************************
```

图 8-13　输入界面

输入完成后回到菜单选择界面。

4）显示学生成绩

为了方便函数调用，把显示时的表头定义为一个函数 table_head，代码如下：

```
void table_head( )
{
    printf("-----------------------------------------------------\n");
    printf("|姓名  |数学成绩  |语文成绩  |英语成绩  |平均成绩  |等级  |名次  |\n");
    printf("-----------------------------------------------------\n");
}
```

把表格里中间加横线的功能定义为一个函数 horizontal，代码如下：

```
void horizontal( )
{
    printf("-----------------------------------------------------\n");
}
```

定义显示学生成绩的函数名为 show，代码如下：

```
void show( )
{
    int i;
    table_head();
    for (i=0;i<5;i++)
    {

        printf("|%-12s|%-12.2f|%-12.2f|%-12.2f|%-12.2f|%-12c|%-12d|\n",
          name[i],math_score[i],Chinese_score[i],English_score[i],
          average_score[i],grade[i],rank[i]);
        horizontal( );
    }
}
```

在前面输入数据之后，选择主菜单 2，进入显示学生成绩界面，如图 8-14 所示。

****
2

姓名	数学成绩	语文成绩	英语成绩	平均成绩	等级	名次
ding	99.00	90.00	90.00	93.00	A	0
meng	98.00	98.00	98.00	98.00	A	0
yang	86.00	86.00	86.00	86.00	B	0
kang	67.00	90.00	99.00	85.33	B	0
ping	93.00	93.00	93.00	93.00	A	0

图 8-14　显示学生成绩界面

5）根据均分排序

定义根据均分排序的函数名为 sort，把 7.4 小节中关于排序的代码放入函数内即可。

```
void sort( )
{
    int i,j;
    float temp;
    char tempgrade;
    char string[10];

    for (i=0;i<4;i++)
      for (j=0;j<4-i;j++)
      if (average_score[j]<average_score[j+1])
      { /*第 j 个学生的信息和第 j+1 个学生的信息交换*/
        temp=math_score[j];
        math_score[j]=math_score[j+1];
        math_score[j+1]=temp;

        temp=Chinese_score[j];
        Chinese_score[j]=Chinese_score[j+1];
        Chinese_score[j+1]=temp;

        temp=English_score[j];
        English_score[j]=English_score[j+1];
        English_score[j+1]=temp;

        temp=average_score[j];
        average_score[j]=average_score[j+1];
        average_score[j+1]=temp;

        tempgrade=grade[j];
        grade[j]=grade[j+1];
        grade[j+1]=tempgrade;

        strcpy(string,name[j]);
        strcpy(name[j],name[j+1]);
        strcpy(name[j+1],string);
    }
    for (i=0;i<5;i++)
        rank[i]=i+1;
}
```

排序后，再次进入显示界面，可以看出已经完成了排序。此时界面如图 8-15 所示。

```
****************************************
3
****************************************
请输入菜单选项:
0 退出系统
1 输入学生成绩
2 显示学生成绩
3 根据均分排序
4 查询
****************************************
2
```

姓名	数学成绩	语文成绩	英语成绩	平均成绩	等级	名次
meng	98.00	98.00	98.00	98.00	A	1
ding	99.00	90.00	90.00	93.00	A	2
ping	93.00	93.00	93.00	93.00	A	3
yang	86.00	86.00	86.00	86.00	B	4
kang	67.00	90.00	99.00	85.33	B	5

```
****************************************
```

图 8-15 排序界面

6）查询

定义查询函数的函数名为 search，可以根据姓名查询，如果查询成功显示查询结果，如果查询失败，显示“查询失败”。

```
void search( )
{
    char search_name[10];
    int i;

    printf("请输入要查询的姓名: \n");
    gets(search_name);
    for (i=0;i<5;i++)
    {
        if (strcmp(name[i],search_name)==0)
        {
            break;
        }
    }
    if (i==5)
        printf("查询失败\n");
    else
    {
        table_head( );
        printf("|%-12s|%-12.2f|%-12.2f|%-12.2f|%-12.2f|%-12c|%-12d|\n",
               name[i],math_score[i],Chinese_score[i],English_score[i],
               average_score[i],grade[i],rank[i]);
        horizontal( );
    }
}
```

在主菜单中选择 4，进入查询界面，查询成功界面如图 8-16 所示。

```
4
请输入要查询的姓名:
kang
```

姓名	数学成绩	语文成绩	英语成绩	平均成绩	等级	名次
kang	67.00	90.00	99.00	85.33	B	5

图 8-16 查询成功界面

查询失败界面如图 8-17 所示。

```
4
请输入要查询的姓名:
mei
查询失败
```

图 8-17　查询失败界面

8.8　小　　结

本章介绍了函数间数据的传递、函数的嵌套及递归调用、变量的存储类型、内部函数与外部函数等，需要重点掌握以下几个方面的内容。

（1）形参与实参的概念、函数间数值传递和地址传递两种方式。

数值传递时，实参为非地址参数，形参只能是与地址无关的变量。地址传递时，实参为地址，形参是数组名或地址。

形参和实参的个数、数据类型及参数的排列顺序必须一一对应。

（2）嵌套调用与递归调用。

嵌套调用是指在调用一个函数的过程中又调用了另一个函数。递归调用是指一个函数直接或间接地调用自身。有些实际问题只能用递归的方法解决，而有些则要用嵌套调用方式解决，应该具体问题具体分析，希望读者认真解读这两个部分的概念与应用，加强编程训练。

（3）要通过对函数的学习明白 C 语言的结构化、模块化的程序设计的基本思想。

（4）内部函数与外部函数的使用范围。

习　　题

8.1　简述 C 语言程序的一般结构。C 语言程序的编译单位是什么?

8.2　什么是函数的定义和说明？如何区分？什么情况下必须进行函数说明?

8.3　什么是存储类型？各种存储类型变量的特点是什么?

8.4　编写函数，实现把任意一个正整数插入一个按升序排列的有序整数数列中，插入后的数列仍然有序。

8.5　编写 input 和 output 函数，分别完成对 5 个学生数据记录的输入/输出操作。

8.6　编写一个函数 reverse，实现字符串的逆序存放工作，并由主函数调用该函数。

8.7　编写对 10 个实数进行从大到小排序的函数。由主函数完成数据的输入及排序后数据的输出。

8.8　写两个函数，分别求两个整数的最大公约数和最小公倍数，用主函数调用这两个函数，并输出结果。

第9章 指 针

学习目标

- 熟练掌握指针、内存地址的基本概念；
- 掌握指针作为函数参数的编程方法；
- 掌握指向数组的指针变量的定义和引用；
- 掌握指向字符串的指针变量的定义和引用；
- 掌握指向字符串的指针作为函数参数时的函数定义、调用规范及参数传递机制等内容；
- 培养利用指针编写相关程序的能力。

指针是C语言中的一个重要概念，正确使用指针可以使程序变得简洁、高效。指针的概念比较复杂，使用不当容易出错，所以使用指针时务必注意，避免出错。

9.1 指针的概念

指针就是变量的地址。在了解指针的概念之前，我们先来讲解有关变量地址的概念。

9.1.1 变量的地址

内存是连续的存储空间。为了便于对内存进行各种操作，系统对内存进行了编址。每个字节对应一个地址。若程序中定义了一个变量，系统在编译时会根据变量的数据类型给这个变量分配相应的存储空间。例如：

```
int a;float b;
```

因为在C语言中int型数据的长度为2～4字节，所以假设系统给a分配了2000～2003的4字节的存储空间；float型数据的长度为4字节，假设系统给b分配了2004~2007的4字节的存储空间，如图9-1所示。

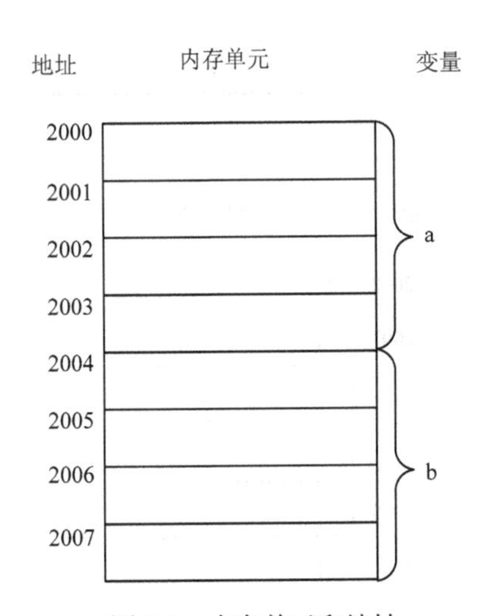

图9-1 内存单元和地址

在程序中，通过变量名对变量进行操作。例如，执行语句a = 4;，则将4写入变量a所在的内存单元2000和2003。

注意：区分内存单元的内容和地址。

例如：

```
int main( )
{
    int a=4;
    printf("%d\n",a);          /*输出变量 a 的内容*/
    printf("%x\n",&a);         /*输出变量 a 的地址*/
    return 0;
}
```

9.1.2 变量的访问方式

变量有两种访问方式：直接访问和间接访问。

1. 直接访问方式

前面访问变量采用的都是直接访问方式。在编译阶段，系统给变量分配了相应的存储空间，也产生了一个变量和内存地址（变量的首地址）关系的对照表，如表 9-1 所示。

当通过变量名操作变量时，如 a = 4；编译系统首先根据变量与内存地址对照表找到变量的地址 2000，然后将 4 写入 2000 开始的 4 字节内。

2. 间接访问方式

前面所讲的整型变量、实型变量、字符型变量中存储的是数值或字符。C 语言中还可以定义一种特殊的变量，变量中存储的是地址。假如定义了变量 p，这时系统给它分配了 2 字节的存储空间 4000、4001，通过赋值运算将变量 a 的地址赋给它（p = &a），这时变量与内存地址对照表中会增加变量 p，其对照关系列于表 9-2。

表 9-1 变量与内存地址对照表

变量名	内存地址
a	2000
b	2004

表 9-2 变量与内存地址对照表

变量名	内存地址
a	2000
b	2004
p	4000

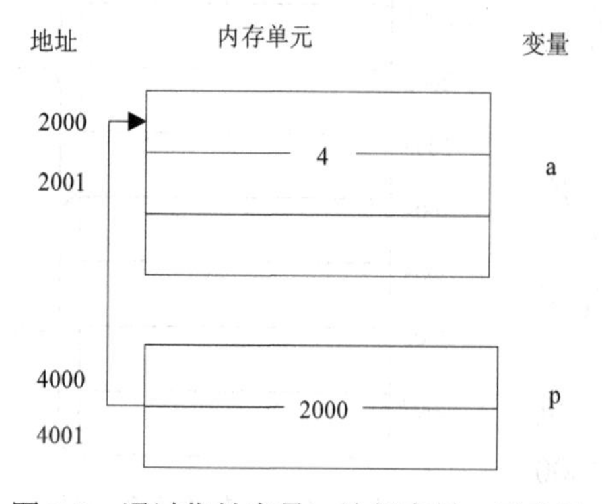

图 9-2 通过指针变量 p 访问变量 a 示意图

可以通过变量 p 访问变量 a。即首先通过变量与内存关系对照表得到变量 p 的地址 4000，然后访问 p 得到 p 中内容 2000（变量 a 的地址），再通过这个地址访问变量 a，这种访问方式就是间接访问，如图 9-2 所示。这种访问方式对于字符数组的操作是很方便的。

9.1.3 指针和地址

地址和指针是 C 语言中两个重要的概念，在 C 语言中又把地址称为指针。变量的地址就是变量的指针。

如果变量中保存的是其他变量的地址，这种变量就称为指针变量。比如 9.1.2 小节中的变量 p，该变量的值是变量 a 的地址（指针），所以 p 是指针变量。指针变量的值是指针。在许多场合，可以把指针变量简称指针。

9.2 指 针 变 量

指针变量和其他变量一样，必须先定义后赋值，最后才能使用。

9.2.1 指针变量的定义

指针变量定义的格式如下：

```
类型说明符 *指针变量名;
```

其中类型说明符指定指针变量所指向变量的类型，可以是整型、实型、字符型、数组、结构体等数据类型。指针变量名表示变量的名称，必须是合法的标识符。指针变量名前面的“*”是指针的声明符；表示该变量不是普通变量，而是指针变量；但它不是指针变量的组成部分。

例如：

```
int *p,*q;         /*定义了指向 int 型变量的指针变量 p 和 q */
float *fp;         /*定义了指向 float 型变量的指针变量 fp*/
```

定义指针变量时应注意以下几点。

（1）指针变量中保存的是其他变量的地址。指针变量的类型不是它本身的数据类型，而是它指向的变量的数据类型。

（2）定义多个指针变量时，每一个指针变量的前面都必须加上“*”。

9.2.2 指针变量的初始化

可以用以下两种方法初始化指针变量。

1. 定义时初始化

例如：

```
int x;
int *px=&x;
```

或定义为：

```
int x,*px=&x;
```

分析能否这样定义：

```
int *px=&x,x;
int x,px=&x;
int *px1=px;
```

2. 先定义后赋值

例如：

```
int x,*px;
px=&x;
```

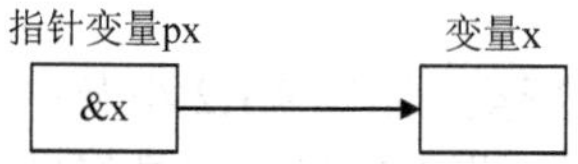

图 9-3　px 指向变量 x 的示意图

指针变量 px 指向变量 x 示意图如图 9-3 所示。

指针变量初始化时应注意以下几点：

（1）指针变量只能指向“定义类型”的变量（赋值时只能赋定义类型变量的地址）。上面定义的变量 px 只能指向整型的变量，而不能指向其他类型的变量。

（2）给指针变量赋值时只能将另一个变量的地址赋给它，而不能将一个整型量赋给指针变量。

例如：

```
int *p;
p=2000;
```

这种定义方式在编译时不报错（有的编译系统会提出警告），但是如果通过间接访问方式向指针变量 p 所指向的存储空间 2000 和 2001 写入数据，因为这两个存储单元中存储的数据可能是系统或程序运行所需的关键数据，这样原存储单元中的数据就会被破坏，造成系统或程序无法正常运行。

9.2.3　指针的基本运算

1. 取地址运算和间接访问运算

1）&：取地址运算符

使用格式：&变量名

功能：返回变量的地址。

注意：“&”后的操作对象只能是变量，不能是常量或表达式。

2）*：间接访问运算符

使用格式：*指针变量

功能：访问指针变量所指向的变量。

注意：“*”后的操作数只能是指针变量。另外注意“*”的含义：定义指针变量时，“*”是指针的声明符，声明该变量是指针变量；而表达式中的“*”是运算符，表示指针变量所指向的变量。

例如：

```
int i,*pi;     /*表示 pi 是指针类型的变量*/
pi=&i;         /*将 i 的地址赋给指针变量 pi，即 pi 指向了 i*/
*pi=3;         /*通过间接访问方式访问 pi 所指向的变量 x，相当于 x=3*/
```

上面的第二行不能写成*pi = &i;，因为 i 的地址是赋给指针变量 pi 的，而不是赋给*pi 的。

“*”和“&”都是单目运算符，优先级为 2 级，结合性为右结合。

“*”和“&”互为逆运算。

&i 等价于 i：因为“”和“&”优先级相同，又是右结合性，因此先计算&i，得到变量 i 的地址，再进行“*”运算，即&i 所指向的变量。*&i 等价于*pi，等价于 i。

&*pi 等价于 pi：先计算*pi，再运算&i，即变量 i 的地址，等价于 pi。

2. 赋值运算

指针变量定义后，就可以像其他变量一样给它赋值。

例如：

```
int x=8,*p1,*p2;
p1=&x;
p2=p1;
```

将 x 的地址赋给 p1，即 p1 指向了 x，将 p1 的值赋给 p2，即 p1、p2 都指向 x，如图 9-4 所示。通过 p1、p2 可以间接访问变量 x。

C 语言中，在 stdio.h 头文件中定义了一个空指针常量 NULL 为 0，空指针不指向任何存储单元。通常为了表示一个指针变量不指向任一个变量，将 NULL 赋给该指针变量。例如：char *p = NULL;。

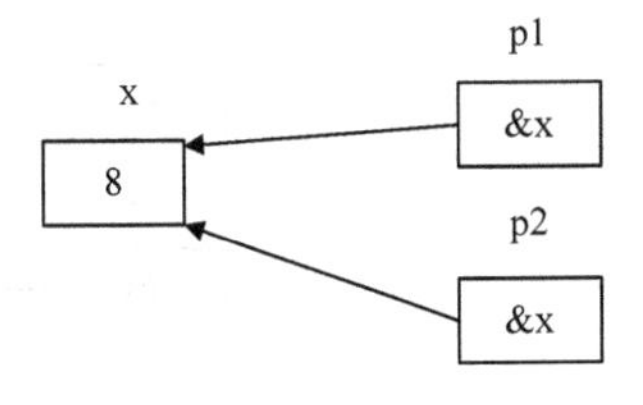

图 9-4 指针赋值示意图

9.2.4 指针程序举例

【例 9.1】分析变量的直接访问方式和间接访问方式。

```
int main( )
{
    int a=2,*pa1,*pa2;
    float b=2.3,*pb1;

    pa1=&a;pa2=pa1;
    pb1=&b;
    printf("%x,%x,%x\n",&a,pa1,pa2);
    printf("%d,%d,%d\n",a,*pa1,*pa2);
    printf("%x,%x\n",&b,pb1);
    printf("%f,%f\n",b,*pb1);
    return 0;
}
```

程序运行结果如下：

```
ffc4,ffc4,ffc4      /*也可能是其他的地址，由系统分配，但 3 个值一定是相同的*/
2,2,2
ffc6, ffc6
2.300000,2.300000
```

【例 9.2】交换两个变量的值（用指针实现）。

```
int main( )
{
    int x,y,*px,*py,t;
    scanf("%d%d",&x,&y);
    px=&x;
    py=&y;                 /*px 指向了变量 x，py 指向了变量 y*/
    t=*px;                 /*相当于 t=x*/
    *px=*py;               /*相当于 x=y*/
    *py=t;                 /*相当于 y=t*/
    printf("%d,%d\n",x,y);
```

```
    printf("%d,%d\n",*px,*py);
    return 0;
}
```

若运行时输入：

```
3 8↙
```

则程序的运行结果如下：

```
8,3
```

该程序运行时，交换示意图如图9-5所示。

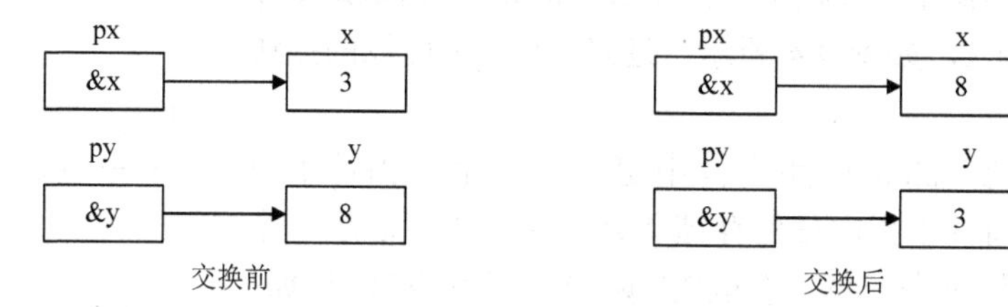

图 9-5　交换示意图

现在，将上面程序进行改写：

```
int main( )
{
    int x,y,*px,*py,*t;
    scanf("%d%d",&x,&y);
    px=&x;py=&y;
    t=px;
    px=py;
    py=t;
    printf("%d,%d\n",x,y);
    printf("%d,%d\n",*px,*py);
    return 0;
}
```

此时，是否能实现交换变量 x 和 y 的值的功能？

运行时仍输入：

```
3 8↙
```

则程序运行结果如下：

```
3,8
8,3
```

该程序运行时指针变量交换如图9-6所示。

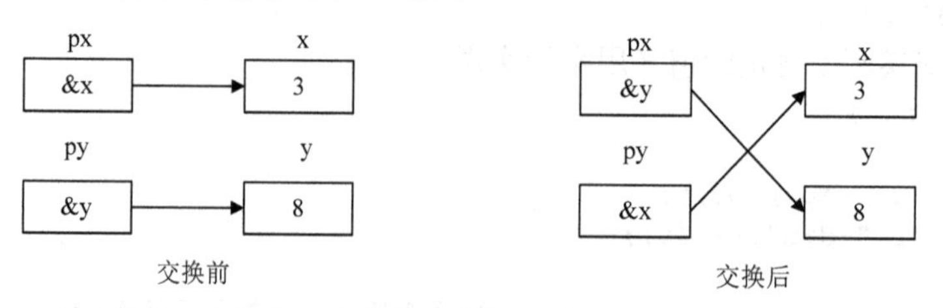

图 9-6　指针变量交换示意图

从图9-6中可以看出，交换时只是交换了 px 和 py 的值，即 px 指向了 y，py 指向了 x，而变量 x 和 y 的值没有交换。

9.3 指针变量作函数参数

前面讲过函数参数（包括实参和形参）的数据类型可以是整型、实型、字符型；实参和形参的数据类型应该一致。事实上，函数的参数还可以是指针，如果把某个变量的地址作为实参，那么形参必须是指针变量。

在 C 语言中，无论函数参数的数据类型是什么，调用函数时实参和形参之间都是单向的值传递。当实参是普通变量时传递的是数值；实参是变量的地址或指针变量时传递的是地址。但要注意，实参可以是变量的地址也可以是指针变量，形参只能是指针变量。

接下来分析以下 3 个程序运行的结果。

【例 9.3】指针变量作函数参数示例 1。

```
int main( )
{
    void swap(int, int);
    int x=7,y=11;
    printf("x=%d,\ty=%d\n",x,y);
    printf("swapped:\n");
    swap(x, y);
    printf("x=%d,\ty=%d\n",x,y);
    return 0;
}

void swap(int a,int b)
{
    int temp;
    temp=a;
    a=b;
    b=temp;
    return;
}
```

程序的运行结果如下：

```
x=7,    y=11
swapped:
x=7,    y=11
```

main 函数中调用了函数 swap，将实参 x 和 y 的值分别传递给形参 a 和 b，在 swap 函数中交换了 a 和 b 的值，但是程序运行结束后实参 x 和 y 的值并未改变，这是因为参数之间的传递是单向的值传递，形参的改变不会影响实参。运行 swap 函数前后的内存状态如图 9-7 所示。

【例 9.4】指针变量作函数参数示例 2。

```
int main( )
{
    void swap(int *,int *);
    int x=7,y=11, *px=&x,*py=&y;
    printf("x=%d,\ty=%d\n",x,y);
    printf("swapped:\n");
```

```
    swap(px, py);              /*等价于 swap(&x,&y); */
    printf("x=%d,\ty=%d\n",x,y);
    return 0;
}

void swap(int *a,int *b)
{
    int temp;
    temp=*a;
    *a=*b;
    *b=temp;
    return;
}
```

程序运行结果如下：

```
x=7,    y=11
swapped:
x=11,    y=7
```

x 7 → a 7
y 11 → b 11
调用swap函数前

x 7 → a 11
y 11 → b 7
调用swap函数后

图 9-7　例 9.3 中运行 swap 函数前后的内存状态示意图

swap 函数的形参为指针变量，函数调用时将 px、py 的值（x 和 y 的地址）传递给形参 a 和 b，那么 a 和 b 的值为 x 和 y 的地址，因此指针变量 a 和 b 可以间接访问 x 和 y，改变 x 和 y 的值。运行 swap 函数前后的内存状态如图 9-8 所示。

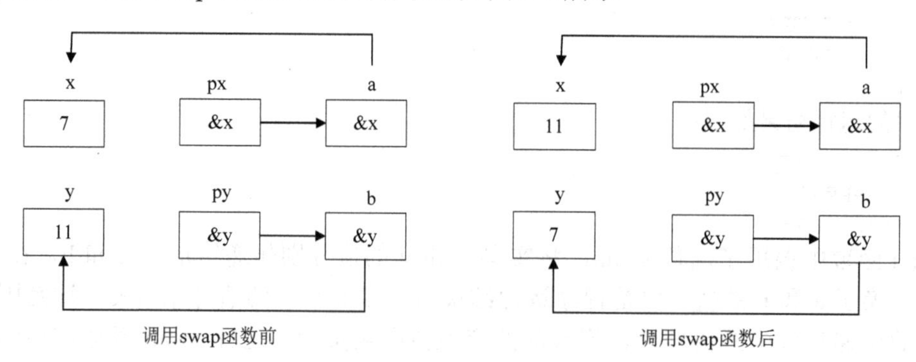

图 9-8　例 9.4 中运行 swap 函数前后的内存状态示意图

【例 9.5】 将例 9.4 的 swap 函数修改如下。

```
void swap(int *a,int *b)
{
    int *temp;
    temp=a;a=b;b=temp;
}
```

程序运行结果如下：

```
x=7,    y=11
swapped:
x=7,    y=11
```

本程序调用函数 swap 时，虽然传递的也是地址，但是在执行 swap 函数时，并没有通过 a 和 b 间接访问变量 x 和 y，而是交换了指针变量 a 和 b 的值，形参的改变不影响实参，所以变量 x 和 y 的值并没有发生改变。运行 swap 函数前后的内存状态如图 9-9 所示。

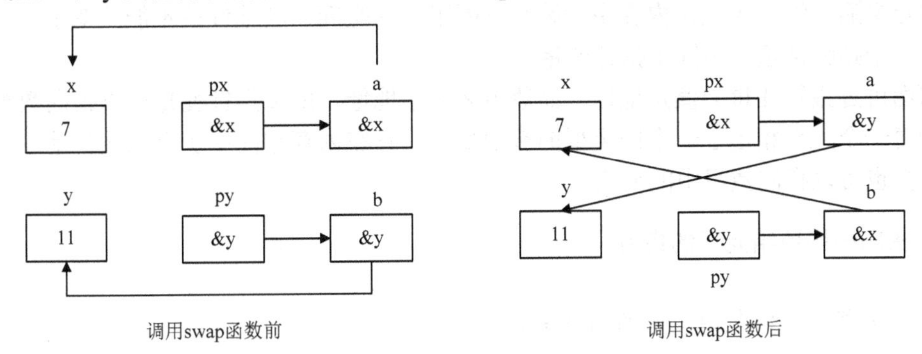

图 9-9 例 9.5 中运行 swap 函数前后的内存状态示意图

【例 9.6】 编写函数求两个数的和、差、积、商。

分析：主函数中将需运算的两个数据传递给函数 fun，在函数中求两个数的和、差、积、商。由于一个函数的返回值最多只能有一个，而这个函数需要求解 4 个值，所以在主函数中把和、差、积、商 4 个变量的地址也作为实参传递给形参，从而在 fun 函数中通过间接访问方式更改和、差、积、商 4 个变量的值。

```
int main( )
{
    void fun(float,float,float *,float *,float *,float *);
    float a,b;
    float sum,sub,mul,div;
    scanf("%f,%f",&a,&b);
    fun(a,b,&sum,&sub,&mul,&div);
    printf("%f,%f,%f,%f\n",sum,sub,mul,div);
    return 0;
}

void fun(float x,float y,float *psum,float *psub,float *pmul,float *pdiv)
{
    *psum=x+y;
    *psub=x-y;
    *pmul=x*y;
    *pdiv=x/y;
    return;
}
```

9.4 指向数组的指针

在 C 语言中，指针和数组的关系是非常密切的。在声明数组时，编译器给数组分配了一块连续的存储空间，其中数组名代表了数组的首地址（第 0 个元素的地址）。由此可见，数组名也是一个指针，指向了数组中的第 0 个元素。但要注意数组名是一个指针常量，一旦数组定义后，编译系统在内存中为数组分配了存储空间，其地址就不能改变了，所以数组名是一个指针常量，不同于指针变量。

前面讲过指针变量的值是地址，而数组名也是地址，所以指针变量可以指向数组；数组中的每一个元素相当于一个同类型的普通变量，它在内存空间中也有相应的地址，所以指针变量也可以指向数组中的元素。

9.4.1 指向一维数组元素的指针

1. 定义指向一维数组元素的指针变量

例如：

```
int x[8],*p1,*p2;
p1=&x[0];    /*p1 指向了数组 x 中的第 0 个元素*/
p2=&x[4];    /*p2 指向了数组 x 中的第 4 个元素*/
```

由于数组名代表数组的首地址，即 x 等价于&x[0]，所以 p1=&x[0]也可以写为 p1＝x。但要注意的是，p1＝x 不是将数组 x 的所有元素赋值给 p1，而是将数组第 0 个元素的地址赋给 p1。

2. 指针变量的算术运算

前面讲过指针变量的取地址、间接访问和赋值三种运算；对于指向数组的指针变量，除了这三种运算，还经常会用到算术运算。

1）指针变量加上或减去整数 *n*

指针变量加上或减去整数 *n*，其中 *n* 代表任意整数。指针变量加上或减去一个整数 *n* 的含义是把指针指向的当前位置（指向某个数组元素）向前或向后移动 *n* 个数据元素的位置。应该注意，数组指针变量向前或向后移动一个位置和地址加 1 或减 1 是不同的。因为数组可以有不同的类型，各种类型的数组元素所占的存储空间是不同的。如指针变量加 1，即向后移动 1 个数据元素的位置表示指针变量指向下一个数据元素的首地址，而不是在原地址基础上加 1。

例如：

```
int x[8],*p1,*p2;
p1=x;    /*p1 指向了数组 x 中的第 0 个元素*/
```

则 p1 + 1 指向数组的第 1 个元素。若 x 的值（数组的首地址）为 2000，则 p1 + 1 的值为 2002，相当于 p1+1 × 2。在 C 语言中若是“指针 ± 整数”，那么它的计算规则是地址+*nd*，其中 *n* 代表移动的元素个数，*d* 为数组元素类型所占的存储单元数。

若 p1 = x + 4; p2 = p1 - 2;，则 p2 指向数组中的第 2 个元素，因为 p1 指向数组中的第 4

个元素，那么 p1－2 指针向前移动了 2 个元素，即指向了数组中的第 2 个元素。

2）指针变量的自增自减

指针变量的自增自减的运算规则和指针变量 ± n 相同。若 p 为指针变量，则 p++指向下一个元素，p--指向上一个元素。指针变量的加减运算只能对数组指针变量进行。

但要注意：不能使用数组名自增或自减，因为数组名是常量，其值不能改变。

例如：

```
x++;    /*错误的表达式*/
```

3）指针减指针

C 语言中允许两个同类型指针相减，运算的结果为两个指针之间相差元素的个数。它的计算规则是（地址－地址)/d。经常使用的有以下两种形式。

（1）两个指针变量相减。

两个指针变量之间相减的运算，只在指向同一数组的两个指针变量之间才能进行运算。

例如，p1 和 p2 为指向实型数组的两个指针变量，若 p1 的地址是 2000，p2 的地址是 2008，因为实型数据占 4 字节的存储空间，所以 p2 减 p1 的结果为（2008-2000)/4=2。即 p2 和 p1 之间相差 2 个元素。

（2）指针变量减去数组的首地址（或最后一个元素的地址）。

指针变量减去数组的首地址（或最后一个元素的地址）通常是计算指针变量和数组的首、末元素之间相差元素的个数。

4）指针变量进行关系运算

指向同一数组的两个指针进行关系运算，可表示它们所指向数组元素之间的关系。例如：

p1 == p2 表示 p1 和 p2 指向数组的同一元素。

p1 > p2 表示 p1 的值大于 p2 的值，即 p1 处于高地址位置。

p1 < p2 表示 p1 的值小于 p2 的值，即 p1 处于低地址位置。

例如：

```
int main( )
{
    int a[10]={1,2,3,4,5,6,7,8,9,0};
    int *p;

    for (p=a;p<a+10;p++)
    printf("%5d",*p);
    return 0;
}
```

3. 引用数组元素的几种方式

假设指针变量 q 指向数组 x 的首地址，即 q = x，那么：

（1）q+j 和 x+j 就是数组 x 第 j 个元素的地址。

(q+j)或(x+j)就是 q+j 或 x+j 所指向的数组元素的值 x[j]。例如，*(q+6)或*(x+6)等价于 x[6]。

（2）在 C 语言中，“[ ]”也是一个运算符，称为下标运算符，是双目运算符。其使用格式为

地址[整型表达式]

例如，x[3]的运算规则是先计算 x+3，得到数组 x 中第 3 个元素的地址，然后访问该地址所指向的元素，即等价于*(x+3)。指向数组的指针变量也可以带下标，即 x[3]等价于 q[3]，等价于*(q+3)，等价于*(x+3)。

所以引用一个数组元素可以用以下两种方式：

（1）下标法。即用 x[j]和 q[j]形式访问数组元素。

（2）指针法。例如，x 是数组名，q 是指向数组的指针变量，其初值 q = x，可采用*(x+j)或*(q+j)形式来访问数组元素。

【例 9.7】输入/输出数组中的全部元素。

（1）下标法。

```
int main( )
{
    int a[10],i;
    for (i=0;i<10;i++)
        scanf("%d",&a[i]);
    for (i=0;i<10;i++)
        printf("a[%d]=%d\n",i,a[i]);
    return 0;
}
```

或

```
int main( )
{
    int a[10],i,*p=a;
    for (i=0;i<10;i++)
        scanf("%d",a+i);
    for (i=0;i<10;i++)
        printf("a[%d]=%d\n",i,p[i]);     /*p[i]等价于 a[i]*/
    return 0;
}
```

（2）指针法。

```
int main(void)
{
    int a[10],i,*p=a;
    for (i=0;i<10;i++)
        scanf("%d",p+i);    /*p+i 等价于 a+i 即数组第 i 个元素的地址*/
    for (i=0;i<10;i++)
        printf("a[%d]=%d\n",i,*(p+i));
    return 0;
}
```

注意：程序中的*(p+i)不能写成*p+i。*(p+i)的含义是，先执行 p+i 得到第 i 个元素的地址，然后通过间接访问方式得到 p+i 所指向变量的值。*p+i 的含义是，因为“*”的优先级高于“+”，所以先计算*p，得到 p 所指向变量的值，然后用该值+i。同理，(*p)++、*p++、*(++p)的含义也不同。

若 p=a，a 为数组的首地址。则：

(*p)++的含义是，先访问 p 所指向的变量（a[0]），然后该变量的值+1（a[0]++）。

p++的含义是，因为“”和“++”的优先级相同，结合性为右结合性，所以先计算p++，即先访问p所指向的变量（a[0]），再使指针p下移指向a[1]。

*(++p)的含义是，先执行++p，指针p指向下一个元素，然后访问p所指向的变量(a[1])。

```
int main( )
{
   int a[10],i,*p;
   for (p=a;p<a+10;p++)    /*每输入一个数据，p指针向下移动一个元素*/
      scanf("%d",p);
   for (i=0;i<10;i++)
      printf("%6d",*(a+i));
   return 0;
}
```

若输入数据：

```
0 1 2 3 4 5 6 7 8 9↙
```

则运行结果如下：

```
0     1     2     3     4     5     6     7     8     9
```

将最后一条for循环语句改成：

```
for (i=0;i<10;i++)
  printf("%d  ",*(p+i));
```

若仍输入数据：

```
0 1 2 3 4 5 6 7 8 9↙
```

则运行结果如下：

```
-34  292  3551  1  -36  2576  -32  0  14951  22364
```

在C语言中系统对数组不进行越界检查，需要程序员自己检查。例如，上面的程序在给数组元素赋值后，指针变量p已经指向数组最后一个元素的后面，当用循环输出数组元素值时用*(p+i)访问的是数组最后一个元素后面开始的10个元素的值，而非数组元素的值，超出了数组的范围。注意：输出结果与实际运行环境有关，可能与本例结果不同。

【例9.8】将数组中的10个数逆序存放。

分析：要实现数组元素的逆序存放，可以将两两元素对调，即第0个元素和第9个元素对调，第1个元素和第8个元素对调，以此类推，直到第4个元素和第5个元素对调。

```
int main( )
{
   int s[10],i,*p,*q,t;
   p=s;q=s+9;         /*p指向数组s的第0个元素，q指向数组s的第9个元素*/
   for (i=0;i<10;i++)
      scanf("%d",s+i);
   for ( ;p<q;p++,q--)
   {
      t=*p;
      *p=*q;
      *q=t;
   }
   for (p=s;p<s+10;p++)
      printf("%5d",*p);
   return 0;
}
```

【例 9.9】输入 10 个数，将最小的数与第一个数交换，最大的数与最后一个数交换。

```
int main( )
{
   int s[10],*max,*min,*p,t;  /*max 和 min 指向数组中最大和最小元素*/
   for (p=s;p<s+10;p++)
       scanf("%d",p);
   max=min=s;
   for (p=s+1;p<s+10;p++)
       if (*p>*max)
          max=p;
       else
          if (*p<*min)
             min=p;
    t=*min;*min=s[0];s[0]=t;
    t=*max;*max=s[9];s[9]=t;
    for (p=s;p<s+10;p++)
       printf("%5d",*p);
    return 0;
}
```

9.4.2 数组名或指针变量作函数参数

在前面讲过数组名作为函数的实参时，形参也应该为同类型的数组。事实上，虽然形参在形式上表示成数组，但它其实是一个指针变量。函数调用时，实参将数组的首地址传递给形参指针变量，形参就指向数组的首地址，通过间接访问方式，形参可以访问实参数组中的元素，更改数组元素的值。数组名作函数参数的实质是指针作函数参数。因此概括起来，传递一个数组实参和形参可以有 4 种形式，如表 9-3 所示。

表 9-3 数组名作函数的实参和形参对照表

实参类型	形参类型
数组名	数组名
数组名	指针变量
指向数组的指针变量	数组名
指向数组的指针变量	指针变量

【例 9.10】编写函数，求数组中所有元素之和。

分析：要在 sum 函数中访问主函数中数组的每一个元素，只能将该数组的首地址传递给形参，这样在函数 sum 中通过间接访问方式可以使用实参数组中的每一个元素。

```
int main( )
{
   float sum(float *p,int n);
   float x[10],s1;
   int i;
   for (i=0;i<10;i++)
     scanf("%f",x+i);
   s1=sum(x,10);                        /*将数组 x 的首地址传递给形参 p*/
   printf("%f\n",s1);
```

```
    return 0;
}

float sum(float *p,int n)               /* “*p” 可以写成“p[]”，作用相同*/
{
    float s=0,*p_end;
    int i;
    p_end=p+n;                   /*指针变量p_end指向数组最后一个元素的下一个元素*/
    for ( ;p<p_end;p++)          /*通过指针p间接访问主函数中的数组x的每一个元素*/
        s+=*p;
    return s;
}
```

【例 9.11】编写一个函数，将由键盘输入的数据插入一个已经排好序的数组，使数组仍然保持有序。

分析：假设数组中原有的 9 个元素是升序排列，将输入的数据 y 插入数组中，使数组中的数据仍然保持升序排列。调用函数 insert 将数组的首地址传递给形参 p，指针变量 p_end 指向数组最后一个元素（第 8 个元素），比较 n 和 p_end 指向的元素的大小，若*p_end>n，则将第 8 个元素的值赋给第 9 个元素；然后 p_end--即 p_end 指针前移，指向数组的第 7 个元素，再比较 n 和 p_end 指向的元素的大小；若*p_end>n，则将第 7 个元素的值赋给第 8 个元素；然后 p_end--，即 p_end 指向数组的第 6 个元素，以此类推，直到*p_end<=n 或 p_end 指向数组的第 0 个元素的前面，则停止循环，然后执行*(p_end+1)=n。

```
int main( )
{
    void insert(int *p,int n);
    int x[10]={2,8,13,21,29,56,87,98,120},y;
    int *px=x,i;
    scanf("%d",&y);
    insert(px,y);                    /*可以写成insert(x,y)*/
    for (i=0;i<10;i++)
        printf("a[%d]=%d\n",i,x[i]);
    return 0;
}

void insert(int *p,int n)           /*可以写成insert(int p[],int n)*/
{
    int *p_end=p+8;
    int i;

    while (p_end>=p)
    {
        if (*p_end>n)
        {
            *(p_end+1)=*p_end;
            p_end--;
        }
        else
            break;
```

```
        }
        *(p_end+1)=n;
    }
```

9.4.3 二维数组的指针

指针可以指向一维数组，也可以指向多维数组。本节主要讲解指向二维数组的指针变量。

1. 二维数组的地址

定义一个二维数组 int x[3][2] = {{1,2}, {11,12}, {21,22}}；二维数组是按行存储的，可以将二维数组的每一行看成一个元素，那么数组 x 包括了 3 个元素 x[0]、x[1]、x[2]；每一个元素又是一个一维数组，如 x[0]所代表的一维数组又包含了 x[0][0]、x[0][1]，如图 9-10 所示。

x 是二维数组名，代表整个二维数组的首地址，也是二维数组第 0 行的首地址。x+1 代表第 1 行的首地址，同理 x+2 代表第 2 行的首地址，如图 9-11 所示。

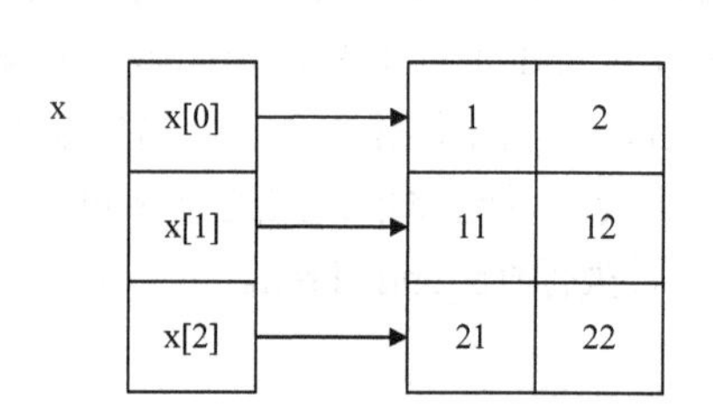

图 9-10 二维数组存储示意图

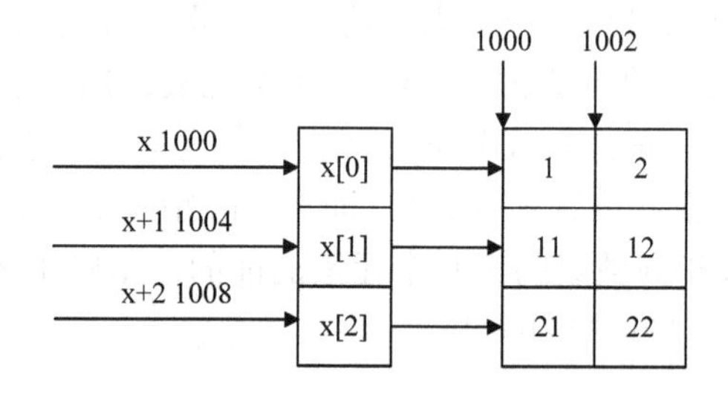

图 9-11 二维数组行地址示意图

从一维数组的角度来看，x[0]、x[1]、x[2]是一维数组的名称，C 语言规定数组名代表数组的首地址，因此 x[0]、x[1]、x[2]分别代表第 0 行、第 1 行、第 2 行的首地址。而一维数组的首地址又是它的第 0 个元素的地址，即&x[0][0]等价于 x[0]，等价于 x。同理，&x[1][0]等价于 x[1]，等价于 x+1。同理，&x[2][0]等价于 x[2]等价于 x+2。x[0]又等价于*(x+0)，x[i]等价于*(x+i)。

由此可得出：x+i、x[i]、*(x+i)、&x[i][0]是等同的，都可以表示第 i 行第 0 个元素的地址。那么第 0 行第 1 列元素的地址可以用&x[0][1]表示，也可以用 x[0]+1 表示。第一种表示方法是直接在元素的前面加上取地址符号表示地址。第二种表示方法符合一维数组的规定，x[0]是一维数组的名称，"数组名+i"代表数组中第 i 个元素的地址，即数组 x[0]中第 1 个元素的地址 1002。前面讲过 x[0]等价于*(x+0)，即 x[i]等价于*(x+i)。因此，x[0]+1 等价于*(x+0)+1。也就是说，第 0 行第 1 列元素的地址也可以用*x+1 表示。

由此可得出：&x[i][j]、x[i]+j、*(x+i)+j 是等同的，都可以表示第 i 行第 j 列元素的地址。

如果想得到 x[0][1]的值，用地址法如何表示呢？因为 x[0]+1 和*(x+0)+1 表示 x[0][1]的地址，因此只要在该表达式的前面加上间接访问运算符，就可以表示该地址空间中的数据，即*(x[0]+1)和*(*(x+0)+1)。

由此可得出：x[i][j]、*(x[i]+j)、*(*(x+i)+j)是等同的，都可以表示第 i 行第 j 列元素的值。

注意：

① x[i]在一维数组和二维数组中的含义是不同的。如果 x 是一维数组，x[i]代表数组中

第 i 个元素的值；若 x 是二维数组，则 x[i]代表二维数组第 i 行的首地址。

② 二维数组名是指向行的，因此 x+1 中的“1”代表一行中的全部元素所占的字节数（图 9-11 所示为 4 字节），x+1 的值为 1004。一维数组名是指向列的，因此 x[0]+1 中的“1”代表一个元素所占的字节数（图 9-11 所示为 2 字节），x[0]+1 的值为 1002。

【例 9.12】分析二维数组地址的表示方法。

```
int main( )
{
    int a[3][4]={0,1,2,3,10,11,12,13,20,21,22,23};
    printf("%x,",a);                  /*二维数组的首地址*/
    printf("%x,",a[0]);               /*第 0 行的首地址，指向列*/
    printf("%x,",&a[0]);              /*等价于 a+0，第 0 行的首地址，指向行*/
    printf("%x\n",&a[0][0]);          /*第 0 行第 0 个元素的地址*/
    printf("%x,",a+1);                /*第 1 行的首地址，指向行*/
    printf("%x,",*(a+1));             /*第 1 行的首地址，指向列*/
    printf("%x,",a[1]);               /*第 1 行的首地址，指向列*/
    printf("%x,",&a[1]);              /*等价于 a+1，第 1 行的首地址，指向行*/
    printf("%x\n",&a[1][0]);          /*第 1 行第 0 个元素的地址*/
    printf("%x,",a[1]+1);             /*第 1 行第 1 个元素的地址*/
    printf("%x\n",*(a+1)+1);          /*第 1 行第 1 个元素的地址*/
    printf("%d,%d\n",*(a[1]+1),*(*(a+1)+1)); /*第 1 行第 1 个元素的值*/
    return 0;
}
```

程序运行结果如下：

```
ffba,ffba,ffba,ffba
ffc2,ffc2,ffc2,ffc2,ffc2
ffc4,ffc4
11,11
```

注意：输出结果与实际运行环境有关，可能与本例结果不同。

2. 指向二维数组的指针变量

指向数组元素的指针加 1 指向下一个元素，指向数组行的指针加 1 则指向下一行。利用指针变量引用二维数组时相应的有以下两种方式。

1）指向数组元素的指针变量

【例 9.13】用指向数组元素的指针变量输出数组元素。

```
int main()
{
    int x[3][3]={{0,1,2},{10,11,12},{20,21,22}};
    int *p=x[0];                               /*也可以将&x[0][0]赋给 p*/
    for ( ;p<x[0]+9;p++)
    {
        if ((p-x[0])%3==0) printf("\n");       /*控制每行输出 3 个元素*/
        printf("%5d",*p);
    }
    return 0;
}
```

程序运行结果如下：

```
0    1    2
10   11   12
20   21   22
```

p 是一个指向整型变量的指针变量，x[0]是数组 x 中第 0 行第 0 列元素的地址，p = x[0]将指针 p 指向数组中的第 0 行第 0 列元素。二维数组中各元素是按行连续存放的，数组中最后一个元素的地址为 x[0]+8，每次执行 p++使指针 p 指向数组的下一个元素。前面讲过数组中的任一个元素 x[i][j]在数组中的相对位置为“i*m+j”，其中，m 为数组 x 的列数，根据这一公式可以将程序修改如下：

```
int main( )
{
    int x[3][3]={{0,1,2},{10,11,12},{20,21,22}},i,j;
    int *p=&x[0][0];
    for (i=0;i<3;i++)
    {
        for (j=0;j<3;j++)
          printf("%5d",*(p+i*3+j));
        printf("\n");
    }
    return 0;
}
```

2）指向二维数组行的指针变量

二维数组中包含多行元素，可以定义一个指针变量指向二维数组中的某一行，当指针变量加 1 时，指针指向数组的下一行，而指向数组元素的指针变量加 1 时，指针指向数组的下一个元素。

指向二维数组行的指针变量的定义格式如下：

```
类型标识符 (*指针变量名)[二维数组列数];
```

例如：

```
int x[4][5];
int (*q)[5];
q=x;
```

表示 q 是一个指针变量，它指向一个包含 5 个元素的一维数组。类型标识符表示指针指向的数组元素的类型。在 C 语言中，二维数组中的每一行可以看成一个一维数组，所以可以将 q 指向二维数组的某一行，执行 q=x，将指针指向二维数组的第 0 行；当执行 q++时，q 指向二维数组的第 1 行。

注意：“()”不能省略，若省略则变成*q[5]，由于“[ ]”的优先级高于“*”，因此先运算 q[5]，表示 q 是一个包含 5 个元素的数组，然后进行“*”运算，则*q[5]是一个指针数组。

【例 9.14】用指向一维数组的指针变量输出数组各元素。

```
int main( )
{
    int x[3][4]={{0,1,2,3},{10,11,12,13},{20,21,22,23}},j;
    int (*p)[4];
    p = x;
    for ( ;p<x+3;p++)
    {
        for (j=0;j<4;j++)
```

```
            printf("%5d",*(*p+j));
        printf("\n");
    }
    return 0;
}
```

p 是一个指向二维数组行的指针变量，执行 p = x，将指针指向数组的第 0 行；x+3 表示数组最后一行的下一行的首地址。第一次执行循环时，*p 表示第 0 行第 0 列元素的地址（*p 指向列），*p+j 表示第 0 行第 j 列元素的地址，*(*p+j)表示第 0 行第 j 列元素的值。注意“*p”不能改成“p”（*(p+j)），虽然 p 也是第 0 行的首地址，但是它是指向行的，这时 p+j 不表示第 0 行第 j 列元素的地址，而表示第 j 行的首地址。

试分析例 9.15 程序的功能是什么？它和例 9.14 程序有什么不同？

【例 9.15】 指向二维数组行的指针变量示例。

```
int main( )
{
    int x[3][4]={{0,1,2,3},{10,11,12,13},{20,21,22,23}},i,j;
    int (*p)[4];
    p=x;
    for (i=0;i<3;i++)
    {
        for (j=0;j<4;j++)
            printf("%5d",*(*(p+i)+j));
        printf("\n");
    }
    return 0;
}
```

3. 二维数组的指针作为函数的参数

一维数组的地址可以作为函数的参数传递，二维数组的地址也可以作为函数的参数传递。指向二维数组的指针变量作为函数参数时有以下两种形式：①指向数组元素的指针变量作函数参数；②指向二维数组行的指针变量作函数参数。

【例 9.16】 某门课有 3 个班学生学习，每个班有 4 个学生。编程实现以下功能：计算该门课的平均成绩；输入某班的序号后，输出该班学生的成绩。

分析：用二维数组 a 来存放 3 个班学生的成绩，每一行表示一个班的成绩。函数 ave 用来求该门课的平均成绩，函数 search 用来找到指定的班级，并输出该班学生的成绩。

```
float ave(float *pa)
{
    float s=0,average;
    float *q;
    for (q=pa;q<pa+12;q++)
        s+=*q;
    average=s/12;
    return average;
}

void search(float (*pa)[4],int n)
```

```
{
    int k;

    for (k=0;k<4;k++)
        printf("%8.0f",*(*(pa+n-1)+k));
}

int main( )
{
    float ave(float *pa);
    void search(float (*pa)[4],int n);
    float a[3][4]={{85,67,78,62},{66,54,82,73},{34,69,57,88}};
    int num;
    printf("%f\n",ave(*a));
    printf("输入班级序号:\n");
    scanf("%d",&num);
    search(a,num);
    return 0;
}
```

程序运行结果如下：

```
67.916664
```

输入班级序号：

```
2
66      54      82      73
```

函数 ave 的形参 pa 是指向实型变量的指针，调用该函数时实参为*a（元素 a[0][0]的地址），pa 指向二维数组的首地址。二维数组元素是按行存放的，在函数 ave 中将二维数组 a 看成一个包含 12 个元素的一维数组。变量 q 也是指向实型变量的指针，让 q 的值等于 pa，即 q 也指向二维数组的首地址，每次循环 q 加 1，使 q 指向了数组的下一个元素，用*q 访问数组中的每一个元素的值。函数调用结束，将 average 的值返回主函数。

函数 search 的形参 pa 是一个指向包含 4 个元素的一维数组的指针变量。二维数组 a 的每一行可以看成一个包含 4 个元素的一维数组，因此可以用 pa 指向二维数组 a 的每一行。函数调用时，将实参 a 的值（数组第 0 行的首地址）传递给 pa，实参 num 表示要搜索的班号，将 num 的值传递给形参 n，pa+n−1 代表第 n−1 行的首地址，*(pa+n−1)是第 n−1 行第 0 列的地址，*(pa+n−1)+k 是数组 a[n−1][k]的地址，*(*(pa+n−1)+k)是 a[n−1][k]的值。

【例 9.17】输出例 9.16 中平均分高于 70 分的班级的序号及该班学生的成绩。

```
void query(float (*pa)[4])
{
    int i,j;
    float s,aver;
    for (i=0; i<3; i++)
    {
        s=0;
        for (j=0;j<4;j++)
            s+=*(*(pa+i)+j);
        aver=s/4;
        if (aver>=70)
```

```
        {
            printf("%d\n",i+1);
            for (j=0;j<4;j++)
                printf("%8.0f",*(*(pa+i)+j));
            printf("\n");
        }
    }
}

int main( )
{
    void query(float (*pa)[4]);
    float a[3][4]={{85,67,78,62},{66,54,82,73},{34,69,57,88}};
    query(a);
    return 0;
}
```

程序运行结果如下：

```
1
85      67      78      62
```

利用指向二维数组行的指针变量作函数的参数增加了数组的灵活性，可以方便地从行和列两个角度处理二维数组问题。

9.5 指向字符串的指针

指针变量可以指向同类型的一维数组，所以字符指针变量也可以指向一个字符数组。

9.5.1 指向字符串的指针变量

1. 指向字符串的指针变量的定义

例如：

```
int main( )
{
    char str[ ]="point var ";          /*定义字符数组，并初始化*/
    char *p=str;                       /*定义字符指针变量，并初始化*/
    printf("%s\n",str);
    printf("%s",p);
    return 0;
}
```

程序运行结果如下：

```
point var
point var
```

char*p = str;语句将 str 的首地址赋给了字符指针变量 p，用 printf("%s", p)输出时，从 p 所指的位置开始输出字符，直到遇到字符串结束标志'\0'终止，其内存结构如图 9-12（a）所示。

在 C 语言中，允许直接对字符指针变量赋值。

```
int main( )
{
    char *p="point var";
    printf("%s",p);
    return 0;
}
```

在这个程序中没有定义字符数组，而是直接将字符指针变量指向字符串"point var"。在此要正确理解*p = "point var";语句的含义，不是将字符串常量赋给字符指针变量 p，而是在内存中开辟了一块连续的存储空间来存放字符串"point var"，然后将该存储空间的首地址赋给指针变量 p，即 p 指向了字符串的第 0 个字符。如果用 sizeof(p)测试，则变量 p 在内存中只占用 2 字节，而不是 10 字节。可见变量 p 中保存的不是字符串"point var"，而是该字符串的首地址，如图 9-12（b）所示。

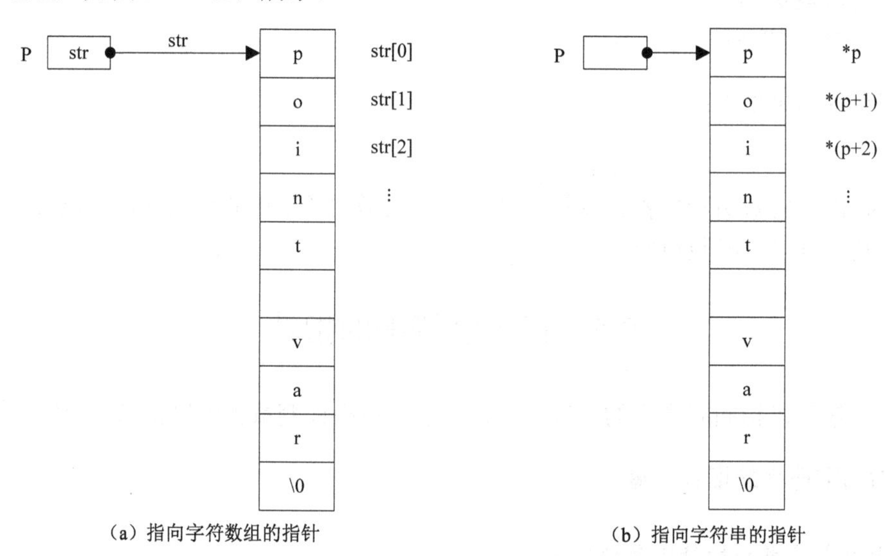

（a）指向字符数组的指针　　（b）指向字符串的指针

图 9-12　字符指针

从以上分析可以看出，在 C 语言中有两种操作字符串的方法，一种是将一个字符串放在一个一维字符数组中，通过数组名引用字符串；另一种是通过字符指针变量引用字符串。注意两种方式的不同：字符数组由若干个字符型元素组成，每个元素中存放一个字符，而字符指针变量只存放一个地址。当用一个字符数组存放字符串时，字符串中的每一个字符占据字符数组中的一个元素，而用字符指针变量指向字符串时，只是把指针指向存放字符串的存储空间的起始地址。一般说来，用字符指针变量操作字符串比用字符数组更方便。

2. 指向字符串的指针变量的初始化

指向字符串的指针变量在使用之前必须初始化，使该指针变量指向一个确定的地址，否则在执行过程中可能会出错或是破坏系统的正常运行。例如：

```
int main( )
{
    char *p;
    scanf("%s",p);
```

```
    printf("%s",p);
    return 0;
}
```

执行 scanf("%s",p)函数时，将用户从键盘输入的字符串保存在指针变量 p 所指向的存储单元，而 p 指向的存储单元并不明确，输入的字符串将可能把一些重要的系统或程序运行的信息覆盖，导致程序甚至系统的运行出错。

可以在定义字符指针变量的时候对其初始化，也可以在定义后赋初值。例如：

```
char *p="point var";
```

或

```
char *p;
p="point var";
```

以上两种方式等价。

3. 字符串的赋值

将一个字符串或一个字符数组赋给另一个字符数组只能使用 strcpy 函数，不能使用赋值运算符直接赋值；但是如果将一个字符串或一个字符数组赋给字符指针变量，就可以使用赋值运算符，赋值时是将字符串或字符数组的首地址赋给指针变量。

例如：

```
#include <stdio.h>
#include <string.h>
int main( )
{
    char *p, a[128];

    strcpy(a,"Good,Morning");
    p="Hello";
    puts(a);
    puts(p);
    p=a;
    puts(p);
    return 0;
}
```

4. 引用字符串中的元素

使用数组名时可以通过“数组名[下标]”方式引用数组中的每一个元素，使用指向字符串的指针变量时也可以使用“字符指针变量[下标]”方式引用数组中的每一个元素。例如，p[0]中存放的是'H'，p[1]中存放的是'e'，以此类推。虽然 p 不是数组，但当它指向字符串时，可以像操作字符数组一样去操作它。

【例 9.18】从某一字符串的指定位置开始截取指定个数的字符。

分析：假设从字符数组 c 中的第 x 个字符开始截取 y 个字符。考虑以下三种情况：

（1）要求输入的截取的位置和字符数都应大于 0，否则子串为空；

（2）输入的截取位置 x 大于字符串的长度，则子串也为空；

（3）x 位置后的字符个数大于等于 y 个，那么截取 y 个字符；若不足 y 个，则截取到字符数组的末尾。

```
#include <stdio.h>
#include <string.h>
int main( )
{
    char c[100],s[100],*p;
    int i,x,y;
    gets(c);
    scanf("%d%d",&x,&y);
    if (x<0||y<0||x>strlen(c))
        printf("NULL\n");
    else
    {
        for (p=c+x-1,i=0;i<y&&*p;i++)      /*从 x-1 位置复制 y 个字符到数组 s*/
        {
            s[i]=*p;
            p++;
        }
        s[i]='\0';                          /*给字符数组 s 加上结束标志*/
    }
    puts(s);
    return 0;
}
```

9.5.2 字符串指针作函数参数

若想在被调用函数中操作主函数中的字符串，可以采用传递地址的方式，以该字符数组的首地址或指向字符串的指针变量作实参，在被调用函数中通过间接访问方式改变字符串的内容，返回主调函数后就得到改变后的字符串。

同指针变量作函数参数一样，实参和形参有 4 种对应形式。

【例 9.19】编写一个函数，求字符串的长度。

（1）实参和形参都为数组名。

```
#include <stdio.h>
int main( )
{
    int slen(char[ ]);
    char s[100];
    int len;
    gets(s);
    len=slen(s);
    printf("%d\n",len);
    return 0;
}

int slen(char c[ ])
{
    int i=0;
    while (c[i]!='\0')
        i++;
    return i;
}
```

（2）实参为数组名，形参为字符指针变量。

将（1）中的 slen 函数进行如下修改。

```
int slen(char *c)
{
    int i=0;
    while (*c!='\0')
    {
        c++;
        i++;
    }
    return i;
}
```

（3）实参和形参都为字符指针变量。

```
#include <stdio.h>
int main( )
{
    int slen(char *);
    char a[100],*s;
    int len;
    s=a;
    gets(s);                          /*输入的字符串保存到数组 a 中*/
    len=slen(s);
    printf("%d\n",len);
    return 0;
}

int slen(char *c)
{
    char *p=c;

    while (*p!='\0')                  /*让 p 指向字符串的末尾*/
    {
        p++;
    }
    return (p-c);
}
```

在主程序中为什么还要定义一个字符数组 a 呢？如果没有显式地指定字符指针变量的指向，则它的指向是无法确定的，可能是一个不可访问的地址。因此在用指针接收数据之前，必须先让它指向某个确定的内存单元，然后才能使用。

在函数 slen 中，首先把 c 赋值给 p，让 p 指向字符串的第 0 个字符，在 while 循环中逐个检查每个字符直到出现'\0'为止，这时 p 指向字符串的末尾，而 c 还指向字符串的开始位置，指针做减法 p-c 就得到字符串的个数，即字符串的长度。

（4）实参为指针变量，形参为数组名。

将（3）中的 slen 函数进行如下修改。

```
int slen(char c[ ])
{
    int i;

    for (i=0;c[i]!='\0'; i++)
```

```
    ;                        /*循环体为空语句*/
    return (i);
}
```

【例 9.20】编写一个函数，比较两个字符串的大小。

分析：两个字符串分别为 a 和 b，逐个字符进行比较，先比较 a 和 b 的第 0 个字符，若相等，再比较第一个字符，以此类推，直到遇到'\0'或不相等的字符为止。若字符不相等，则返回两个字符相减的结果。若 a>b，则返回正数；若 a<b，则返回负数；若指向两个字符串的指针都指向了'\0'，则 a == b，返回 0。

```
#include <stdio.h>
int main( )
{                                  /*scmp 函数的返回值为整型，可以省略声明*/
    int scmp(char *p,char *p);     /*函数声明*/
    char a[100], b[100];
    gets(a);
    gets(b);
    printf("%d\n",scmp(a,b));
    return 0;
}
int scmp(char *p,char *q)          /*指针变量作函数 scmp 的形参 */
{
    while (*p==*q)
    {
        if (*p='\0')
            return 0;
        else
        {
            p++;
            q++;
        }
    }
    return (*p-*q);
}
```

while 循环的条件是 p 和 q 所指向的字符相等，如果两个字符相等，判断该字符是否是'\0'，是则表示两个字符串同时到达字符串的末尾，那么两个字符串相等，返回值 0，若相等但不是字符'\0'，则指针 p 和 q 同时下移，判断下一个字符。如果退出 while 循环，表示遇到了不相等的字符，这时执行 return (*p-*q)，返回两个字符的 ASCII 码的差值。

9.6 指针数组

前面讲的数组，数组元素的类型为整型、实型、字符型等基本类型。此外，数组元素的类型也可以是指针类型，这种数组称为指针数组。

9.6.1 指针数组的定义和初始化

1. 指针数组的定义

指针数组定义的格式如下：

```
类型说明符 *数组名[数组元素的个数];
```

其中，类型说明符用来说明指针数组元素指向的数据的类型。

例如：

```
int *pn[3];
```

其中，pn是一个包含3个元素的数组，每一个元素是一个指向整型数据的指针变量。

2. 指针数组的初始化

指针数组和其他的数组一样，也可以在定义的时候赋初值。指针数组中的每一个元素就是一个指针变量。

（1）指针数组的每一个元素指向一个同类型的变量。

例如：

```
int x,y;
int *p[2]={&x,&y};
```

定义了指向整型元素的指针数组，它包含两个元素，在定义的同时初始化，将x的地址赋给了p[0]，即p[0]指向了x，将y的地址赋给了p[1]，即p[1]指向了y，如图9-13所示。通过*p[0]可以访问变量x，通过*p[1]可以访问变量y。

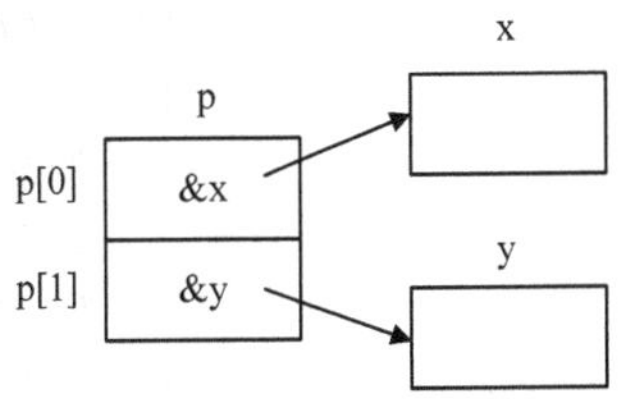

图9-13 指向普通变量的指针数组

（2）指针数组的每一个元素指向二维数组的一行。

例如：

```
int x[2][3]={{1,2,3},{4,5,6}};
int *q[2]={x[0],x[1]};
char c[3][10]={"morning","afternoon","night"};
char *pc[3]={c[0],c[1],c[2]};
char *p[3]={"One","Two","Three"};
```

第2行的定义将q[0]指向了数组x的第0行，q[1]指向了数组x的第1行，那么*(q[0]+0)为x[0][0]，*(q[1]+2)为x[1][2]。第3行定义了一个二维数组，每一行保存一个字符串，第4行定义了1个指向字符的指针数组pc，经过赋值，pc[0]指向了"morning"。这样，二维字符数组c就可以用一维字符指针数组pc表示了。最后一行，没有定义二维字符数组，直接将字符指针数组p的3个元素分别指向3个字符串。

在程序中运用指针的目的是操作目标变量，提高程序的运行效率和灵活性，所以指针数组的应用多数是用字符指针数组来处理多个字符串。尤其是当这些字符串长短不一时，使用指针数组比使用字符数组更为方便、灵活，而且能节省存储空间。

【例9.21】 输入月份的数值，输出该月份对应的英文字符。

```
int main( )
{
    char *p[12]={"January","February","March","April","May","June","July",
      "August","September","October","November","December"};
    int i;
    scanf("%d",&i);
    if (i>=1&&i<=12)
      printf("%s",p[i-1]);
    else
      printf("Illegal month num.\n");
```

```
    return 0;
}
```

利用字符指针数组指向长度不等的字符串可以节省存储空间，如果用二维字符数组存储这些字符串，那么该数组的列数必须按最长的字符串定义（9 个字符）。

【例 9.22】将例 9.21 中的 12 个字符串按由小到大排序。

```
#include <string.h>
int main( )
{
    char *p[12]={"January","February","March","April","May","June","July",
      "August","September","October","November","December"};
    int i,j;
    char *t;
    for (i=0;i<11;i++)
        for (j=0;j<12-i-1;j++)
            if (strcmp(p[j],p[j+1])>0)
            {
                t=p[j];
                p[j]=p[j+1];
                p[j+1]=t;
            }
    for (i=0;i<12;i++)
        printf("%s\n",p[i]);
    return 0;
}
```

程序运行结果如下：

```
April
August
December
February
January
July
June
March
May
November
December
September
```

程序中定义了一个由 12 个元素组成的指针数组 p，每个元素指向一个字符串，排序前指针数组的指向如图 9-14（a）所示，采用冒泡法排序，比较相邻的两个字符串，若前面的字符串大于后面的字符串，就将指向它们的指针数组元素交换。经过一趟排序，将 p[11]指向了最大的字符串，经过第 2 趟排序，将 p[10]指向了较大的字符串，依此类推，经过 11 趟排序，指针数组的指向如图 9-14（b）所示。在程序中，没有改变字符串的存储位置，只是改变了指针数组中各元素的指向，节省了移动字符串花费的时间，提高了程序的运行效率。

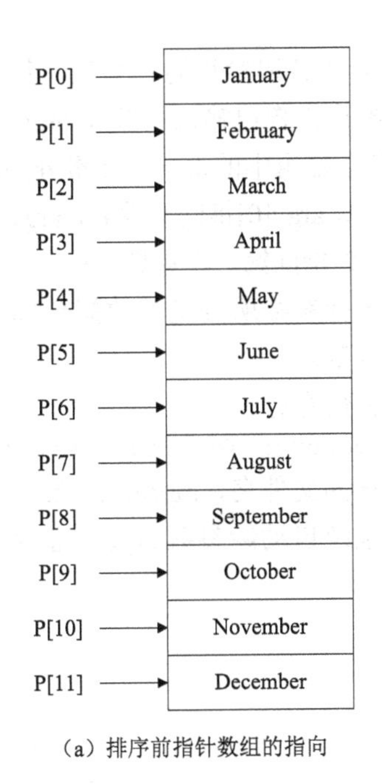

（a）排序前指针数组的指向

（b）排序后指针数组的指向

图 9-14 指针数组示意图

9.6.2 命令行参数

指针数组的一个重要应用是作为主函数 main 的形参。在前面讲的程序中，main 是不带参数的。实际上 main 也可以带参数。前面讲的普通函数的参数的传递是通过主调函数的实参传递的，那么 main 函数的参数又是从哪里传递过来的？main 函数的执行是通过操作系统来调用的，因此参数的传递也是通过操作系统来传递的，通常是由 command.com 文件调用的。

一般情况下，有参数的 main 函数的格式如下：

```
main(int argc,char *argv[ ])
```

C 语言规定 main 函数可以带两个参数，argc、argv 是 main 函数的形参。形参变量的名称可以自己定义，main 函数中也是可以的，但一般人们总是习惯使用这两个名称。argc 是一个整型量，它表示命令行参数的个数；argv 是一个指针数组，用来指向各个命令行参数。

调用带参数的 main 函数的方法，在 DOS（命令行）模式下输入格式如下：

```
可执行文件名 参数 1 参数 2 参数 3
```

其中，文件名和参数之间以及参数与参数之间都用空格分隔。

main 函数中的参数在使用时应注意以下几个问题：

（1）C 语言的源程序文件必须经过编译链接并生成可执行文件（.exe）才能运行。这时在 DOS 命令模式下输入文件名的作用就是执行该程序的可执行文件。若 main 是无参函数，那么编译链接后，只要在 DOS 命令模式下直接输入文件名后按 Enter 键就可以运行该程序，而不需要附加参数。

（2）main 函数的形参有两个，而在命令行中输入实参时，实参的个数可以是多个。也就是说，实参和形参不是一一对应的，这和前面章节讲的实参和形参必须一一对应是不一样的。这是因为C语言规定，参数argc表示命令行文件名和参数的总个数，其值是在输入命令行时由系统按实际参数的个数自动赋予的，不需要用户自己输入；参数argv是指向字符串的指针数组，数组中的每一个元素分别存放着字符串的首地址。即argv[0]指向文件名，argv[1]指向第一个参数，argv[2]指向第二个参数……。

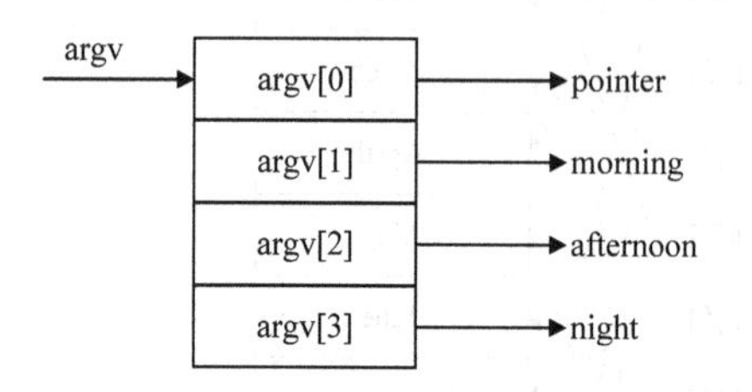

图9-15　指针数组argv中各元素所指向的字符串

（3）命令行参数所传送的数据全部按字符串方式传送给主函数。

例如，有命令行：

```
C:\>pointer morning afternoon night
```

其中，pointer为文件名，morning afternoon night为传递到main函数的3个参数，若执行该命令，操作系统自动给参数argc赋值4，如图9-15所示。

【例9.23】编写程序，输出命令行的参数。

```
#include <stdio.h>
int main(int argc, char *argv[ ])
{
    int i;
    for (i=1;i<argc;i++)
        puts(argv[i]);
    return 0;
}
```

假设该程序的名称为f1，则编译链接后，在DOS命令行中输入以下命令：

```
f1  abcd  efg
```

该程序的运行结果如下：

```
abcd
efg
```

该程序可以改写为：

```
int main(int argc, char *argv[ ])
{
    for ( ;argc>1;argc--)
    {
        argv++;
        printf("%s\n",*argv);
    }
    return 0;
}
```

9.7　函数的指针和返回指针值的函数

除去前面所讲的指针的使用范围，指针还可以指向函数，函数的返回值也可以是指针类型。

9.7.1　函数的指针

在C语言中，一个函数经过编译链接后生成的可执行代码占用一段连续的内存空间，函数名就是所占内存空间的首地址。若把函数的首地址保存在指针变量中，即指针变量指向函数的首地址，则这种指向函数的指针变量称为函数指针变量。

1. 指向函数的指针变量的定义

函数指针变量定义的一般格式如下：

```
类型说明符 (*指针变量名)( );
```

其中“类型说明符”表示指针变量所指向函数的返回值的类型。

例如：

```
int (*p)( );
```

表示 p 是一个指向整型函数的指针变量。

2. 用函数指针变量调用函数

函数指针变量与一般指针变量的共同之处是都可以进行间接访问，一般的指针变量指向内存的数据存储区，通过间接访问可以操作目标变量，而函数指针变量指向的是内存的程序代码存储区，通过间接访问使程序流程转移到指针变量所指向的函数入口。

用函数指针变量调用函数的一般格式如下：

```
(*函数指针变量名)(实参表)
```

其中，“*函数指针变量名”必须用圆括号括起来。

【例 9.24】 编写求一个数的绝对值的函数，用函数指针变量调用该函数。

```
int main( )
{
    int abs1(int);
    int (*p)( ),y;              /*定义一个指向函数（函数类型为整型）的指针变量*/

    p=abs1;                     /*p 指向函数 abs1 的首地址*/
    scanf("%d",&y);
    printf("%d",(*p)(y));       /*与 abs1(y)等价，用“*p”间接访问函数 abs1*/
    return 0;
}
int abs1(int x)
{
    if (x>0)
        return x;
    else
        return -x;
}
```

该程序编译链接后，函数 abs1 在内存的程序代码区中占用了一块连续的存储空间，函数名 abs1 是该函数的入口地址，如图 9-16（a）所示。若执行语句 p = abs1，将该入口地址的值赋给函数指针变量 p，即 p 也指向了函数 abs1 的入口地址，如图 9-16（b）所示。因此通过*p 也可以访问 abs1。

说明：

（1）整型函数指针变量 p 可以在不同时刻根据需要指向不同的整型函数。

（2）在利用函数指针变量调用函数之前，必须先给函数指针变量赋初值。

（3）对于函数指针变量进行加减无意义。

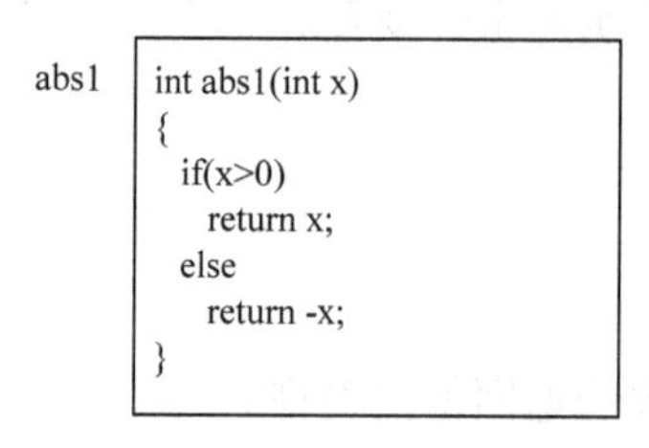

（a）函数 abs1 在程序区的示意图

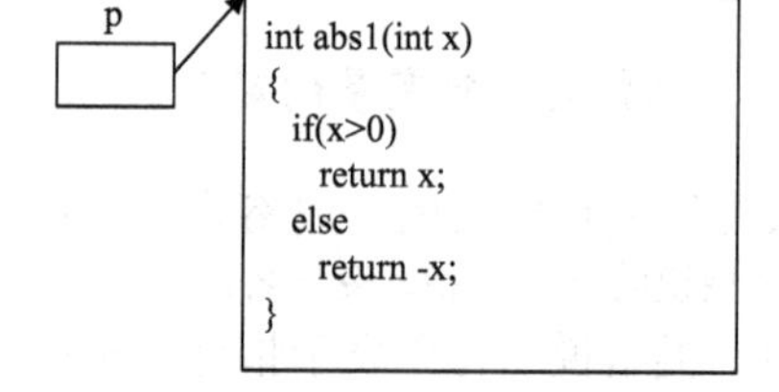

（b）指针 p 指向函数 abs1 的入口地址

图 9-16　函数 abs1 存储示意图

图9-16描述的只是函数在内存中的示意图，实际在内存中存储的是函数的机器指令（二进制代码形式）。

3. 用函数指针变量作函数参数

在例 9.24 中，通过指向函数入口处的指针变量可以调用函数，指向函数的指针变量是很有用的。它的作用主要体现在把函数指针变量作为函数的参数，实现函数之间传递参数时传递的是函数的地址。

【例 9.25】 编写一个用二分法求方程根的函数，求下列方程的根。

$$\begin{cases} x^3 - 4x^2 - 10 = 0 \\ 5x^3 - x - 1 = 0 \end{cases}$$

分析：二分法的基本思想，假定方程 $f(x) = 0$ 在区间$[a, b]$内有唯一的实根 x，接着将方程根所在的区间平分为两个小区间，再判断根属于哪个小区间；把有根的小区间再次平分为二，再判断根所在的更小的区间，并将其平分；重复这一过程，最后求出根的近似值。

执行步骤：

（1）计算$f(x)$在有解区间$[x1, x2]$端点处的值$f(x1)$、$f(x2)$。

（2）计算$f(x)$在区间中点 $x = \dfrac{x1 + x2}{2}$ 处的值 $f(x)$。

（3）判断若$|f(x)| < \varepsilon$，则 $x = \dfrac{x1 + x2}{2}$ 就是根，否则进行如下检验：

若$f(x1)$与$f(x)$异号，则得出根位于区间$[x1, x]$，以 x 代替 $x2$;

若$f(x1)$与$f(x)$同号，则得出根位于区间$[x, x2]$，以 x 代替 $x1$。

反复执行步骤（2）、（3），直到$|f(x)| < \varepsilon$为止（ε为函数值趋于 0 时所允许的误差值），此时 x 趋于方程的根。

首先定义一个求方程根的通用函数 fun，它的形参 p 为函数指针变量，指向需要求方程根的函数。这样在 main 函数中，可通过两次调用 fun 函数分别求解两个函数的根。在 main 函数中第一次调用 fun 函数，执行 x1= fun(f1)语句，将函数 f1 的入口地址传递给 fun 函数中的形参 p，通过*p 访问函数 f1，因此在函数 fun 中，通过(*p)(x)求得 f1(x)的值，通过这种方法反复调用 f1，最终得到方程 f1 的根。main 函数中第二次调用 fun 函数时，将函数 f2 的入口地址传递给形参 p，这时通过*p 访问函数 f2。从这里可以看出，只要是用二分法求任意方程的根，函数 fun 都是一样的，只是调用函数 fun 时传递给该函数中的实参不同而已，只要修改了这个实参的值，就可以求任意方程的根。

```
#include <math.h>
int main( )
{
    float f1(float),f2(float),fun(float (*)(float));
    float x1,x2;
    x1=fun(f1);                        /*函数名 f1 为实参*/
    printf("x1=%f\n",x1);
    x2=fun(f2);
    printf("x2=%f\n",x2);
    return 0;
}

float f1(float x)
{
    return (x*x*x-4*x*x-10);
}
float f2(float x)
{
    return (5*x*x*x-x-1);
}

float fun(float (*p)(float))           /*形参 p 为指向函数的指针变量*/
{
    float x,x1,x2,y,y1,y2;
    do
    { /*反复输入两个数，直到这两个数所在区间有方程的根*/
        scanf("%f,%f",&x1,&x2);
        y1=(*p)(x1);        /*调用形参 p 所指向的函数，将 x1 传递给该函数的形参*/
        y2=(*p)(x2);
    } while (y1*y2>0);
    do
    {
        x=(x1+x2)/2;
        y=(*p)(x);
        if (y*y1<0)
        {
            x2=x;y2=y;
        }
        else
        {
            x1=x;y1=y;
        }
    } while (fabs(y)>=0.0001);
    return x;
}
```

若输入：

```
0,8↙
```

```
x1=4.494942
-3,9↙
x2=0.697632
```

9.7.2 指针型函数

函数类型可以是整型、实型、字符型等基本类型，除此之外，还可以是一个指针型数据。指针型函数定义的格式如下：

```
类型说明符 *函数名（形参表）
{
    函数体
}
```

例如：

```
float *f1(float x,float y)
```

其中，函数名前的“*”表示该函数的返回值是一个指针，类型说明符说明这个指针指向的数据类型，若调用函数 f1，将返回一个指向单精度实型数据的指针。指针型函数的定义与普通函数定义的区别仅仅就是在函数名前面加了一个“*”。

【例 9.26】编写一个函数，删除一个字符串左侧的所有空格。

分析：定义函数 ltrim，返回值是删除字符串左侧空格之后的字符串首地址。

```
int main( )
{
    char a[100],*q;
    char *ltrim(char *);

    gets(a);
    q=ltrim(a);
    printf("%s\n",q);
    return 0;
}
char *ltrim(char *p)
{
    static char str[100];
    int i;

    while (*p==' ')
    {
        p++;
    }
    i=0;
    while (*p!='\0')
    {
        str[i]=*p;
        p++;
        i++;
    }
    str[i]='\0';
    return (str);
}
```

【例 9.27】编写一个函数，若字符串 s2 是字符串 s1 的子串，则返回第一次出现的位置，否则返回值-1。

分析：函数 index 的形参为两个字符指针变量，分别指向实参数组 s1、s2，函数 index 中 while 循环每循环一次将指针 s1 后移一个字符，然后判断从这个位置开始的 n 个字符是否和 s2 相等，若相等，则返回 s1 的值，即 s2 在 s1 中的起始位置，如果 s2 不在 s1 中出现，最后返回一个 NULL。当调用 index 结束后，判断 p 的值，若 p 的值不等于 NULL，输出 p-s1 的值，即 s2 的第 1 个字符和 s1 的第 1 个字符之间相差的字符个数。

```
#include <stdio.h>
#include <string.h>
int main( )
{
    char s1[100], s2[100];
    int Index(char *s1,char *s2);
    printf("请输入主串：\n");
    gets(s1);
    printf("请输入子串：\n");
    gets(s2);
    printf("%d",Index(s1,s2));
    return 0;
}

int Index(char *s1,char *s2)
{
    unsigned long  n;
    char *p=s1;
    int offset=-1;
    n=strlen(s2);
    while (*s1!='\0')
    {
        if (strncmp(s1,s2,n)==0)
        {
            offset=s1-p;
            break;
        }
        s1++;
    }
    return offset;
}
```

9.8 指向指针的指针

如果指针变量所指向的变量也是指针变量，这种情况称为多级间接地址，或称为指向指针的指针。一级间接地址直接指向目标变量；多级间接寻址中，第一个指针存储的是第二个指针的地址，第二个指针才指向目标变量，如图 9-17 所示。

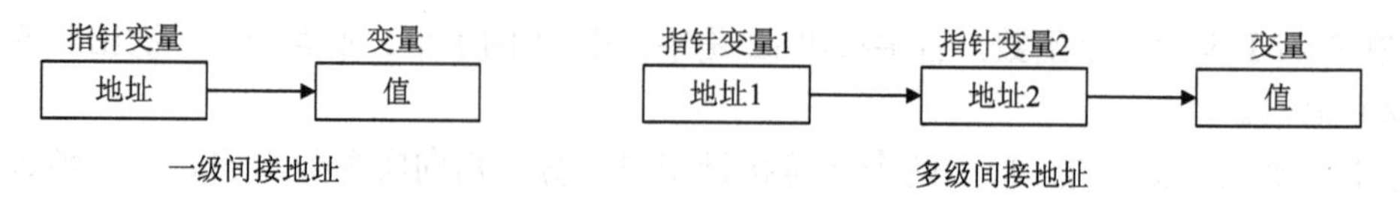

图 9-17　一级间接地址和多级间接地址

定义指针的指针变量的格式如下：

　　类型说明符 **指针变量名

例如：

```
int n=10;
int *p1=&n;
int **p2=&p1;
```

其中，类型说明符说明最终指向的目标变量的数据类型。定义 p2 为指向指针变量的指针变量，它的初始值为另一个指针变量 p1 的地址。那么如何通过 p2 访问变量 n 呢？可以使用“**p2”，*运算符的结合性是右结合，因此这个表达式等价于*(*p2)，运算*p2 即访问 p2 所指向的变量 p1，那么*p1 就是 p1 所指向的变量 n。

【例 9.28】分析指向指针的指针变量的使用方式。

```
int main( )
{
    int n=10;
    int *p1;
    int **p2;

    p1=&n;
    p2=&p1;
    printf("%d,%d,%d\n",n,*p1,**p2);
    printf("%x,%x\n",&n,p1);
    printf("%x,%x\n",&p1,p2);
    return 0;
}
```

程序运行结果如下：

```
10,10,10
ffcc,ffcc
ffce,ffce
```

一般情况下，对于普通变量不采用多级间接地址的方式操作，指向指针的指针变量主要用来操作数组。

例如：

```
char *s[3]={ "good","bad","general"};
char **p=s;
```

定义了一个指针数组 s，它包括的 3 个元素 s[0]、s[1]、s[2]都是字符指针，分别指向"good","bad","general"3 个字符串，s 是数组名，代表数组的首地址，s+i 是数组 s[i]的地址，p 为指向指针的指针变量，将 s 的值赋给 p，即 p 指向数组 s 的首地址，p+i 可以指向数组 s 的任一个元素，*(p+i)就是 s[i]所指向的字符串，如图 9-18 所示。

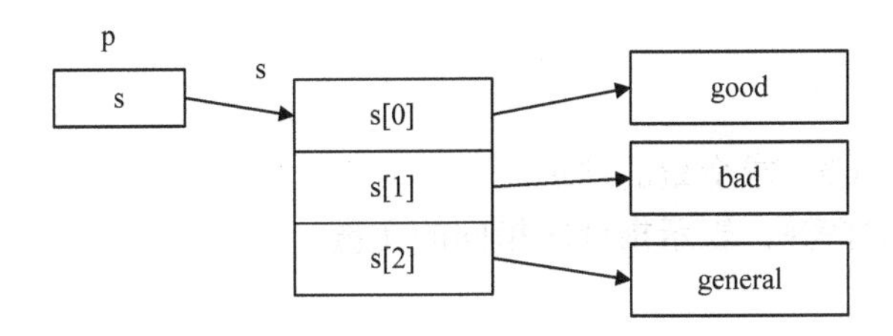

图 9-18　用指向指针的指针变量指向字符数组

【例 9.29】 输入 0～6 的数字，输出对应的英文名称。

```
int main( )
{
    char *week[]={"Sun","Mon","Tues","Wednes","Thurs","Fri","Satur"};
    char **p;
    int n;
    p=week;
    do
    {
        scanf("%d",&n);
    } while (n<0||n>6);
    printf("week no.%d=%s",n,*(p+n));
    return 0;
}
```

若输入数据：

```
2↙
```

程序运行结果如下：

```
week no.2=Tues
```

9.9　小　　结

指针是 C 语言中一种重要的数据类型，使用比较灵活，但初学时容易出错，所以学习时应首先搞清指针的概念和指向的概念，为指针的应用打下基础。本章学习内容总结如下。

1. 指针变量的定义

指针变量的定义格式及其含义如表 9-4 所示。

表 9-4　指针变量的定义格式及其含义

定义格式	含义
类型说明符 *指针变量名;	指向普通变量或数组元素的指针变量的定义
类型标识符 (*指针变量名)[二维数组列数];	指向二维数组行的指针变量的定义
类型说明符 *数组名[数组元素的个数];	指针数组的定义
类型说明符 (*指针变量名)();	指向函数的指针变量的定义
类型说明符 *函数名(形参表)	指针型函数的定义
类型说明符 **指针变量名	指向指针的指针变量的定义

2. 指针的运算

（1）取地址运算符&：求变量的地址。
（2）间接访问运算符*：表示指针所指向的变量。

3. 赋值运算

（1）指针变量 = 变量地址。
（2）指针变量 1 = 指针变量 2。
（3）指针变量 = 数组首地址。
指针变量 = 字符串，注意含义是将字符串的首地址赋给指针变量。
（4）指针变量 = 函数入口地址。
（5）指针变量 1 = 指针变量 2 的地址（指针变量 1 是指向指针的指针变量）。

4. 加减运算

对指向数组、字符串的指针变量可以进行加减运算，如 p+n,p−n,p++,p−−等。对指向同一数组的两个指针变量可以相减。对指向其他类型的指针变量进行加减运算是无意义的。

5. 关系运算

指向同一数组的两个指针变量之间可以进行大于、小于或等于的比较运算。指针可与 NULL 比较，p == NULL 表示 p 为空指针。

习　　题

9.1　已知一个整型数组 z[4]，使用指针表示法编写程序，求该数组各元素的乘积。

9.2　将 *n* 个整数按输入顺序的逆序排列，要求应用带指针参数的函数实现。

9.3　编写一个函数，要求运用指针表示数组元素，并采用冒泡法将一维整型数组的 *n* 个整数从小到大排序。

9.4　从键盘为 y[4][4]数组输入数据，用指向一维数组的指针变量输入/输出数组元素，并且分别求出主对角线、次对角线之和。

9.5　编写一个求 *n* 个字符串中最长的字符串的函数 longstr(s, n)，其中 s 是指向多个字符串的指针数组，n 是字符串的个数，该函数的返回值是最长字符串的首地址。

9.6　编写一个将一个字符串插入另一个字符串的指定位置的函数。

9.7　编写一个带参主函数的程序，求命令行参数中最大的字符串。

第10章 结构体与共用体

学习目标 ☞

- 理解结构体的基本概念；
- 掌握结构体变量的定义与应用；
- 熟练掌握结构体数组和结构体指针的应用，能够使用结构体指针构造链表；
- 培养利用结构体编写相关程序的能力。

C 语言的特点之一是数据类型丰富。前面章节中不仅介绍了 C 语言的基本数据类型，如整型、实型、字符型等，还介绍了一种构造数据类型——数组。但是，在实际应用中，有时还会用到许多不同类型数据组合在一起的情形，这就要用到结构体。

10.1 结构体概述

例如，在学生基本信息表中，学号是整型或字符型，姓名是字符型，年龄是整型，性别是字符型，成绩是整型或实型，它们的数据类型不相同，但都是学生基本信息的一部分，它们之间有着密切的联系。如果把这些数据分开，用独立的变量来表示，则不容易看出数据之间的内在联系，处理起来也很不方便，如图 10-1 所示。

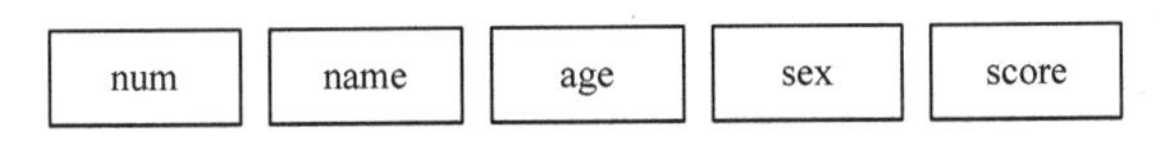

图 10-1 用单个变量表示学生信息

为了解决上述问题，C 语言提供了“结构（structure）”这种构造数据类型，也可以称为结构体。

10.1.1 结构体的概念

结构体可以把各种类型的数据组织成一个整体。学生基本信息可用如图 10-2 所示的结构体类型表示。

num	name	age	sex	score

图 10-2 用结构体类型表示学生基本信息

10.1.2 结构体类型的定义

C 语言的基本数据类型是由系统预定义的，可以直接使用。而结构体类型是根据需要自行定义的，在使用结构体类型变量之前必须先定义结构体类型。

结构体类型定义的一般形式如下：

```
struct 结构体类型名
{
    成员变量列表
};
```

struct 是结构体定义的关键字，结构体类型名必须是 C 语言的合法标识符。成员变量列表可以包含若干成员变量，每一个成员变量的定义形式如下：

```
类型标识符  成员变量名 ;
```

对前面所描述的学生基本信息，可定义其结构体类型如下：

```
struct stu_type
{
    int num;                    /*学号*/
    char name[8];               /*姓名*/
    char sex;                   /*性别*/
    int age;                    /*年龄*/
    float score;                /*成绩*/
};
```

其中，stu_type 是自定义的结构体类型名，与 struct 一起构成一个新的结构体类型。该结构体的 5 个成员变量分别是 num、name、sex、age 和 score。有了结构体类型 struct stu_type，就可以像使用 int、char 等基本数据类型名一样，定义该类型的变量。

关于结构体类型定义的几点说明：

（1）编译时系统不为结构体类型分配存储空间，因为结构体类型是对数据结构模型的描述，所以不能对结构体类型赋值、存取或进行其他运算。

（2）结构体类型中，成员变量的类型可以是基本数据类型，也可以是构造数据类型。

如果将结构体类型 struct stu_type 中的 age 变量用 birthday 来描述，那么，birthday 变量将由年份、月份、日期 3 部分组成，变量 birthday 就成为结构体类型 struct date_type 的变量，其类型定义如下：

```
struct date_type
{
    int year;
    int month;
    int day;
};
```

然后定义 struct stu_type 类型的成员变量 birthday：

```
struct stu_type
{
    int num;
    char name[8];
    char sex;
    struct date_type birthday; /*生日*/
    float score;
};
```

由此，学生基本信息的逻辑结构如图 10-3 所示。

num	name	sex	birthday			score
			year	month	day	

图 10-3　学生基本信息的逻辑结构

C 语言中遵循“先定义，后使用”原则，因此在使用结构体类型 struct date_type 之前必须先定义该类型。

（3）结构体类型定义可以放在函数的内部，也可以放在函数的外部。如果结构体类型定义放在函数的内部，则只在函数内有效；如果放在函数的外部，则该结构体类型对从定义位置到源文件尾之间的所有函数都是有效的。

（4）结构体成员与程序中的其他变量可以同名，二者不会混淆。

10.2　结构体变量

结构体变量也要先定义后使用。在定义结构体变量之前，首先要定义结构体类型。

10.2.1　结构体变量的定义

定义结构体变量的方法有以下 3 种。

方法 1　先定义结构体类型，再定义相应的变量，其形式如下：

```
struct stu_type
{
    int num;
    char name[8]; /*姓名的长度根据实际需要而定*/
    char sex;
    int age;
    float score;
};
struct stu_type student1,student2;
```

其中，student1 和 student2 是 struct stu_type 类型的变量，它们在内存中的情况如图 10-4 所示。student1 和 student2 这两个变量在内存中所占字节数是每个成员所占字节数的总和。

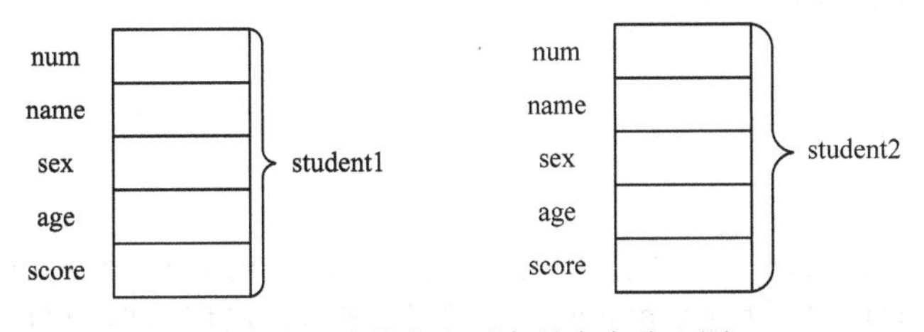

图 10-4　结构体类型变量内存分配图

方法 2　在定义结构体类型的同时定义结构体变量，其形式如下：

```
struct stu_type
{
    int num;
    char name[8];
```

```
        char sex;
        int age;
        float score;
    }student1,student2;
```

方法 3　直接定义结构体变量，其形式如下：

```
    struct
    {
        int num;
        char name[8];
        char sex;
        int age;
        float score;
    }student1,student2;
```

在这 3 种定义形式中，方法 1 在结构体类型定义之后的任意位置都可用该结构体类型来定义变量，而且较为直观，因此是最常用的方法。方法 2 是方法 1 的简略形式，此时类型定义与变量定义合在一起。方法 3 省略了结构体类型名，仅作一次性使用，即不能在程序的其他地方使用该结构体类型定义新的变量。

另外，方法 1 具有非常灵活的特点，便于把通用的类型定义集中在一个单独的源文件中，利用文件包含命令“#include”供多个程序使用。

10.2.2　结构体变量的初始化

结构体变量的初始化就是在定义结构体变量的同时，为其成员变量赋初值。在为成员变量赋初值时，应当按照结构体成员的类型依次为其指定初始值。对结构体变量进行初始化的一般格式如下：

```
    struct 结构体类型名 结构体变量={初始化数据};
```

例如：

```
    struct stu_type
    {
        int num;
        char name[8];
        char sex;
        int age;
        float score;
    };

    int main( )
    {
        ……
           struct stu_type student1={001,"Zhang",'m',18,89.5};
           struct stu_type student2={002,"Wang",'f',19,91};
        ……
    }
```

关于结构体变量初始化的几点说明。

（1）初始化数据之间需要用逗号进行分隔。

（2）一般情况下，初始化数据的个数应与成员变量的个数相同；若初始化数据的个数小于成员变量的个数，则未被指定值的成员变量将被初始化为 0；如果成员变量是一个指针，则被自动初始化为NULL。

（3）初始化数据的类型要与相应成员变量的类型一致。

10.2.3 结构体变量的引用

在C语言程序中，对结构体变量的使用通常是通过其成员变量来实现的。引用结构体变量中成员变量的一般形式如下：

```
结构体变量名.成员变量名
```

其中，“.”是结构体成员运算符，该运算符是所有C语言运算符中优先级别最高的运算符，结合性是自左至右。

结构体变量的使用说明如下。

（1）结构体变量的成员变量可以像普通变量一样根据其类型进行各种运算。

例如，对定义的结构体变量student1或student2，可做如下赋值操作：

```
student1.num=2001;
strcpy(student1.name,"Zhang");
student1.sex='m';
student1.age=18;
student.score=89.5;
```

对于score成员变量可以进行求平均值操作，例如：

```
average = (student1.score+student2.score) / 2;
```

对结构体变量的成员变量还可进行输入/输出操作，例如：

```
scanf("%d",&student1.age);
printf("%d",student1.age);
```

也可以用gets函数和puts函数输入/输出结构体变量中的字符数组成员变量，例如：

```
gets(student1.name);    /* 输入一个字符串给 student1.name 字符数组 */
puts(student1.name);    /* 将字符数组 student1.name 中的字符串输出到显示器 */
```

（2）允许具有相同类型的结构体变量相互整体赋值。

例如，对定义的结构体变量student1或student2，可做如下的赋值操作：

```
student2=student1;
```

（3）如果成员本身又是一个结构体变量，则要逐级引用。

例如，student1.birthday.year 表示结构体变量student1中的成员变量birthday中的成员变量year。

【例10.1】结构体类型变量的定义、初始化和引用。

```
#include <stdio.h>
struct date_type
{
    int year;
    int month;
    int day;
};
struct stu_type
{
    int num;
    char name[8];
```

```
        char sex;
        struct date_type birthday;
        float score;
    };
    int main( )
    {
        static struct stu_type student1={1001,"Zhang",'m',1991,3,21,89.5};
        /*以下输出结构体变量的各成员的值*/
        printf("NO:%d\nName:%s\nSex:%c\n",student1.num,student1.name,
          student1.sex);
        printf("Birthday:%d,%d,%d\n",student1.birthday.year,
           student1.birthday.month,student1.birthday.day);
        printf("Score:%0.2f\n",student1.score);
        return 0;
    }
```

程序运行结果如下：

```
NO: 1001
Name:Zhang
Sex:m
Birthday:1991,3,21
Score: 89.50
```

10.3 结构体变量作函数参数

结构体变量可以作为函数参数，将结构体变量的值传递给另一个函数的方式有以下两种：

（1）用结构体变量的成员变量作参数。这种方法和用普通变量作实参是一样的，属于值传递方式。例如，用 student1.num 或 student1.name 作函数实参，将实参值传给形参。传递时实参与形参的类型应当一致。

例如：

```
struct stu_type
{
    int num;
    char name[8];
    char sex;
}student1;
```

现将结构体变量 student1 的 3 个成员变量分别传递给函数 f1、f2、f3：

```
f1(student1.num);
f2(student1.name);
f3(student1.sex);
```

若需要将成员变量地址传递给函数，则需要在成员变量前加取地址符“&”。由于字符数组名 name 代表其成员变量地址，因此 student1.name 前不需要写“&”。例如：

```
function1(&student1.num);
function2(student1.name);
```

（2）用结构体变量作实参。用结构体变量作实参时，采取的也是值传递的方式，形参也必须是同类型的结构体变量。在函数调用时，系统为形参结构体变量分配存储空间，并从相应的实参结构体变量中取得相应各成员变量的值，若形参结构体变量的各成员变量值发生变化，不会影响实参结构体变量的各成员变量的值。

【例 10.2】有一个结构体变量 stud，包含学生学号、姓名和 3 门课的成绩。要求在 main 函数中赋值，在另一个函数 fprint 中将它们输出。

```
#include <string.h>
#include <stdio.h>
#define FORMAT "%d\n%s\n%f\n%f\n%f\n"
struct student                              /*定义结构体类型*/
{
    int num;
    char name[10];
    float score[3];
};
int main( )
{
    void fprint(struct student);            /*函数声明*/
    struct student stud;

    /*给结构体变量赋值*/
    stud.num=1010;
    strcpy(stud.name,"Li Yang");
    stud.score[0]=71.5;
    stud.score[1]=90;
    stud.score[2]=81.5;
    fprint(stud);                           /*函数调用*/
    return 0;
}
void fprint(struct student stud)
{
    printf(FORMAT,stud.num,stud.name,stud.score[0],stud.score[1],
      stud.score[2]);
    printf("\n");
}
```

程序运行结果如下：

```
1010
Li Yang
71.500000
90.000000
81.500000
```

main 函数中的实参 stud 和 fprint 函数中的形参 stud 都是 struct student 类型变量。在调用 fprint 函数时，实参 stud 向形参 stud 进行“值传递”。在 fprint 函数中输出形参变量 stud 的各成员的值。

10.4　结构体数组

在实际应用中，具有相同数据结构的一组数据可用结构体数组来表示，如某个专业的学生信息、某企业职工的工资信息表等。

10.4.1 结构体数组的定义

结构体数组的定义方法与结构体变量类似，只需说明它是数组即可。

以下定义了结构体数组 stud，它包含 5 个元素：stud[0]～stud[4]。每一个元素具有 struct student 的结构，如图 10-5 所示。

	num	name	sex	age	score	addr
stud[0]	101	Li Ping	M	18	60.5	103Beijing Road
stud[1]	102	Zhang Ping	M	19	71.5	130Shanghai Road
stud[2]	103	He Fang	F	18	92.5	101Zhongshan Road
stud[3]	104	Cai Qiang	F	20	98	109Chang'an Road
stud[4]	105	Wang Ming	M	18	80	120Beijing Road

图 10-5　结构体数组 stud 中每个元素的结构形式

各元素在内存中连续存放，如图 10-6 所示。

101
Li Ping
M
18
60.5
103Beijing Road
102
Zhang Ping
M
19
71.5
130 Shanghai Road
⋮

图 10-6　数组元素内存分配示意图

例如：

```
struct student
{
    int num;
    char name[20];
    char sex;
    int age;
    float score;
    char addr[30];
};
struct student stud[5];
```

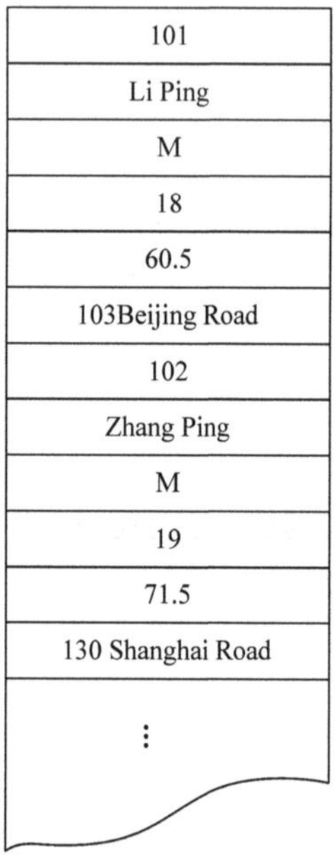

10.4.2 结构体数组的初始化

结构体数组的初始化可以在定义的同时进行，一般格式是在结构体数组定义之后紧跟一组用花括号括起来的初始数据。为了区分各个数组元素，在初始化时把每一个数组元素的初始数据也用花括号括起来。

例如：

```
struct student
{
    int num;
    char name[20];
    char sex;
    int age;
    float score;
    char addr[30];
}stud[5]={{101,"Li Ping",'M',18,60.5,"103Beijing Road"},
    {102,"Zhang Ping",'M',19,71.5,"130Shanghai Road"},
```

```
    {103,"He Fang",'F',18,92.5,"101Zhongshan Road"},
    {104,"Cai Qiang",'F',20,98,"109Chang'an Road"},
    {105,"Wang Ming",'M',18,80,"120Beijing Road"}
      };
```

如果对全部元素初始化，也可以不给出数组长度，写成如下形式：

```
stud[]={{…},{…},{…},{…},{…}};
```

编译时，系统会根据初始数据中结构体常量的组数来确定数组元素的个数。

因此，也可以用以下格式对结构体数组进行初始化：

```
struct student
{
    int num;
    ……
};
struct student stud[]={{…},{…},{…},{…},{…}};
```

10.4.3　结构体数组元素的使用

【例 10.3】练习结构体数组的定义与使用，计算学生的平均成绩和不及格人数。

```
#include <stdio.h>
struct student
{
    int num;
    char name[20];
    char sex;
    int age;
    float score;
    char addr[30];
}stud[5] = {{101, "Li Ping",'M',18,45,"103Beijing Road"},
    {102, "Zhang Ping",'M',19,71.5,"130Shanghai Road"},
    {103, "He Fang",'F',18,92.5,"101Zhongshan Road"},
    {104, "Cai Qiang",'F',20,98,"109Chang'an Road"},
    {105, "Wang Ming",'M',18,80,"120Beijing Road"}
    };

int main( )
{
    int i,c=0;                  /*变量 i 为循环计数器，变量 c 用来记录不及格人数*/
    float aver,sum=0;           /*变量 aver 存放平均成绩，变量 sum 存放总成绩*/

    for (i=0;i<5;i++)           /*循环计算 5 名学生的总成绩，统计不及格人数*/
    {
        sum+=stud[i].score;     /*结构体数组的使用*/
        if (stud[i].score<60) c+=1;
    }
    printf("sum=%f\n",sum);
    aver=sum/5;
    printf("average=%f\ncount=%d\n",aver,c);
    return 0;
}
```

程序运行结果如下：

```
sum=387.000000
average=77.400002
count=1
```

例 10.3 程序中定义了一个含有 5 个元素的结构体数组 stud，定义时进行了初始化。在 main 函数中使用 for 循环对各元素的 score 成员值逐个累加，并将累加和存放在变量 sum 中，如果 score 成员的值小于 60（不及格），则计数器 c 加 1，循环结束后计算出平均成绩，然后输出总分、平均分及不及格人数。

10.5 指向结构体类型数据的指针

一个指针变量指向一个结构体变量时，称该指针变量为结构体指针变量。该变量中的值是所指向的结构体变量的起始地址。

10.5.1 指向结构体变量的指针

结构体指针变量说明的一般形式如下：

```
struct 结构体类型名  *结构体指针变量名
```

例如，定义一个 struct stu_type 类型的变量 stud，若要定义一个指向变量 stud 的指针变量 pstud，可写成：

```
struct stu_type
{
    int num;
    char name[10];
    char sex;
    int age;
    float score;
};
struct stu_type stud,*p_stud;
```

结构体指针变量必须先赋值，然后才可以使用。

为结构体指针变量赋值是把结构体变量的首地址赋给该指针变量，例如：

```
p_stud=&stud;
```

这样，指针变量 p_stud 就与变量 stud 建立了联系，以后通过变量 p_stud 和变量 stud 都可以访问同样的结构体变量。

用结构体指针变量访问结构体变量各个成员的一般形式如下：

```
(*结构体指针变量名).成员名
```

或者

```
结构体指针变量名->成员名
```

例如：

```
(*p_stud).num 或 p_stud->num
```

其中，*p_stud 表示指针变量 p_stud 所指向的结构体变量。成员运算符“.”的优先级高于指针运算符“*”，因此必须用括号来保证其正确结合。如果把括号去掉，写成*p_stud.num，则等效于*(p_stud.num)，这样就不能表达原本意义了。

【例 10.4】练习结构体指针变量的定义和使用方法。

```
#include <string.h>
#include <stdio.h>
int main( )
{
    struct student                    /*结构体类型定义*/
    {
        int num;
        char name[20];
        char sex;
        float score;
    };
    struct student stu;
    struct student *p;                /*结构体指针变量的定义*/

    p=&stu;                           /*给结构体指针变量赋值*/
    stu.num=1101;
    strcpy(stu.name,"Wang Lin");
    stu.sex='M';
    stu.score=98.5;

    /*输出结构体变量各成员的值*/
    printf("No.:%ld\nname:%s\nsex:%c\nscore:%f\n", stu.num, stu.name, stu.sex,
      stu.score);
    /*结构体指针变量的使用*/
    printf("No.:%ld\nname:%s\nsex:%c\nscore:%f\n",
       (*p).num,(*p).name,(*p).sex,(*p).score);
    printf("No.:%ld\nname:%s\nsex:%c\nscore:%f\n",
       p->num,p->name,p->sex,p->score);
    return 0;
}
```

程序运行结果如下：

```
No.:1101
name:Wang Lin
sex:M
score:98.500000
No.:1101
name:Wang Lin
sex:M
score:98.500000
No.:1101
name:Wang Lin
sex:M
score:98.500000
```

由程序运行结果看出，引用结构体成员有以下3种形式。

（1）结构体变量.成员名。

（2）(*结构体指针变量名).成员名。

（3）结构体指针变量名->成员名。

这3种表示形式是等效的。

10.5.2 指向结构体数组的指针

若一个结构体指针变量指向的是结构体数组，则结构体指针变量的值是该数组的首地址。若一个结构体指针变量指向的是结构体数组中的某一元素，则结构体指针变量的值是该数组元素的第一个成员的首地址。

设 p_stu 为指向结构体数组的指针变量，则 p_stu 也指向该数组的 0 号元素，p_stu+1 指向 1 号元素，p_stu+i 指向 i 号元素。

【例 10.5】 用指针变量输出结构体数组。

```
#include <stdio.h>
int main( )
{
    struct student
    {
       int num;
       char name[20];
       char sex;
       float score;
    }stu[3]={{1101,"Li Yang",'M',85},
      {1102,"Wang Tao",'F',92.5},
      {1103,"Liang Hao",'F',60}};
    struct student *p;

    for (p=stu;p<stu+3;p++)
    {
       printf("%ld,%s,%c,%f\n",(*p).num,(*p).name,(*p).sex,(*p).score);
    }
    return 0;
}
```

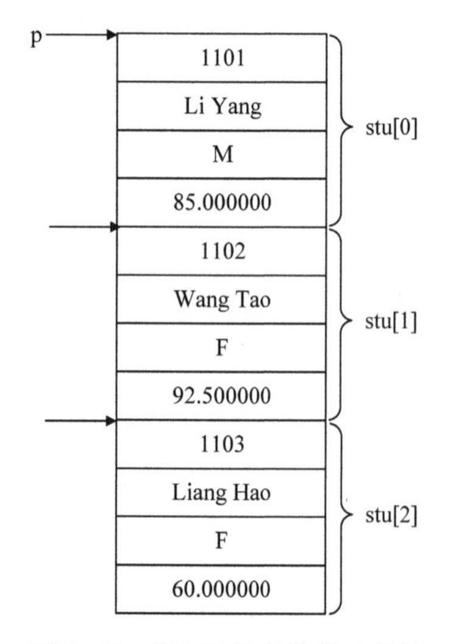

图 10-7　指向结构体数组的指针

程序运行结果如下：

```
1101,Li Yang,M,85.000000
1102,Wang Tao,F,92.500000
1103,Liang Hao,F,60.000000
```

程序中，在 main 函数内先定义了结构体数组 stu，并对该数组进行了初始化赋值。接着定义了指向结构体类型 struct student 的指针变量 p。在 for 循环语句的表达式 1 中，将 stu 的首地址赋给 p，然后循环 3 次，输出 stu 数组中各元素的值。图 10-7 所示是指向结构体数组的指针。

虽然一个结构体指针变量可以用来访问结构体变量或结构体数组元素的成员，但是它不能指向结构体的一个成员。也就是说不允许将一个成员的地址赋给结构体指针变量。因此：

```
p=&stu[1].sex;
```

是错误的。而：

```
p=stu;          /*赋予数组首地址*/
```

或者

```
p=&stu[0];      /*赋予 0 号元素首地址*/
```

是正确的。

在 C 语言中，如果要对结构体指针作自增自减运算，需要特别注意它的形式。

假设指针 p 指向数组 stu 的起始位置，则表达式++p -> num 表示把 stu[0].num 的值加 1，因为运算符“->”的优先级高于自增运算符“++”。即上式等价于++ (p -> num)。

如果要移动指针，必须用括号把++和 p 括起来。例如：(++p) -> num;表示先将指针变量 p 自增 1，指向数组中下一个元素 stu[1]，然后得到其成员 num 的值，也就是取 stu[1].num 的值。如果写成(p++) -> num;，则是先得到 stu[0].num 的值，然后移动指针 p 使其指向 stu[1]。

为了避免错误，对结构体指针进行++（或--）运算时，经常把指针的引用和指针的++（或--）运算分开进行，例如：

```
m=(p++)->score;
```

写成下面的形式会更清晰：

```
m=p->score;
p++;
```

10.5.3　结构体指针变量作函数参数

在 ANSI C 标准中允许使用结构体变量作为函数参数进行数值传递，这种传递方式会将全部成员逐个传送。当成员为数组时，传递的时间和空间开销很大，严重地影响程序的执行效率。为了提高程序的效率，可用结构体指针变量作为函数参数进行传递，此时由实参传向形参的是地址，从而减少了时间和空间的开销。

【例 10.6】用结构体指针变量作为函数参数编写程序，计算一组学生的平均成绩和不及格人数。

```
#include <stdio.h>
struct stu
{
    long num;
    char name[20];
    char sex;
    float score;
}boy[5]={{181301,"Li Ming",'M',55},{181302,"Zhang Ping",'M',70.5},
        {181303,"He Yong",'M',84.5},{181304,"Cheng Gong",'M',95},
        {181305,"Wang Ling",'M',56}};
int main( )
{
    struct stu *ps1;
    void ave(struct stu *ps2);

    ps1=boy;
    ave(ps1);                         /*结构体指针变量 ps1 作实参*/
    return 0;
}
void ave(struct stu *ps2)             /*结构体指针变量 ps2 作形参*/
{
```

```
    int c=0,i;
    float ave,total_score=0;

    for (i=0;i<5;i++,ps2++)
    {
        total_score+=ps2->score;
        if (ps2->score<60)  c+=1;
    }
    printf("total_score=%f\n",total_score);
    ave=total_score/5;
    printf("average=%f\ncount=%d\n",ave,c);
}
```

程序运行结果如下：

```
total_score=361.000000
average=72.500000
count=2
```

本程序中定义了函数 ave，该函数的形参为结构体指针变量 ps2。在 main 函数中定义了结构体指针变量 ps1，并通过赋值语句“ps1 = boy;”，使 ps1 指向 boy 数组。然后用结构体指针变量 ps1 作为实参调用函数 ave。在函数 ave 中计算平均成绩、统计不及格人数，最后输出相关信息。在程序中使用结构体指针变量进行运算和处理，可提高程序执行效率。

10.6 动态存储分配

C 语言中没有动态数组类型，数组的长度是在定义数组时预先设置好的，而在实际的开发过程中，经常遇到所需的内存空间取决于实际输入的数据，无法预先确定空间大小的情况。

为此，C 语言提供了一系列内存管理函数，可以根据实际需要动态地分配和回收内存空间。

常用的内存管理函数如下。

1. 内存空间分配函数 malloc

malloc 函数调用的一般形式：

```
(类型说明符*) malloc(size)
```

功能：在内存的动态存储区，分配一个长度为 size 字节的连续存储区域，函数的返回值为该区域的首地址。

说明：

size：一个无符号整数。

类型说明符：表示在该区域存放何种数据类型的数据。

(类型说明符*)：表示将返回值强制转换为该类型指针。

例如：

```
pv=(int *) malloc(5);
```

该语句的功能：在内存的动态存储区分配一个 5 字节的内存空间，并强制转换为整型，函数的返回值为指向整型数据的指针，将该指针赋给指针变量pv。

2. 内存空间分配函数calloc

calloc函数调用的一般形式：

```
(类型说明符*) calloc(n,size)
```

功能：在内存的动态存储区中分配 *n* 个长度为size字节的连续区域。函数的返回值为该区域的首地址。

上述两个函数的区别在于：malloc函数一次可以分配1块指定大小的内存空间，而calloc函数一次可以分配 *n* 块指定大小的内存空间。

例如：

```
ps=(struct stu_type*) calloc(2,sizeof(struct stu_type));
```

其中，sizeof是C语言中的一个单目运算符，用来计算后面所跟数据类型的数据在内存中所占的字节数。sizeof(struct stu_type)用来计算一个struct stu_type类型的数据在内存中所占的字节数。因此该语句的作用：按照 struct stu_type的长度分配2块连续区域，并强制转换为struct stu_type类型，最后将其首地址赋给指针变量ps。

3. 重新分配内存空间的函数realloc

realloc函数调用的一般形式：

```
(类型说明符*) realloc(pr,newsize)
```

功能：将pr所指的内存空间的大小更改为newsize。

说明：

pr：已分配的内存空间的首地址。

newsize：一个无符号整数，表示内存空间新的大小。

具体执行该操作时有以下几种情况：

（1）系统先判断当前内存段后面是否有足够的连续空间，如果有，直接扩大pr所指向的内存空间，并且将pr返回。

（2）如果当前内存段后面没有足够的连续空间来满足内存扩大的需求，则先按照newsize所指定的大小分配内存空间，然后将原来的数据从头至尾复制到新分配的内存空间中，最后释放原来pr所指向的内存空间，同时返回新分配的内存空间的首地址。需要说明的是：原来的指针是自动释放的，不需要使用free函数。

（3）如果重新分配失败，则返回空指针NULL。

例如，为上述pv所指向的内存空间重新分配30字节的内存空间，可以用下列语句实现：

```
pv = (int *) realloc(pv,30);
```

4. 释放内存空间的函数free

free函数调用的一般形式：

```
free(p);
```

功能：释放p所指向的一块内存空间，p是最近一次调用malloc或calloc或realloc函数时返回的值，它指向被释放区域的首地址。该函数无返回值。

【例10.7】 分配一块内存区域，输入一个学生数据。

```
#include <stdio.h>
#include <stdlib.h>
#include <string.h>
int main( )
{
    struct stu
    {
        int num;
        char name[20];
        float score;
    }*ps;
    /*分配一块内存空间，并将空间首地址赋给结构体指针变量ps*/
    ps=(struct stu*) malloc(sizeof(struct stu));
    ps->num=102;   /*给ps所指的空间赋值*/
    strcpy(ps->name,"Zhang Tao");
    ps->score=60.5;
    /*输出该空间的值*/
    printf("Number=%d\nName=%s\nScore=%.2f\n",ps->num,ps->name,ps->score);
    free(ps);           /*释放ps所指向的空间*/
    return 0;
}
```

程序运行结果如下：

```
Number=102
Name=Zhang Tao
Score=60.50
```

上述程序实现了存储空间的申请、使用、释放的动态过程。程序中首先通过 malloc 函数动态申请一块长度为 sizeof(struct stu)的内存空间，强制转换成 struct stu 类型，以便存放相应的数据，并把所申请的内存空间首地址赋给 ps，使 ps 指向该区域。再通过 ps 对各个成员赋值，并用 printf 函数输出各个成员的信息。最后使用内存空间释放函数 free 释放 ps 指向的内存空间。

10.7 链　表

使用结构体和指针可以构造一种非常重要而且常用的数据结构——链表。

从前面的章节中已经知道，使用数组存放数据时，必须事先确定它的长度，这种数据结构属于静态数据结构。由于静态数据结构中各元素的位置相对固定，所以其最大的优点是可以方便地访问任意一个元素。但是，对数组进行插入或删除元素操作时经常要移动大量数据，此外其插入数据的个数也会受到数组长度的限制。数组定义得太小，不能满足运行要求；数组定义得太大，又会浪费存储空间。

C 语言提供的动态存储可以很好地解决这些问题，比如这里讲述的链表。链表是一种动态数据结构，动态数据结构占用的内存空间在程序运行期间可以动态地变化，能根据数据存储需要而扩充或缩减，能方便地增加或删除元素。

10.7.1　链表的概念

简单的链表示意图如图 10-8 所示。

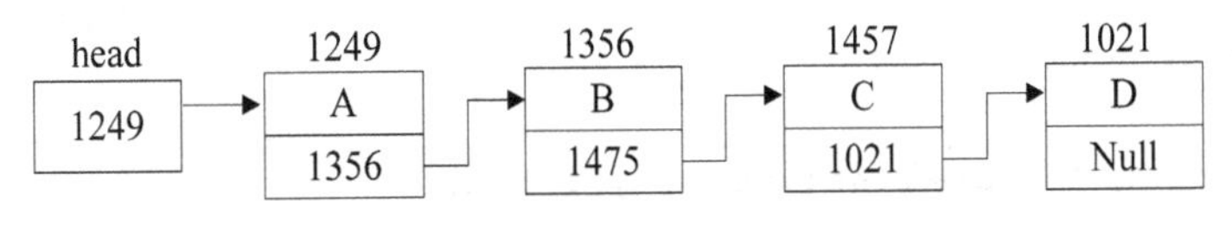

图 10-8　简单链表示意图

从图 10-8 可以看出，链表是由一系列结点链接而成的，每个结点都由两部分组成：第一部分是数据域，用来存放该结点的数据信息；第二部分是指针域，用来存放该结点的后继结点的指针。每个链表都有一个头指针（head），它是一个指针变量，存放的是该链表的起始地址。头指针指向链表中的第一个结点，第一个结点的指针域指向第二个结点，如此串连下去直到最后一个结点，一环扣一环形成一个完整的像链条一样的结构。最后一个结点由于没有后续结点，所以其指针域存放一个空指针（NULL）表示链表的结束。

例如，一个存放学生学号和姓名的结点可以定义如下：

```
struct stu
{
   int num;
   char name[20];
   struct stu *next;
}
```

在这个结构中，链表结点的数据域包括 num 和 name 两个成员，指针域是 next 成员，它是一个 struct stu 结构体类型的指针变量。因为链表中的结点具有相同的数据结构，所以 next 又指向 struct stu 类型的数据，其值为下一结点的地址。

10.7.2　链表的操作

对链表的主要操作有以下几种。

1）建立链表

建立链表是从空链表出发，一个一个地开辟结点空间和输入各结点数据，并建立起结点间的前后链接关系。

2）输出链表元素

输出链表元素是将一个已建立好的链表中部分或全部结点的数据输出。

3）查找链表元素

查找链表元素是指在已知链表中查找值为某指定值的结点。

4）删除链表元素

删除链表元素是指从已知链表中按指定的数据项删除一个或几个结点。

5）插入链表元素

插入链表元素是指将一个已知结点按某种规则插入已知链表中。

下面举例说明链表的主要操作。

【例 10.8】链表的建立。

编写函数，用给出的一组数据建立一个链表，并返回链表的头指针。

```
#include <stdlib.h>
struct node
{
    int data;
    struct node *next;
};
struct node *createlist(int v[ ],int n)
{
    struct node *head,*p,*q;  /*q指向当前链表的尾结点，p指向新生成的结点*/
    int i;
    if (n<=0)
        return (NULL);
    q=(struct node*) malloc(sizeof(struct node));   /*生成第一个结点*/
    q->data=v[0];
    head=q;                      /*确定链表头指针的指向*/
    for (i=1;i<n;i++)
    {
        /*生成新结点*/
        p=(struct node *) malloc(sizeof(struct node));
        p->data=v[i];
        q->next=p;               /*连接上新结点*/
        q=p;                     /*移动指针*/
    }
    q->next=NULL;                /*最后一个结点*/
    return (head);
}
```

该函数接收从主调函数传递过来的 *n* 个数据，放在数组 v 中，建立一个有 *n* 个结点的链表。如果 $n \leqslant 0$ 表示数组中没有数据，返回一个 NULL 表示建立链表不成功，否则开始建立链表。语句：

```
q=(struct node *) malloc(sizeof(struct node));
```

表示为一个结点分配存储空间，sizeof(struct node)的值就是一个 struct node 类型所需要的字节数，用这个字节数作函数参数，malloc 函数分配一块能够放下一个结点的存储空间。该函数返回一个可以适用于任何指针类型的 void 型指针。由于 q 的类型是 struct node *，所以使用类型强制转换运算符（struct node *）使 q 指向新分配的结点，然后把第一个元素 v[0]送给这个结点，并使头指针（head）指向这个结点，如图 10-9（a）所示。

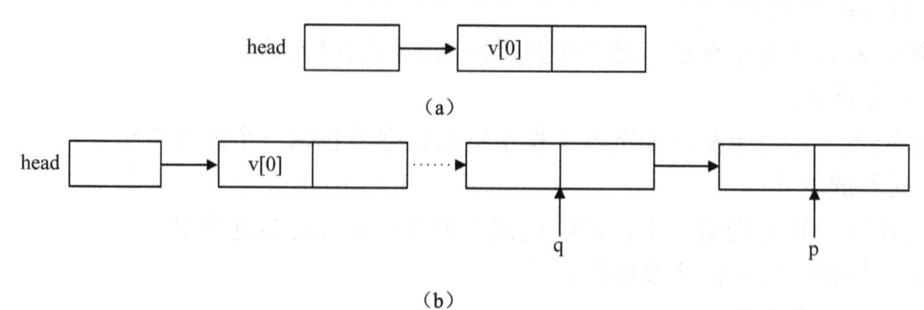

图 10-9 建立链表

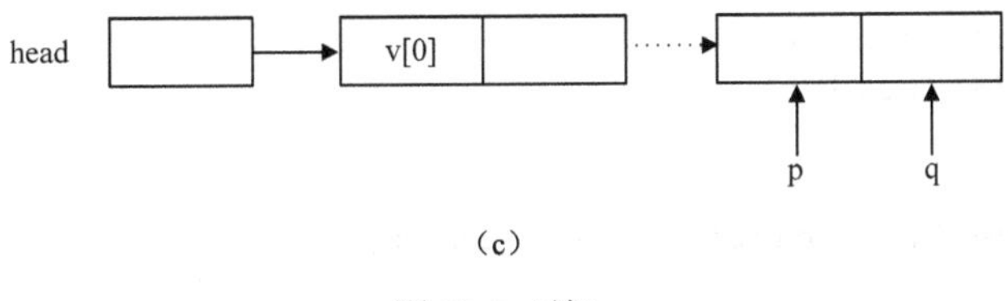

（c）

图 10-9（续）

程序中的 for 循环依次把剩余结点的数据放入链表中：首先生成一个新结点，并用 p 指向它，再把相应的数据放入这个结点，然后用语句 q -> next = p;让前一个结点（q 所指向的结点）的 next 域指向这个新结点，从而建立结点间的链接关系，如图 10-9（b）所示；最后用语句 q = p;将指针 q 指向当前链表的尾结点，如图 10-9（c）所示；循环结束后的赋值 q->next = NULL; 是将最后一个结点的 next 域置为空值，表示该结点是链表的最后一个结点。语句 return(head); 表示返回这个链表的头指针。

【例 10.9】编写函数，输出上例链表中各元素的值。

要想输出链表中各元素的值，首先通过头指针 head 得到第一个元素的地址，然后根据结点的指针域依次找到下一个结点并输出其元素值，直到最后一个结点。

```
void printlist(struct node *head)
{
    struct node *p;
    p=head;
    while (p!=NULL)
    {
        printf("%d\n",p->data);
        p=p->next;          /*指针向后移动*/
    }
}
```

该函数首先将指针 p 指向链表头结点 head，如果链表为空（head == NULL），就结束；否则就逐个输出各结点中的数据。语句如下：

```
p=p->next;
```

表示使 p 指向下一个结点。当输出完最后一个结点的数据后，p -> next 的值是 NULL，循环结束。NULL 实际上可以看成一个值为 0 的指针，由于 C 语言不会认为 0 是一个合法的地址值，所以可以用 NULL 做特殊的标志（用 malloc 函数返回 NULL 表示分配空间出错）。这里用 NULL 作为链表的结束标志就像字符串用“\0”作结束标志一样，使处理变得非常方便。

【例 10.10】编写程序，测试前面两个例题的链表建立和输出。

```
#include <stdlib.h>
#include <stdio.h>
struct node
{
    int data;
    struct node *next;
};
int main( )
{
    struct node *createlist(int v[],int n),*head;
    void printlist(struct node *head);
    static int d[]={1,2,3,4,5,6,7,8,9};
```

```
    head=createlist(d,9);
    printlist(head);
    return 0;
}
struct node *createlist(int v[],int n)
{
    struct node *head,*p,*q;
    int i;
    if (n<=0)
        return(NULL);
    q=(struct node *)malloc(sizeof(struct node));  /*生成第一个结点*/
    q->data=v[0];
    head=q;                                        /*确定表头的指向*/
    for (i=1;i<n;i++)
    { /*生成新结点*/
        p=(struct node*) malloc(sizeof(struct node));
        p->data=v[i];
        q->next=p;                                 /*连接上新结点*/
        q = p;                                     /*移动指针*/
    }
    q->next=NULL;                                  /*最后一个结点*/
    return (head);
}
void printlist(struct node *head)
{
    struct node *p;
    p=head;
    while (p!=NULL)
    {
        printf("%5d ",p->data);                    /*输出当前结点的数据*/
        p=p->next;                                 /*移动指针*/
    }
}
```

程序运行结果如下：

```
1    2    3    4    5    6    7    8    9
```

【例 10.11】查找链表中的某个元素。

在链表中根据给定的数值进行查找，如果找到就返回该结点的地址，否则返回 NULL。

```
struct node *searchnode(struct node *head,int key)
{
    struct node *p;
    p=head;
    while (p!=NULL)
    {
        if (p->data==key)
            break;
        p=p->next;
    }
    return (p);
}
```

【例 10.12】在链表中插入一个元素。

这个操作是把一个新结点插入到一个给定的结点之前，返回值是指向新插入结点的指针。

在链表中插入一个元素可能是以下 4 种情况之一。

（1）一般情况下，如图 10-10（a）所示，p 指向值为 key 的结点的前一结点，r 指向要插入的新结点。插入新结点时，首先让 r 的指针域指向值为 key 的结点，如图 10-10（b）所示，可用语句：

```
r->next=p->next;
```

来完成，然后让 p 的指针域指向 r，如图 10-10（c）所示，可用语句：

```
p->next=r;
```

完成，这样就完成了插入操作。

（2）如果值为 key 的结点不存在，r 所指向的结点应放在链表最后，这时 p 就指向最后一个结点。如图 10-10（d）所示，这种情况下要让 r 的指针域为空，实际上由于 p->next 的值为 NULL，所以也可以写成：

```
r->next=p->next;
```

然后让 p 的指针域指向 r，如图 10-10（e）所示，仍然用语句：

```
p->next=r;
```

完成，这样看来，当值为 key 的结点不存在时所做的处理与一般情况时一样。

（3）如果链表为空，也就是 head == NULL 时，可将 r 的指针域置为空，而使 head 指向 r，如图 10-10（f）所示，可用语句：

```
r->next=NULL;
head=r;
```

完成。由于开始时 head 就为 NULL，也可以写成：

```
r->next=head;
head=r;
```

（4）如果第一个结点的值就是 key，则应让 r 的指针域指向第一个结点，而这个结点原来是由 head 指向的，可用语句：

```
r->next=head;
```

实现，如图 10-10（g）所示；然后让 head 指向 r，可用语句：

```
head=r;
```

实现，如图 10-10（h）所示，也就是说，当第一个结点的值就是 key 时，所做的处理与 head 等于 NULL 时一样。

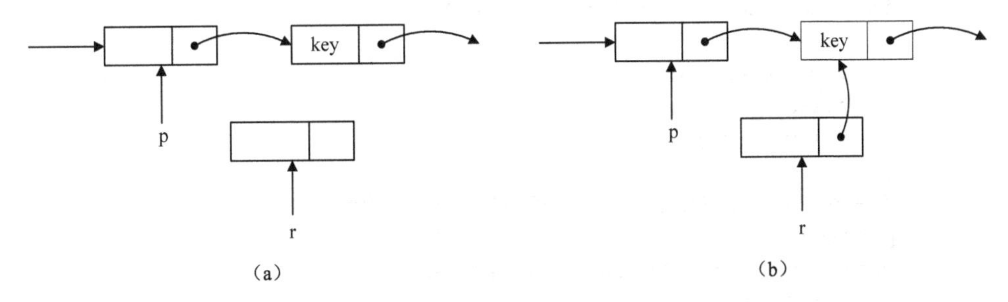

图 10-10　在链表中插入一个元素

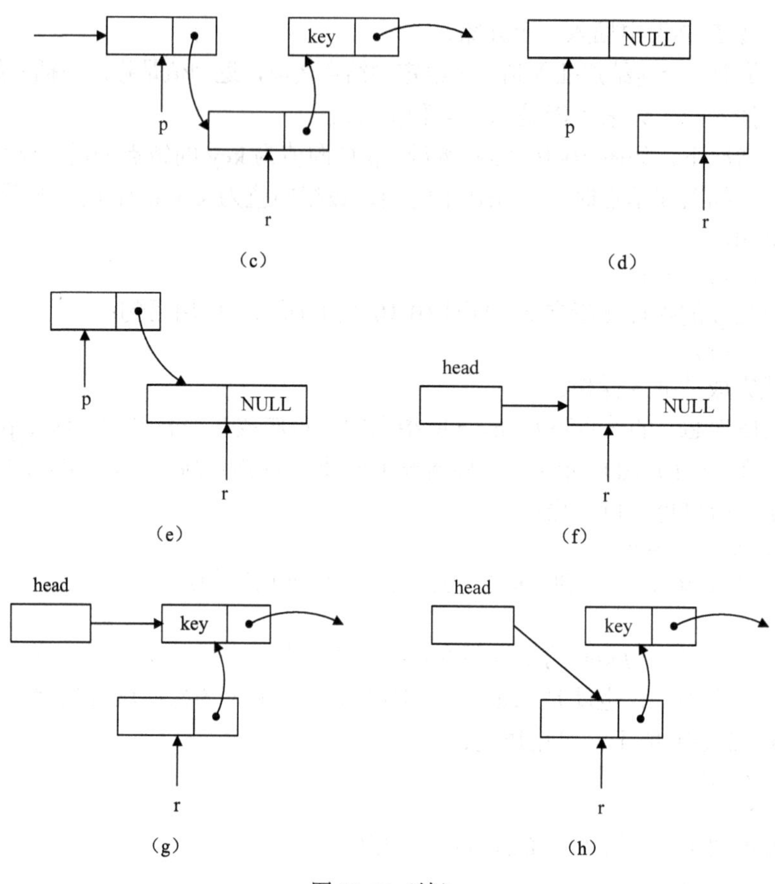

图 10-10（续）

程序代码如下：

```
struct node *insertnode(struct node *head,int key,int value)
/* head 是链表头指针，在值为 key 的结点前插入值为 value 的结点*/
{
    struct node *p,*r;

    r=(struct node *)malloc(sizeof(struct node)); /*为待插入结点分配空间*/
    r->data=value;                              /*为待插入结点的数据域赋值*/
    if (head==NULL||head->next==key)
    {
        r->next=head;
        head=r;
        return (r);
    }
    /*寻找值为 key 的结点，并令 p 指向其前一个结点*/
    p=head;
    while (p->next!=NULL&&p->data!=key)
        p=p->next;
    /*插入新结点*/
    r->next=p->next;
    p->next=r;
```

```
    return (r);
}
```

程序中用到了逻辑表达式：

```
head==NULL||head->data==key
```

如果 head==NULL，则 head->data 就无从谈起，而根据“||”运算的性质，一旦前面的关系表达式为真，就不再求解后面的关系表达式了，只有当 head==NULL 为假时才判断 head->data==key 是否为真，这样就保证了程序的正确性。如果将两个关系表达式的位置颠倒，则可能会出现错误。用类似道理可以分析 while 循环中的逻辑表达式。

【例 10.13】 删除链表中的一个元素。

删除链表中的元素是以链表的头指针 head 和要删除的元素 key 作为参数，如果值为 key 的结点存在就删除该结点，并返回头指针；如果不存在，则返回一个 NULL。

由于链表中的结点都是动态分配的，如果不再使用，就应该释放掉它所占的存储空间。可以用两个指针来完成删除操作，一个指向要删除的结点，一个指向该结点的前一个结点。

对于一般情况，如图 10-11（a）所示，p 指向要删除的结点，q 指向 p 的前一个结点。删除时只要让 q 的指针域指向 p 的指针域所指的结点即可，如图 10-11（b）所示。可用语句：

```
q->next=p->next;
```

来完成，然后释放掉被删除的结点 p。如果 p 是最后一个结点，它的指针域为 NULL，上面的语句正好把 NULL 赋给了 q->next。如果删除的是第一个结点，则用语句：

```
head=head->next;
```

来完成。如果 key 不存在，则此时 p 为 NULL，函数可返回一个空值。

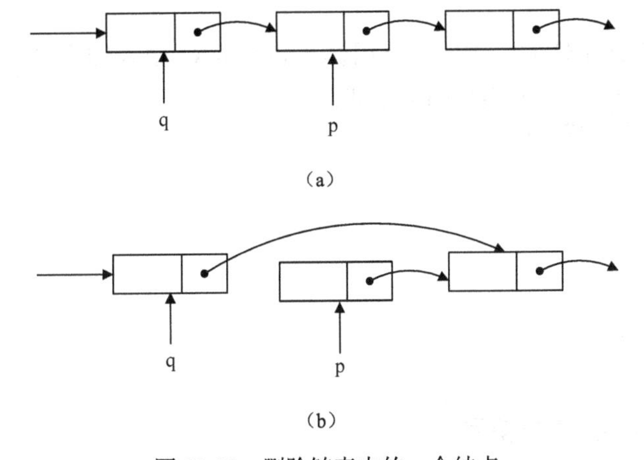

图 10-11　删除链表中的一个结点

程序代码如下：

```
struct node *deletenode(struct node *head,int key)
{
    struct node *p,*q;
    p=head;
    while (p!=NULL&&p->data!=key)
    {
        q=p;
        p=p->next;
    }
```

```
      if (p==NULL)                  /*链表为空的情况*/
          return (NULL);
       if (p==head)                 /*链表非空*/
          head=head->next;          /*删除第一个结点*/
        else
          q->next=p->next;          /*删除第一个结点以外的其他结点*/
        free(p);

        return (head);
  }
```

10.8 共　用　体

在C语言中，使用共用体这种数据类型可以实现不同类型变量共享同一存储区域，共用体又被称为联合。共用体采用覆盖存储技术，允许在同一存储区中操作不同类型的数据。也就是说，不同类型数据可以互相覆盖。

10.8.1 共用体类型定义

共用体类型定义的一般形式：

```
union 共用体名
{
    成员列表;
};
```

其中，union是定义共用体的关键字。共用体名必须是C语言的合法标识符，成员列表包含若干个成员，每一个成员都具有如下形式：

```
数据类型标识符  成员名;
```

例如：

```
union data
{
    int i;
    char ch;
    float f;
}
```

10.8.2 共用体变量的定义与使用

1. 共用体变量的定义

定义共用体类型后就可以定义该类型的变量，其定义形式与结构体变量的定义类似。

```
union 共用体名
{
    成员列表;
}变量表列;
```

例如：

```
union information
{
```

```
        int i;
        char ch;
        float f;
    }s1,s2,s3;
```

虽然共用体变量的定义类似于结构体变量，但它们的内存使用方式有着本质的区别。结构体变量所占内存空间的长度是每个成员所占内存空间的总和，每个成员相互独立，各自占有自己的存储单元。共用体变量中的所有成员共占同一段内存，且都是从同一地址开始存储的，只是任意时刻只存储一种数据，因此一个共用体变量所占内存空间的长度就是所有成员中占用内存空间最长的那个成员所占的字节数。

假设定义一个结构体变量 x，一个共用体变量 y，如下：

```
struct information          union information
{                           {
    int i;                      int i;
    char ch;                    char ch;
    float f;                    float f;
}x;                         }y;
```

图 10-12 是 x 和 y 在内存中的存储情况。

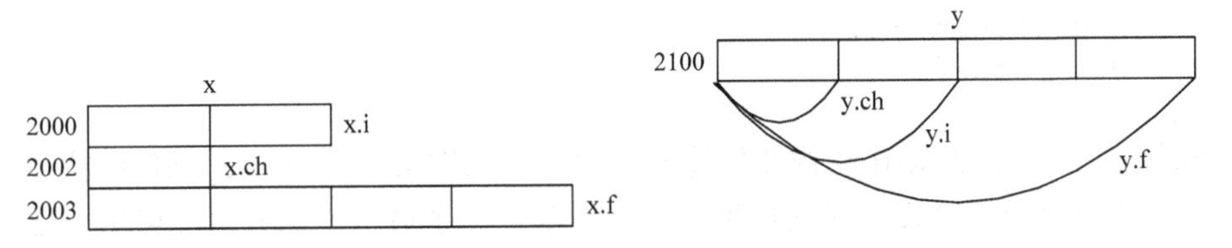

图 10-12　x 和 y 在内存中的存储情况

在内存中，int 型占用 4 字节，char 型占用 1 字节，float 型占用 4 字节。这里 x 在内存中占用 4+1+4=9 字节，而 y 在内存中只占用 4 字节（float 型）。假设 x 从内存地址 2000 开始，y 从 2100 开始，则 x.i 的地址为 2000，x.ch 的地址为 2004，x.f 的地址为 2005，而 y.i，y.ch，y.f 的地址都为 2100。因此在程序设计中采用共用体要比采用结构体节省空间。

2. 共用体变量的使用

只有定义了共用体变量，才能使用它，使用格式如下：

```
共用体变量名.成员名 ;
```

例如：

```
y.i,y.ch,y.f
```

说明：

（1）共用体变量某一时刻只能存放其中一个成员的值，不能同时存放多个成员的值，因此其各个成员不像结构体变量一样是一个个分量，而只能形象地说相当于各种“身份”，某一时刻它只能以一种“身份”出现，也就是某一时刻只有最后一次赋值的成员在起作用。例如：

```
y.i=15;y.ch='A';y.f=2.3;
```

依次执行完上述三个赋值语句后，最终只有 y.f 的值是有效的，而使用 y.i，y.ch 无意义。

（2）对共用体变量不可以进行整体的输入/输出，但是可以对同一类型的两个共用体变量整体赋值，这点与结构体变量一样。假设 s1，s2 已被定义为 union information 类型，若有语句 s2 = s1;，那么 s2 和 s1 就具有相同的内容。

（3）由于共用体变量不能同时存放多个成员的值，所以不能同时给共用体变量的每个成员进行初始化，只能给第一个成员初始化。

10.8.3 应用举例

【例 10.14】某公司记录的员工信息包括：员工编号、员工姓名、工资和家庭情况。其中家庭情况分两种：已婚员工需要知道配偶姓名和孩子个数，未婚员工需要知道其父母姓名。编写程序，输入每个员工的信息，并通过姓名来查找某个员工的工资和家庭情况。

对于已婚员工和未婚员工的家庭情况，可以用以下两种结构体分别描述。

```
struct marriedstaff
{
    char spouse[20];
    int child;
};
struct singlestaff
{
    char father[20];
    char mother[20];
};
```

已婚员工用 married_staff 结构体描述家庭情况，未婚员工用 single_staff 结构体描述家庭情况。对于每个员工来说，情况是唯一的。于是，一个员工的家庭情况可用下述共用体来描述。

```
union familysitu
{
    struct marristaff fm;
    struct singlestaff fs;
};
```

这个共用体中的两个成员都是结构体变量，即结构体变量可以用作共用体成员；类似的，共用体变量也可以作为结构体成员，即共用体与结构体两者可以相互嵌套。描述职工信息的结构体如下：

```
struct employeesitu
{
    int num;
    char name[20];
    float salary;
    char flag;
    union familysitu f;
};
```

程序内容如下：

```
#include <stdio.h>
#include <string.h>
struct marriedstaff                /*描述已婚员工家庭情况的结构体*/
{
    int child;
```

```
   char spouse[20];
};
struct singlestaff                  /*描述未婚员工家庭情况的结构体*/
{
   char father[20];
   char mother[20];
};
union familysitu                    /*描述员工家庭情况的共用体*/
{
   struct marriedstaff fm;
   struct singlestaff fs;
};
struct employeesitu                 /*描述职工信息的结构体*/
{
   int num;
   char name[20];
   float salary;
   char flag;
   union familysitu f;
}e[3]={{1101,"Li Yang",1500.23,'m'},
   {1102,"Zhang Tao",1456.20,'s'},
   {1103,"Liang Yan",1688.48,'m'}};
int main()
{
   int i;
   char name[20];

   for (i=0;i<3;i++)
   {
      printf("input family----");
      if (e[i].flag=='m')/*若成立，则输入孩子个数与配偶姓名，否则输入父母姓名*/
      {
        printf("child,spouse:");
        scanf("%d %s",&e[i].f.fm.child,e[i].f.fm.spouse);
      }
      else
      {
        printf("father,mother:");
        scanf("%s %s",e[i].f.fs.father,e[i].f.fs.mother);
      }
   }
   fflush(stdin);                         /*清空输入缓冲区*/
   printf("input name:");
   gets(name);
   for (i=0;i<3;i++)
   {
      if (!strcmp(e[i].name, name))   /*若条件成立，则输出所查询员工的信息*/
        if (e[i].flag=='m')
           printf("%.2f,%d,%s\n",e[i].salary,e[i].f.fm.child,
             e[i].f.fm.spouse);
```

```
            else
              printf("%.2f,%s,%s\n",e[i].salary,e[i].f.fs.father,
                e[i]. f.fs.mother);
        }
        return 0;
    }
```

在该程序中，结构体中有共用体变量，共用体中又有结构体变量，两者相互嵌套。结构体数组 e 有 3 个元素。程序中对每个元素的前 4 个成员赋了初值，而每个元素最后一个成员的值需要用户从键盘输入，由于该成员的值有两种形式，因此使用如下语句：

```
if (e[i].flag=='m')
……
```

如果满足 if 条件，则按已婚输入家庭情况，不满足就按未婚输入家庭情况。在输出职工信息时，也有这样两种不同的形式。

10.9 枚举类型

在实际应用中，有些变量只能在有限的范围内取值。例如，一周有 7 天，一年有 12 个月，性别有男、女，等等。为此，C 语言提供了一种称为“枚举”的类型。在枚举类型的定义中列举出所有可能的取值，并且变量的值仅限于所列举的值。枚举类型是一种基本数据类型，而不是一种构造类型，因为它不能再分解为任何基本类型。

10.9.1 枚举类型的定义和枚举变量的说明

1. 枚举类型的定义

枚举类型定义的一般形式如下：

```
enum 枚举类型名{枚举常量名列表};
```

其中，enum 是枚举类型的关键字，枚举类型名可以是任何合法的标识符，花括号内的枚举常量可以称为枚举值或枚举元素。

例如：

```
enum weekinfo{Sun,Mon,Tues,Wed,Thur,Fri,Sat};
```

该枚举类型名为weekinfo，枚举元素有7个，即一周中的7天。凡被说明为enum weekinfo类型的变量，其取值只能是这 7 天中的某一天。

2. 枚举类型变量的说明

与结构体和共用体一样，也可用不同的方式说明枚举变量。

设有变量 w1，w2，w3，若将它们说明为上述的 enum weekinfo 类型，可采用下面的任一种方式。

方式 1：

```
enum weekinfo{Sun,Mon,Tues,Wed,Thur,Fri,Sat};
enum weekinfo w1,w2,w3;
```

方式 2：

```
enum weekinfo{Sun,Mon,Tues,Wed,Thur,Fri,Sat}  w1,w2,w3;
```

方式3：

```
enum {Sun,Mon,Tues,Wed,Thur,Fri,Sat}  w1,w2,w3;
```

10.9.2 枚举类型变量的赋值和使用

枚举类型中的枚举元素是常量，不是变量，所以不允许在程序中用赋值语句对枚举元素赋值。

例如，对枚举类型 weekinfo 的元素再进行以下赋值：

```
Sun=7;
```

是不允许的。

需要注意的是：枚举元素的值是在编译时得到的，默认情况下，C 语言编译系统将按照枚举类型定义时的顺序自动为每一个枚举元素赋初值 0，1，2，…。例如，在 weekinfo 类型中，Sun、Mon、Tues、Wed、Thur、Fri、Sat 的取值为 0～6。也可以根据需要人为指定其中某些枚举元素的值，在定义枚举类型时显式地指定，例如：

```
enum weekinfo{Sun=7,Mon=1,Tues,Wed,Thur,Fri,Sat};
```

则后续枚举元素的值顺序加 1，Tues，Wed，Thur，Fri，Sat 的值分别为 2，3，4，5，6。

【例 10.15】枚举类型变量的声明与使用。

```
#include <stdio.h>
int main( )
{
    enum weekinfo{Sun,Mon,Tues,Wed,Thur,Fri,Sat} w1,w2,w3;
    w1=Sun;
    w2=Mon;
    w3=Tues;
    printf("%d,%d,%d",w1,w2,w3);
    return 0;
}
```

程序运行结果如下：

```
0,1,2
```

说明：

在给枚举变量赋值时，只能把枚举值赋给枚举变量。例如：

```
w1=Sun;
w2=Mon;
w3=Tues;
```

是正确的。而不能把元素的数值直接赋给枚举变量。例如：

```
w1=0;
w2=1;
```

是错误的。若一定要把数值赋给枚举变量，则必须先进行强制类型转换，然后赋值。例如：

```
w1=(enum weekinfo)2;
```

表示将顺序号为 2 的枚举元素赋值给枚举变量 w1，即

```
w1=Tues;
```

【例 10.16】输入今天是星期几，计算明天是星期几。

```
#include <stdio.h>
enum weekinfo{Sun,Mon,Tues,Wed,Thur,Fri,Sat};
enum weektomorrow(enum weekinfo)
```

```
{
    int m;
    m=((int)day+1)%7;
    return ((enum weekinfo) m);
}

int main( )
{
    enum weekinfo d1,d2;
    char *dayname[]={"Sun","Mon","Tues","Wed","Thur","Fri","Sat"};
    int m;
    printf("\ninput a integer (0-6):");
    scanf("%d",&m);
    d1=(enum weekinfo)m;
    d2=tomorrow(d1);
    printf("tomorrow is %s",dayname[(int)d2]);

    return 0;
}
```

程序运行结果如下：

```
input a integer (0-6):3
tomorrow is Thur
```

10.10 类型定义符 typedef

为了适应不同用户的习惯及方便程序维护修改，C 语言允许用户使用 typedef 将已有的类型标识符定义成新的类型标识符以代替已有的类型名。

用 typedef 定义数据类型的一般形式如下：

```
typedef 原类型名 新类型名
```

其中，typedef 是类型定义关键字；原类型名可以是系统定义的基本类型，也可以是程序员自己定义的结构体、共用体等数据类型；新类型名是用户定义的新标识符，常用大写字母表示。

例如，有整型量 m1，m2，其说明如下：

```
int m1,m2;
```

其中，int 是整型变量的类型说明符。int 的完整写法为 integer，为了增加程序的可读性，可把整型变量的类型说明符用 typedef 定义为：

```
typedef int INTEGER
```

这样定义后，就可用 INTEGER 来代替 int 作整型变量的类型说明符。

例如：

```
INTEGER  m1,m2;
```

等同于

```
int m1,m2;
```

利用这种方式，就可以把专门用于某一方面的变量用一个能表明它用途的类型定义，例如：

```
typedef int LENGTH;
LENGTH len1,len2;
```

```
LENGTH *lengths[3];
```

这样一看就知道 len1，len2 和 lengths 都与长度有关，从而增加了程序的可读性。

又如：

```
typedef char *STRING;
```

定义 STRING 为 char*，就是指向字符的指针。说明时可用下面的形式：

```
STRING p;
```

则 p 就是指向字符的指针。

typedef 也可以用来定义结构体类型：

```
typedef struct stu
{
    int num;
    char name[20];
    char sex;
} STUD;
```

定义 STUD 表示结构体类型 struct stu，然后可用 STUD 来说明结构体变量：

```
STUD student1,student2;
```

说明：

（1）系统的标准类型标识符一般都是小写字母，为了与之区别，定义的新类型名一般使用大写字母。

（2）typedef 只是给已有的类型重新命名，并不产生新的数据类型，原有的数据类型也没有被取代，新类型名只是原类型的一个“别名”。例如，typedef int INTEGER，只是给 int 起了一个新的名称，int 仍可用。

10.11 案例：学生成绩管理系统——采用单链表存储学生信息

在 8.7 小节的案例中，表示学生的信息包括姓名、成绩、均分、总分、名次等，采用不同的数组表示这些信息，下标相同的是同一个人的信息。在本小节中加入结构体的应用，定义一个反映学生信息的结构体类型，使学生信息成为一个整体。

为了方便地完成增、删、改、查功能，采用单链表存储学生的信息。定义单链表结点类型如下：

```
typedef struct student{
    char num[10];
    char name[10];
    float math_score;
    float Chinese_score;
    float English_score;
    float average_score;
    int rank;
    char grade;
    struct student *next;
} STUDENT;
```

本小节系统功能模块示意图如图 10-13 所示。

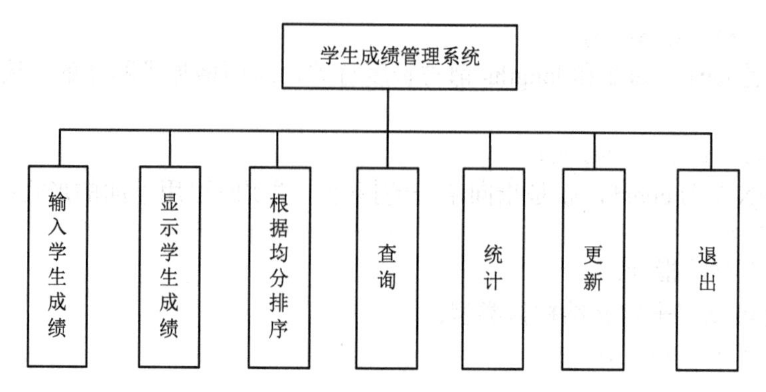

图 10-13　系统功能模块示意图

1. 功能选择菜单

设计一个函数 menu，用来显示功能选择界面，在 8.7 小节的基础上添加了更新成绩菜单。选择 1，调用输入学生成绩的函数；选择 2，调用显示学生成绩的函数；选择 3，调用根据均分排序的函数；选择 4，调用查询函数；选择 5，调用统计函数；选择 6，调用更新成绩函数；选择 0，退出系统。

```
void menu( )
{
        printf("************************************\n");
        printf("请输入菜单选项:\n");
        printf("0 退出系统\n");
        printf("1 输入学生成绩\n");
        printf("2 显示学生成绩\n");
        printf("3 根据均分排序\n");
        printf("4 查询\n");
        printf("5 统计\n");
        printf("6 更新\n");
        printf("************************************\n");
}
```

2. 主函数

主函数中首先调用显示菜单，然后用户输入对应的选项，进入相应的模块。如果选择 0 之外的选项，在每一次选择完模块后，重新回到主界面菜单。

```
int main( )
{
    int flag;
    STUDENT  *head=NULL;
    printf("******欢迎使用学生成绩管理系统******\n");
    while (1)
    {
        menu( );
        scanf("%d",&flag);
        getchar( );
        switch (flag)
        {
```

```
            case 1:head=input(head);
                break;
            case 2:show(head);
                break;
            case 3:sort(head);
                break;
            case 4:search(head);
                break;
            case 5:count(head);
                break;
            case 6:head=update(head);
                break;
            case 0:printf("退出系统\n");
                return 0;
        }
```

主函数程序运行结果如图 10-14 所示。

```
***************************************
请输入菜单选项:
0 退出系统
1 输入学生成绩
2 显示学生成绩
3 根据均分排序
4 查询
5 统计
6 更新
***************************************
```

图 10-14 主函数程序运行结果

3. 输入学生成绩

定义输入学生成绩的函数名为 input。head 表示头指针。规定输入的学号不能重复。

当调用输入函数时，如果输入的学号是“0”，输入结束，把 head 返回主函数。

当调用输入函数时，如果输入的学号不是“0”，首先判断 head 是否为空。如果 head 为空，说明该结点是第一个结点，也就是头结点，修改 head；如果 head 不空，从单链表头结点开始从前往后查找是否有相同的学号，如果有相同学号，提示“有此学号，重新输入学号”；如果查找完成没有相同的学号，则把新的结点插入单链表的尾部。最后把 head 返回主函数中。

```
STUDENT *input(STUDENT *head)
{
    STUDENT *p,*q,*s;
    char num[10];
    int i,n=0;
    printf("输入学号(输入0时结束):\n");
    scanf("%s",num);
    while (strcmp(num,"0")!=0)
    {
        if (head==NULL)
        {
            s=(STUDENT*) malloc(sizeof(STUDENT));
            strcpy(s->num,num);
            printf("输入姓名:\n");
```

```
            scanf("%s",s->name);
            printf("输入成绩,格式为:数学成绩,语文成绩,英语成绩\n");
            scanf("%f,%f,%f",&s->math_score,&s->Chinese_score,&s->English_
              score);
            getchar( );
            s->average_score=(s->math_score+s->Chinese_score+s->English_
              score)/3;
            s->grade=score_to_grade (s->average_score);
            s->rank=0;
            s->next=NULL;
            head=s;
        }
        else
        {
          p=head;
          while (p&&strcmp(p->num,num)!=0)
          {
              q=p;
              p=p->next;
          }
          if (p)
          {
              printf("有此学号，重新输入学号：\n");
          }
          else
          {
            s=(STUDENT*) malloc(sizeof(STUDENT));
            strcpy(s->num,num);
            printf("输入姓名:\n");
            scanf("%s",s->name);
            printf("输入成绩,格式为:数学成绩,语文成绩,英语成绩\n");
            scanf("%f,%f,%f",&s->math_score,&s->Chinese_score,
              &s->English_score) ;
            getchar( );
            s->average_score =(s->math_score+s->Chinese_score+s->
              English_score)/3;
            s->grade=score_to_grade(s->average_score);
            s->rank=0;
            s->next=NULL;
            q->next=s;
           }
        }
        printf("输入学号:\n");
        scanf("%s",num);
    }
    printf("输入结束。\n");
    return head;
}
```

在主函数运行界面中选择 1，进入输入学生成绩界面。运行界面如图 10-15 所示。

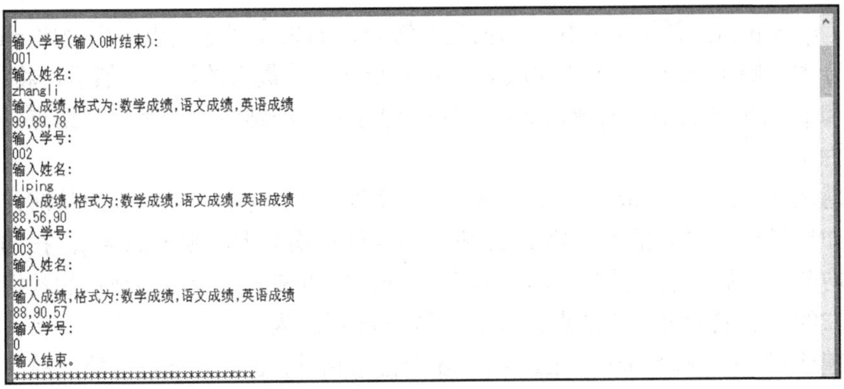

```
1
输入学号(输入0时结束):
001
输入姓名:
zhangli
输入成绩,格式为:数学成绩,语文成绩,英语成绩
99,89,78
输入学号:
002
输入姓名:
liping
输入成绩,格式为:数学成绩,语文成绩,英语成绩
88,56,90
输入学号:
003
输入姓名:
xuli
输入成绩,格式为:数学成绩,语文成绩,英语成绩
88,90,57
输入学号:
0
输入结束。
************************************
```

图 10-15 输入学生成绩界面

4. 显示学生成绩

定义显示学生成绩的函数 show。该函数从主函数中接收创建好的单链表的头指针。

显示学生成绩时，设置一个搜索指针 p，首先 p=head，让 p 指向单链表的头，如果 p 不空，则说明链表不空，输出当前结点的信息，然后 p = p->next，指针后移到下一结点；如果 p 为空，输出结束。

显示函数如下：

```
void show(STUDENT *head)
{
    STUDENT *p=head;
    table_head( );
    while (p!=NULL)
    {
        printf("|%-12s|%-12s|%-12.2f|%-12.2f|%-12.2f|%-12.2f|%-12c|%-12d|\n",
         p->num,p->name,p->math_score,p->Chinese_score,p->English_score,
         p->average_score,p->grade,p->rank);
        p=p->next;
    }
    horizontal( );
}
```

在主函数运行界面中选择 2，显示学生成绩运行界面如图 10-16 所示。

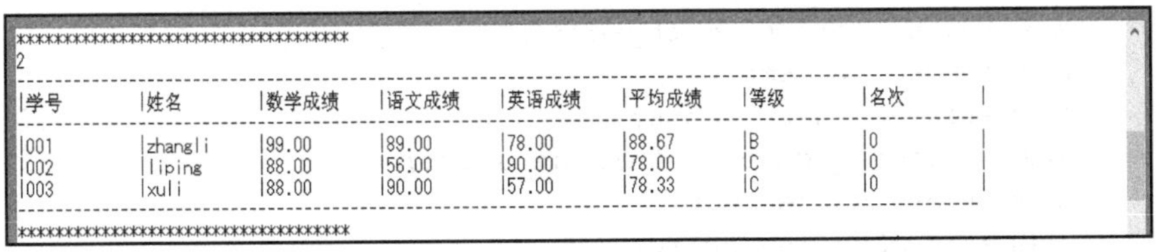

```
************************************
2
-----------------------------------------------------------------------------------------------
|学号        |姓名        |数学成绩    |语文成绩    |英语成绩    |平均成绩    |等级        |名次        |
-----------------------------------------------------------------------------------------------
|001         |zhangli     |99.00       |89.00       |78.00       |88.67       |B           |0           |
|002         |liping      |88.00       |56.00       |90.00       |78.00       |C           |0           |
|003         |xuli        |88.00       |90.00       |57.00       |78.33       |C           |0           |
-----------------------------------------------------------------------------------------------
************************************
```

图 10-16 显示学生成绩界面

5. 根据均分排序

采用选择排序算法，具体思路如下。

第一趟选择：p 指向第一个结点，max = p，max 用来指向当前均分最大的结点，q 为

搜索指针，q 从 p 结点开始从前往后扫描整个链表，如果发现 q 结点的均分比 max 所指向的结点均分大，则 max = q；扫描完成后，max 指向均分最大的结点。然后，将 max 所指向的结点和 p 所指向的结点的数据交换，这样均分最大的结点成为第一个结点。该结点的 rank 更新为 1。

第二趟选择：p = p -> next，max = p，q 为搜索指针，q 从 p 结点开始从前往后扫描整个链表，如果发现 q 结点的均分比 max 所指向的结点均分大，则 max = q；扫描完成后，max 指向均分第二的结点。然后，将 max 所指向的结点和 p 所指向的结点的数据交换，这样均分第二的结点成为第二个结点。该结点的 rank 更新为 2。

第三趟选择：p = p -> next，max = p，q 为搜索指针，q 从 p 结点开始从前往后扫描整个链表，如果发现 q 结点的均分比 max 所指向的结点均分大，则 max = q；扫描完成后，max 指向均分第三的结点。然后，将 max 所指向的结点和 p 所指向的结点的数据交换，这样均分第三的结点成为第三个结点。该结点的 rank 更新为 3。

……

同理，这样的选择一直循环到 p 为空。最后单链表中的结点成为按均分从高到低有序排列。

```
void sort(STUDENT *head)
{
  STUDENT *p=head,*q,*max;
  float temp;
  char tempgrade;
  char string[10];
  int i=1;
  while (p)
  {
    max=p;
    q=p;
    while (q)
    {
         if (q->average_score>max->average_score)
           max=q;
         q=q->next;
    }
    temp=max->math_score;
    max->math_score=p->math_score;
    p->math_score=temp;
    temp=max->Chinese_score;
    max->Chinese_score=p->Chinese_score;
    p->Chinese_score=temp;
    temp=max->English_score;
    max->English_score=p->English_score;
    p->English_score=temp;
    temp=max->average_score;
    max->average_score=p->average_score;
    p->average_score=temp;
    tempgrade=max->grade;
    max->grade=p->grade;
```

```
        p->grade=tempgrade;
        strcpy(string,max->name);
        strcpy(max->name,p->name);
        strcpy(p->name,string);
        strcpy(string,max->num);
        strcpy(max->num,p->num);
        strcpy(p->num,string);
        p->rank=i;
        p=p->next;
        i=i+1;
    }
}
```

在主函数运行界面中选择 3，调用排序函数，完成排序。然后在主函数运行界面中选择 2，查看排序后的结果。运行界面如图 10-17 所示。

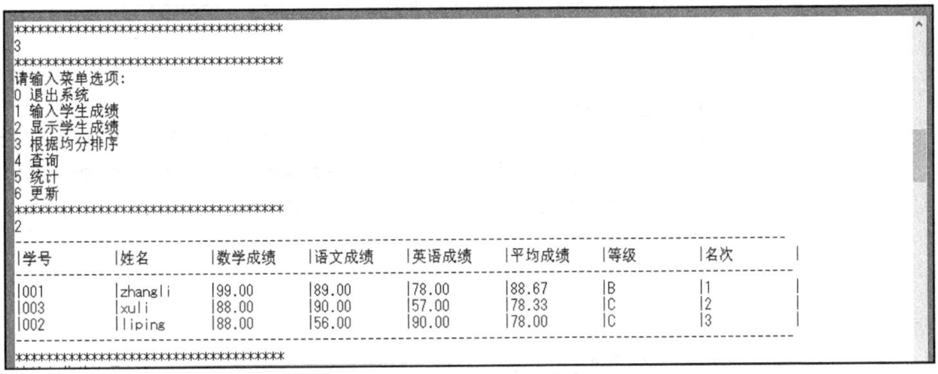

```
****************************************
3
****************************************
请输入菜单选项:
0 退出系统
1 输入学生成绩
2 显示学生成绩
3 根据均分排序
4 查询
5 统计
6 更新
****************************************
2
------------------------------------------------------------------------------------------------
|学号      |姓名      |数学成绩   |语文成绩   |英语成绩   |平均成绩   |等级      |名次      |
------------------------------------------------------------------------------------------------
|001       |zhangli   |99.00      |89.00      |78.00      |88.67      |B         |1         |
|003       |xuli      |88.00      |90.00      |57.00      |78.33      |C         |2         |
|002       |liping    |88.00      |56.00      |90.00      |78.00      |C         |3         |
------------------------------------------------------------------------------------------------
****************************************
```

图 10-17 根据均分排序界面

6. 查询

查询函数可以根据学号查询，也可以根据姓名查询。当运行查询函数时，输入 1，根据学号查询；输入 2，根据姓名查询。

当输入待查询的学号或者姓名时，将输入的关键字依次与单链表中结点对应的学号或者姓名进行比较。查询成功，则输出查询结果；查询失败，则输出“查询失败”。

```
void search(STUDENT *head)
{
    char key[10];
    STUDENT *p=head;
    int choice;
    printf("根据学号查询，请输入1，根据姓名查询，请输入2：\n");
    scanf("%d",&choice);
    getchar( );
    switch (choice)
    {
        case 1:
            printf("请输入要查询的学号：\n");
            gets(key);
            while (p&&strcmp(p->num,key)!=0)  p=p->next;
```

```
                if (p)
                {
                    table_head( );
                    printf("|%-12s|%-12s|%-12.2f|%-12.2f|%-12.2f|%-12.2f|
                      %-12c|%-12d|\n",p->num,p->name,p->math_score,p->Chinese_
                      score,p->English_score,p->average_score,p->grade,p->rank);
                    horizontal( );
                 }
                 else
                    printf("查询失败\n");
                 break;
            case 2:
                printf("请输入要查询的姓名：\n");
                gets(key);
                while (p&&strcmp(p->name,key)!=0)  p=p->next;
                if (p)
                {
                    table_head( );
                    printf("|%-12s|%-12s|%-12.2f|%-12.2f|%-12.2f|%-12.2f|
                      %-12c|%-12d|\n",p->num,p->name,p->math_score,p->Chinese_
                      score,p->English_score,p->average_score,p->grade,p->
                      rank);
                    horizontal( );
                }
                else
                  printf("查询失败\n");
                  break;
            default: printf("输入错误\n");
        }
    }
```

在主函数运行界面中选择 4，调用查询函数。

根据学号查询界面如图 10-18 所示。

根据姓名查询界面如图 10-19 所示。

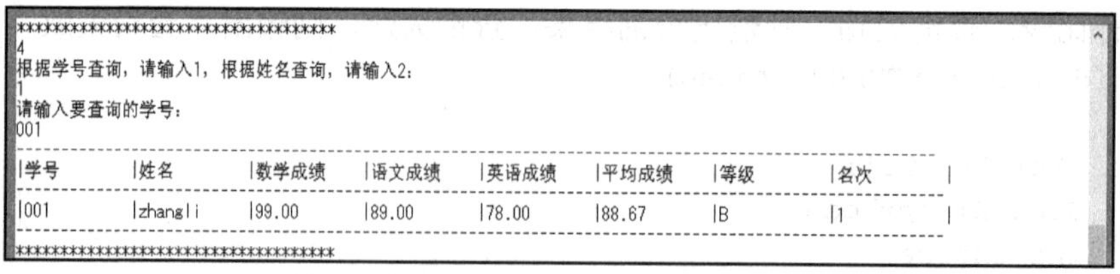

```
****************************************
4
根据学号查询，请输入1，根据姓名查询，请输入2：
1
请输入要查询的学号：
001
------------------------------------------------------------------------------------------------
|学号        |姓名        |数学成绩    |语文成绩    |英语成绩    |平均成绩    |等级        |名次        |
------------------------------------------------------------------------------------------------
|001         |zhangli     |99.00       |89.00       |78.00       |88.67       |B           |1           |
------------------------------------------------------------------------------------------------
****************************************
```

图 10-18　根据学号查询界面

```
****************************************
4
根据学号查询，请输入1，根据姓名查询，请输入2：
2
请输入要查询的姓名：
xuli
------------------------------------------------------------------------------------------------
|学号        |姓名        |数学成绩    |语文成绩    |英语成绩    |平均成绩    |等级        |名次        |
------------------------------------------------------------------------------------------------
|003         |xuli        |88.00       |90.00       |57.00       |78.33       |C           |2           |
------------------------------------------------------------------------------------------------
****************************************
```

图 10-19　根据姓名查询界面

7. 统计

在统计函数中，统计总分第一、单科第一、每科不及格人数，最后显示结果。

```
void count(STUDENT *head)
{
    STUDENT *p=head;/*搜索指针*/
    STUDENT *ave_max = head,*math_max=head,*chin_max=head,*eng_max=head;
    int ave_count=0,math_count=0,chin_count=0,eng_count=0;
    while (p)
    {
        if (p->average_score>ave_max->average_score)  ave_max=p;
        if (p->English_score>eng_max->English_score)  eng_max=p;
        if (p->math_score>math_max->math_score)  math_max=p;
        if (p->Chinese_score>chin_max->Chinese_score)  chin_max=p;
        if (p->average_score<60)  ++ave_count;
        if (p->English_score<60)  ++eng_count;
        if (p->math_score<60)  ++math_count;
        if (p->Chinese_score<60)  ++chin_count;
        p=p->next;
    }
    printf("均分最高是：\n") ;
    table_head( );
    printf("|%-12s|%-12s|%-12.2f|%-12.2f|%-12.2f|%-12.2f|%-12c|%-12d|\n",
        ave_max->num, ave_max->name,ave_max->math_score,
        ave_max->Chinese_score,ave_max->English_score,
        ave_max->average_score,ave_max->grade,ave_max->rank);
    horizontal( );
    printf("语文最高是：\n") ;
    table_head( );
    printf("|%-12s|%-12s|%-12.2f|%-12.2f|%-12.2f|%-12.2f|%-12c|%-12d|\n",
        chin_max->num,chin_max->name,chin_max->math_score,
        chin_max->Chinese_score,chin_max->English_score,
        chin_max->average_score,chin_max->grade,chin_max->rank);
    horizontal( );
    printf("数学最高是：\n") ;
    table_head( );
    printf("|%-12s|%-12s|%-12.2f|%-12.2f|%-12.2f|%-12.2f|%-12c|%-12d|\n",
        math_max->num,math_max->name,math_max->math_score,
        math_max->Chinese_score,math_max->English_score,
        math_max->average_score,math_max->grade,math_max->rank);
    horizontal( );
    printf("英语最高是：\n") ;
    table_head( );
    printf("|%-12s|%-12s|%-12.2f|%-12.2f|%-12.2f|%-12.2f|%-12c|%-12d|\n",
        eng_max->num,eng_max->name,eng_max->math_score,
        eng_max->Chinese_score,eng_max->English_score,
        eng_max->average_score,eng_max->grade,eng_max->rank);
    horizontal( );
    printf("均分不及格人数：%d\n 数学不及格人数：%d\n 语文不及格人数
```

```
    ：%d\n英语不及格人数：%d\n",
    ave_count,math_count,chin_count,eng_count) ;
}
```

在主函数运行界面中选择 5，调用统计函数，运行界面如图 10-20 所示。

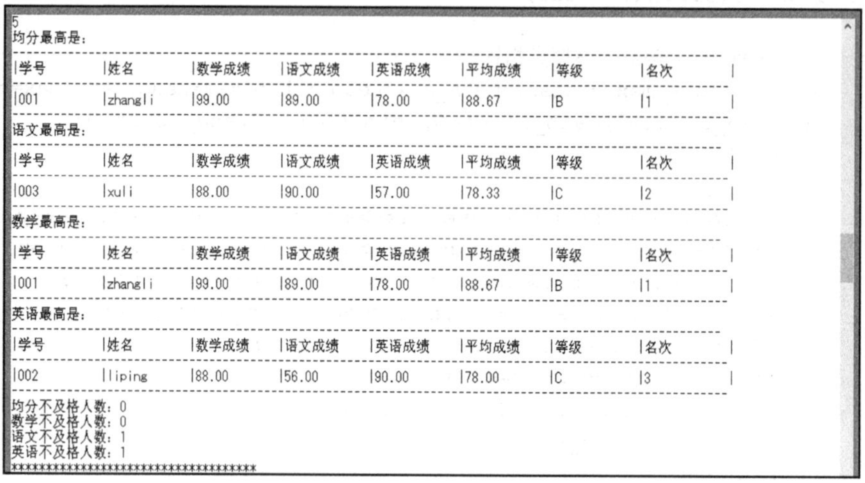

```
5
均分最高是：
---------------------------------------------------------------------------------
|学号    |姓名      |数学成绩   |语文成绩   |英语成绩   |平均成绩   |等级   |名次    |
---------------------------------------------------------------------------------
|001    |zhangli   |99.00     |89.00     |78.00     |88.67     |B     |1      |
---------------------------------------------------------------------------------
语文最高是：
---------------------------------------------------------------------------------
|学号    |姓名      |数学成绩   |语文成绩   |英语成绩   |平均成绩   |等级   |名次    |
---------------------------------------------------------------------------------
|003    |xuli      |88.00     |90.00     |57.00     |78.33     |C     |2      |
---------------------------------------------------------------------------------
数学最高是：
---------------------------------------------------------------------------------
|学号    |姓名      |数学成绩   |语文成绩   |英语成绩   |平均成绩   |等级   |名次    |
---------------------------------------------------------------------------------
|001    |zhangli   |99.00     |89.00     |78.00     |88.67     |B     |1      |
---------------------------------------------------------------------------------
英语最高是：
---------------------------------------------------------------------------------
|学号    |姓名      |数学成绩   |语文成绩   |英语成绩   |平均成绩   |等级   |名次    |
---------------------------------------------------------------------------------
|002    |liping    |88.00     |56.00     |90.00     |78.00     |C     |3      |
---------------------------------------------------------------------------------
均分不及格人数：0
数学不及格人数：0
语文不及格人数：1
英语不及格人数：1
************************************
```

图 10-20　统计界面

8. 更新成绩

当运行更新成绩的函数时，输入 1，删除学生的信息；输入 2，修改学生的信息。

因为学号是唯一的，所以根据学号对学生的信息进行删除和修改。

当输入 1，即删除学生的信息时，输入学号后首先查询是否有此学号，如果有此学号，则删除该记录；如果没有此学号，则提示“删除失败”。

当输入 2，即修改学生的信息时，输入学号后首先查询是否有此学生，如果有，则可以更新姓名和成绩；如果没有，则提示“修改失败”。

```
STUDENT *update(STUDENT *head)
{
    int flag;
    char string[10];
    STUDENT *p=head,*s,*q;
    printf("删除请输入 1，修改请输入 2：\n");
    scanf("%d",&flag);
    getchar( );
    switch (flag)
    {

      case 1:
          printf("请输入要删除的学生的学号：\n");
          gets(string);
          while (p&&strcmp(p->num,string)!=0)
          {
              q=p;
              p=p->next;
```

```
        }
        if (p)
        {
            if (p==head)
            {
                head=p->next;
                free(p);
            }
             else
             {
                q->next=p->next;
                free (p);
             }
          }
          else
             printf("无此学号，删除失败\n");
          break;
     case 2:
        printf("请输入要修改的学生的学号：\n");
        gets(string);
        while (p&&strcmp(p->num,string)!=0)
        {
           q=p;
           p=p->next;
        }
        if (p)
        {
           printf("输入姓名:\n");
           scanf("%s", p->name);
           printf("输入成绩,格式为:数学成绩,语文成绩,英语成绩\n");
           scanf("%f,%f,%f",&p->math_score,&p->Chinese_score,
                &p->English_score);
           getchar( );
           p->average_score=
              (p->math_score+p->Chinese_score+p->English_score)/3;
          p->grade=score_to _grade(p->average_score);
          p->rank=0;
        }
        else
           printf("无此学号，修改失败\n");
        break;
    default:
        printf("输入错误");
    }
    return head;
}
```

在主函数运行界面中选择6，调用更新函数。

删除运行界面如图10-21所示。

```
6
删除请输入1，修改请输入2:
1
请输入要删除的学生的学号:
001
************************************
请输入菜单选项:
0 退出系统
1 输入学生成绩
2 显示学生成绩
3 根据均分排序
4 查询
5 统计
6 更新
************************************
2
-------------------------------------------------------------------------------------------------------
|学号      |姓名      |数学成绩    |语文成绩    |英语成绩    |平均成绩    |等级      |名次      |
-------------------------------------------------------------------------------------------------------
|003       |xuli      |88.00      |90.00      |57.00      |78.33      |C         |2         |
|002       |liping    |88.00      |56.00      |90.00      |78.00      |C         |3         |
-------------------------------------------------------------------------------------------------------
************************************
```

图 10-21　删除运行界面

修改运行界面如图 10-22 所示。

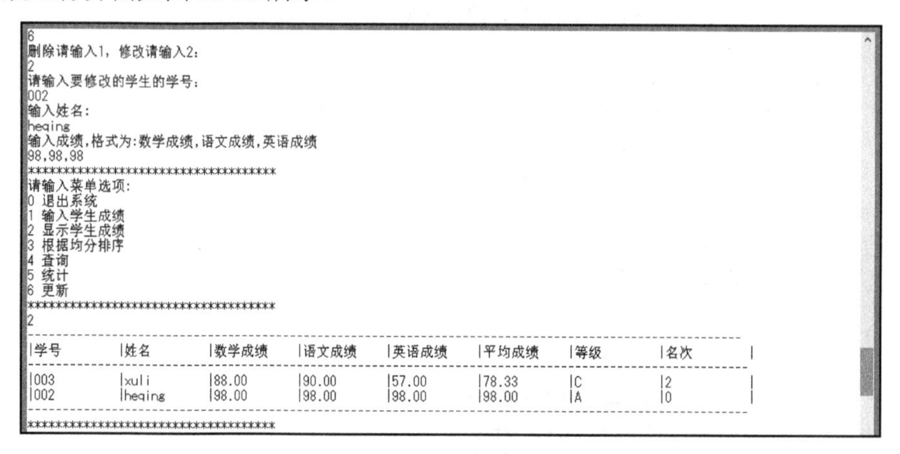

```
6
删除请输入1，修改请输入2:
2
请输入要修改的学生的学号:
002
输入姓名:
heqing
输入成绩,格式为:数学成绩,语文成绩,英语成绩
98,98,98
************************************
请输入菜单选项:
0 退出系统
1 输入学生成绩
2 显示学生成绩
3 根据均分排序
4 查询
5 统计
6 更新
************************************
2
-------------------------------------------------------------------------------------------------------
|学号      |姓名      |数学成绩    |语文成绩    |英语成绩    |平均成绩    |等级      |名次      |
-------------------------------------------------------------------------------------------------------
|003       |xuli      |88.00      |90.00      |57.00      |78.33      |C         |2         |
|002       |heqing    |98.00      |98.00      |98.00      |98.00      |A         |0         |
-------------------------------------------------------------------------------------------------------
************************************
```

图 10-22　修改运行界面

10.12　小　　结

本章重点介绍了结构体的基本概念、结构体变量的定义与应用、结构体数组和结构体指针的应用，以及使用结构体和指针构造链表等。需要重点掌握以下内容。

（1）结构体变量的定义有 3 种方法，读者在定义结构体变量时可根据实际需要选择合适的方法。

（2）数组元素可以是基本数据类型，也可以是结构体类型。结构体数组就是由具有相同结构体类型的数据元素组成的集合。结构体数组元素的引用与结构体变量的引用类似。

（3）结构体指针可以指向结构体变量，也可以指向结构体数组元素，还可以作为函数参数传递。

（4）使用结构体和指针可以构造更复杂的数据结构，如链表。链表的主要操作有链表的建立、插入、查询、删除以及链表的输出。

（5）共用体是多种数据的覆盖存储，几个不同的成员共占同一段内存，且都是从同一地址开始存储的，只是任意时刻只存储一种数据，因此一个共用体变量所占内存空间的长度就是所有成员中占用内存空间最多的那个成员所占的字节数。

（6）枚举类型是一种基本数据类型，在枚举类型的定义中必须列举出所有可能的取值，该类型变量的取值仅限于所列举的值。

（7）typedef 是给已有的类型定义一个新的名称。

习　题

10.1　以下定义结构体类型的变量 st1，其中不正确的是（　　）。

A.

```
struct stud_type
{
   int num,age;
}struct stud_type st1;
```

B.

```
typedef struct stud_type
{
   int num;
   int age;
}STD;
STD st1;
```

C.

```
struct
{
   int num;
   float age;
}st1;
```

D.

```
struct stud_type
{
   int num,age;
}st1;
```

10.2　阅读以下程序，写出运行结果。

```
#include <stdio.h>
int main( )
{
   struct
   {
     int a;
     int b;
     struct
     {
        int x;
        int y;
     }ins;
   }outs;
```

```
    outs.a=11;outs.b=4;
    outs.ins.x=outs.a+outs.b;
    outs.ins.y=outs.a-outs.b;
    printf("%d,%d",outs.ins.x,outs.ins.y);
    return 0;
}
```

10.3 阅读下列程序，写出运行结果。

```
#include <stdio.h>
int main( )
{
    union exa
    {
        struct
        {
            int a;
            int b;
        }out;
        int c;
        int d;
    }e;
    e.c=1; e.d=3;
    e.out.a=e.c;
    e.out.b=e.d;
    printf("\n%d,%d\n",e.out.a,e.out.b);
return 0;
}
```

10.4 阅读以下程序，写出运行结果。

```
#include <stdio.h>
struct two
{
     int n;
     char ch;
};
void func(struct two ex2)
{
     ex2.n+=10;
     ex2.ch-=1;
     return;
}
int main( )
{
     struct two ex1={5,'t'};
     func(ex1);
     printf("%d,%c",ex1.n,ex1.ch);
     return 0;
}
```

10.5 C 语言提供的结构体数据类型有何特点？可以直接以结构体为对象进行输入/输出吗？

10.6 结构体与共用体在定义及应用方面有何异同？

10.7　用typedef定义新的类型名有什么意义？

10.8　定义下列数据的结构类型，再定义具有该结构类型的变量。

（1）书籍类型book，含数据项：书名、作者、出版社、书号、单价、出版日期、字数、印数。

（2）学生类型student，含数据项：学号、姓名、性别、出生日期、成绩、家庭住址、电话号码、邮编。

10.9　有10个学生，每个学生的数据包括学号、姓名、三门课成绩，编写程序要求从键盘输入学生的数据，并输出成绩报表（包括每人的学号、姓名、三门成绩及平均分数），还要求输出平均分都在前5名的学生的姓名及平均成绩。

10.10　某单位有N名职工参加计算机水平考试，设每个人的数据包括准考证号、姓名、年龄、成绩。单位规定30岁以下的职工必须进行笔试，分数为百分制，60分为及格；30岁及以上的职工进行操作考试，成绩分为A、B、C、D四个等级，C以上为及格。编程统计及格人数，并输出每位考生的成绩。

10.11　已知枚举类型定义如下，从键盘输入一个整数，显示与该整数对应的枚举常量的英文名称。

```
enum{red,yellow,blue,green,black,white};
```

第11章 文 件

学习目标

- 理解文件的基本概念；
- 掌握打开和关闭文件的方法；
- 掌握文件读写、定位与检测函数；
- 培养利用文件编写相关程序的能力。

在前面各章设计程序时所用到的数据都是通过键盘输入的。这种输入方式在数据量较小时，是可以满足用户要求的，但是如果所需的数据量比较大，仍然采用键盘输入就会很浪费时间，这就需要用到文件处理的方式。

11.1 文件概述

假设某单位有3000名职工，要为该单位开发工资管理系统，所要输入的数据如表11-1所示。要求每月输入工资数据，以便计算和打印工资表。输入过程中如果有一个数据输入错误，就需要将全部数据重新输入。而从键盘输入3000名职工数据，难免发生错误，况且每个月输入的大量数据中大部分是基本不变的，如职工号、姓名、基本工资、补贴等信息。

表11-1 职工工资表

职工号	姓名	基本工资	补贴	房租	水电
10001	Zhang Yan	1020	230	80	50
10002	Wang Hai	1890	530	120	60
⋮	⋮	⋮	⋮	⋮	⋮

对于类似的问题，可以设想是否可以将这些数据存放在磁盘上，供程序读取呢？程序运行的大量结果是否可以放到磁盘中保存呢？

在大批量的数据输入/输出过程中，可以使用文件来提高输入效率，并且文件中的数据可以反复使用，长期保存。

11.1.1 文件的概念及分类

文件是程序设计中一个非常重要的概念，它是一组相关数据的有序集合。在前面学习中，读者已经学习了C语言的源程序文件、目标文件、可执行文件、库文件（头文件）等。本章中将进一步介绍C语言中的文件。

从不同的角度对文件进行分类。

（1）按文件存放的设备，文件可分为设备文件和磁盘文件两种。

设备文件是指通过与主机相连的各种外部设备，如键盘、显示器、打印机、扫描仪等输入/输出的一个有序的数据集合。在操作系统中，把设备文件作为一种特殊的文件来进行管理，把对它们的输入/输出操作等同于对磁盘文件的读和写操作。通常把显示器显示文件定义为标准输出文件，在显示器上显示有关信息就是向标准输出文件写入数据，前面经常使用的printf函数、putchar函数就属于这类输出函数。把键盘输入文件定义为标准的输入文件，从键盘上输入数据就表示从标准输入文件上读取数据，前面经常使用的scanf、getchar函数就属于这类输入函数。

磁盘文件是指保存在磁盘或其他外部介质上（U盘、移动硬盘等）的一个有序数据集合。磁盘文件可以是源程序、目标程序、可执行程序等程序文件，也可以是数据文件。磁盘文件是计算机中常用的文件。

（2）按照文件编码的方式，文件可分为ASCII码文件（也称文本文件）和二进制文件两种。

ASCII文件在存放时，每个字节存放一个字符的ASCII码。例如，一个整数8421的存储形式如下：

十进制数：	8	4	2	1
ASCII码：	00111000	00110101	00110010	00110001

共占用4字节。

ASCII码文件的内容可以在屏幕上按字符显示，源程序文件属于ASCII码文件。

二进制文件是把数据按其在内存中的存储形式直接存放在文件中，即按二进制的编码方式来存放的文件。

例如，整数8421在内存中的存储形式如下：

```
00100000  11100101
```

只占2字节。其存储形式如图11-1所示。

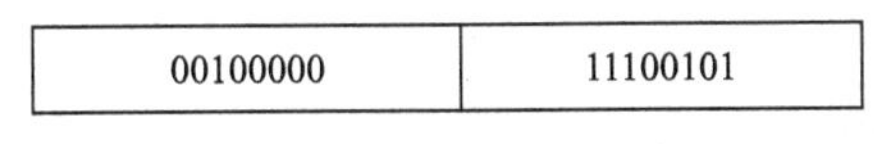

图11-1 整数8421的二进制存储形式

在ASCII码文件中，用1字节表示一个字符，对字符进行处理、输出时很方便，但占用存储空间比较多，且需要花时间进行转换。如果采用二进制文件，则可以节省存储空间和转换时间，但是存储的数据不能以字符形式直接输出。因此，这两种文件在使用时，要权衡利弊，作出选择。

11.1.2 文件指针

文件指针是缓冲文件系统的一个关键概念，那么什么是缓冲文件系统呢？缓冲文件系统是指系统自动地在内存中为每一个正在使用的文件开辟一个缓冲区。从内存向磁盘输出的数据必须先送到内存中的缓冲区，缓冲区被装满后再一起送到磁盘。而从磁盘向内存读入数据，则是从磁盘文件一次读取一批数据到内存中的缓冲区，缓冲区被装满后再从缓冲区将数据逐个送到程序数据区，即赋给程序变量。

1983 年 ANSI C 标准确定采用缓冲文件系统，缓冲文件系统为每一个被使用的文件开辟了一个缓冲区，以便保存该文件的相关信息，如文件的名称、文件的状态、文件当前位置等。文件指针就是保存这些信息的一个结构体类型变量。而该结构体类型是由系统定义的，包含在头文件 stdio.h 中，命名为 FILE。

可以使用 FILE 类型定义若干个该类型的变量，以存放相应文件的信息。每个文件都有自己的类型为 FILE 的结构，通过指向 FILE 结构的指针访问该文件，即通过文件指针找到与它相关的文件。文件指针定义的一般形式为

```
FILE *指针变量名;
```

其中，FILE 需要用大写字母表示，它是由系统定义的一个结构体。开发人员在编写程序时无须关心 FILE 结构的具体细节。指针变量用于指向一个文件，它存放的是文件缓冲区的首地址。

例如：

```
FILE *filep;
```

filep 是指向 FILE 结构的指针变量，它可以指向某个文件，通过 filep 对其所指向的文件操作。也可以称 filep 为指向一个文件的指针。

使用文件类型 FILE 时，在程序头部必须使用文件包含命令：

```
#include <stdio.h>
```

11.2 文件的打开与关闭

C 语言与其他高级程序设计语言一样，在对文件进行操作前应先打开文件，使用结束后要关闭文件。

打开文件就是请求操作系统为指定的文件分配内存缓冲区，创建文件的各种相关信息，以便对其进行各种操作。

关闭文件就是断开文件指针与文件之间的联系，确保数据完整地写入文件并释放内存缓冲区。

11.2.1 打开文件函数 fopen

ANSI C 规定的标准输入/输出库中有一个用于打开文件的函数 fopen。该函数为编译系统提供以下 3 个信息。

（1）需要打开的文件名。

（2）使用文件的方式。

（3）让哪个指针变量指向被打开的文件。

在程序中，fopen 函数的调用形式通常为

```
FILE *指针变量名;
指针变量名=fopen(文件名,使用文件方式);
```

其中，“文件名”为需要打开的文件，可以是用双引号括起来的一个字符串，该字符串可以包含磁盘盘符及文件夹信息，如"D:\\example\\file.dat"，也可以是字符数组名或指向字符串

的指针；“使用文件方式”是指文件的访问类型和操作要求。

例如：

```
FILE *filep1;
filep1=fopen("aa.out","rt");
```

表示在当前目录下打开文件 aa.out，并使文件指针 filep1 指向该文件。filep1 所指向的文件是一个文本文件，且只允许对该文件进行读操作。

又如：

```
FILE *filep2;
filep2=fopen("D:\\bb","rb")
```

表示打开 D 盘根目录下的二进制文件 bb，只允许对该文件按二进制方式进行读操作。在前面章节学过转义字符“\\”表示一个“\”字符，这里表示根目录。

表 11-2 给出了 12 种文件使用方式的符号和意义。

表 11-2 文件使用方式的符号和意义

符号	意义
rt	打开一个已有的文本文件，只能读取该文件中的数据
wt	打开或创建一个文本文件，只能向该文件中写数据
at	打开一个文本文件，并在该文件末尾写数据
rb	打开一个已有的二进制文件，只能读该文件中的数据
wb	打开或创建一个二进制文件，只能向该文件中写数据
ab	打开一个二进制文件，并在该文件末尾写数据
rt+	打开一个文本文件，既可从该文件中读数据，也可向该文件中写数据
wt+	打开或创建一个文本文件，既可从该文件中读出数据，又可向该文件中写数据
at+	打开一个文本文件，可以从该文件中读出数据，或在该文件末尾追加数据
rb+	打开一个二进制文件，既可从该文件中读出数据，也可向该文件中写数据
wb+	打开或创建一个二进制文件，既可从该文件中读出数据，又可向该文件中写数据
ab+	打开一个二进制文件，可以从该文件中读出数据，或在该文件末尾追加数据

说明：

（1）文件使用方式由“r”“w”“a”“t”“b”“+”这 6 个字符组合而成，每个字符的含义如下。

r (read)：表示对文件进行读取操作。

w (write)：表示对文件进行写入操作。

a (append)：表示在文件末尾追加写入操作。

t (text)：表示文件类型为文本文件，可省略不写。

b (binary)：表示文件类型为二进制文件。

+：既可读，也可写。

（2）用“r”方式打开文件时，该文件必须已经存在，且只能从该文件中读出数据。

（3）用“w”方式打开文件时，只能向该文件写入。若文件不存在，则以指定的文件名和路径创建该文件；若文件已经存在，则将该文件删去，重新创建一个新文件。

（4）用“a”方式打开文件时，只能向一个已存在的文件追加新的信息。此时该文件必须是存在的，否则将会出错。

在打开文件时如果出错，fopen 将返回一个空指针值 NULL。在程序中可以通过该信息判别是否成功打开要操作的文件，并做出相应的处理。常用程序代码如下：

```
FILE *fp;
……
if ((fp=fopen("D:\\temp\\data","rb"))==NULL)
{
    printf("\ncan not open the file!\n");
    getchar( );
    exit(0);
}
```

执行这段程序，如果文件指针 fp 的返回值为 NULL，表示指定的文件没有被打开，则给出"can not open the file!"的提示信息。程序中 getchar( )的作用是等待用户从键盘按下任意键，程序才继续执行，用户可在这段等待时间内阅读出错提示信息。按键后执行 exit(0)关闭所打开的文件，退出程序。

C 语言允许同时打开多个文件，用不同的文件指针指示不同文件，需要注意的是，一个文件在关闭之前不能被再次打开。

11.2.2 关闭文件函数 fclose

为避免数据丢失，打开的文件使用结束后，应当使用关闭文件函数 fclose( )将文件关闭。调用的一般形式：

```
fclose(文件指针);
```

例如：

```
fclose(fp);
```

关闭文件时，为防止文件丢失和文件信息被破坏，系统将清理文件指针 fp 所指向的缓冲区，把数据输出到磁盘文件，然后释放该内存缓冲区，使文件指针与所指向文件脱离关系。当文件被关闭后，如果再想对该文件进行操作，则必须再次打开。

11.3 文件的读写

打开一个文件之后，就可以用 C 语言标准函数库中的文件读写函数进行读写。使用时，要求包含头文件"stdio.h"。

C 语言提供了多种文件读写函数，下面介绍常用的几种。

11.3.1 字符读写函数 fgetc 和 fputc

使用字符读写函数对文件进行操作时以字符为单位，每次从指定的文件中读出或向文件写入一个字符。

1. 读字符函数 fgetc

功能：从指定的文件中读出一个字符。

调用形式：

```
字符型变量=fgetc(文件指针);
```

例如：

```
char ch1;
ch1=fgetc(filep);
```

这两条语句表示从打开的文件（filep 所指向的文件）中读取一个字符并送入变量 ch1 中。

在调用 fgetc 函数时，文件必须以读或读写方式打开。读取字符的结果也可以不赋值给任何字符型变量。

例如：

```
fgetc(filep);
```

此时没有保存所读出的字符。

文件内部有一个位置指针，用来指向文件的当前读写字节。文件刚打开时，位置指针总是指向文件的第一个字节。使用 fgetc 函数读出一个字符后，该位置指针将向后移动一个字节。因此可连续多次使用 fgetc 函数读取多个字符。

文件指针和文件内部的位置指针是不同的概念。

文件指针是指向整个文件的，使用前必须定义，在程序运行过程中只要不重新对其赋值，文件指针的值是不变的。而文件内部的位置指针是用来指示文件内部当前的读写位置的，每读写一次，该指针都要向后移动一个字节，它是由系统自动设置的，不需要在程序中定义。

【例 11.1】从文件 file1.txt 中顺序读出字符，并逐个在屏幕上输出。

```
#include <stdio.h>
#include <stdlib.h>
int main( )
{
    FILE *filep;
    char ch1;
    /*用只读方式打开文件*/
    if ((filep=fopen("d:\\example\\file1.txt","r")) == NULL)
    { /*如果打开文件出错，则显示出错信息，退出程序*/
      printf("\nCan not open the file, please press any key to exit!\n");
      getchar( );
      exit(0);
    }
    /*输出文件内容*/
    ch1=fgetc(filep);
    while (ch1!=EOF)
    {
       putchar(ch1);
       ch1=fgetc(filep);
    }
    fclose(filep);          /*关闭文件*/
    getchar( );             /*等待阅读程序输出结果，按任意键结束程序*/
    return 0;
}
```

程序中以读文本文件方式打开指定文件“d:\\example\file1.txt”，并使文件指针 filep 指向该文件。若打开文件时出错，则给出提示信息并退出程序。成功打开文件后，从文件中读取一个字符，存放在字符型变量 ch1 中，然后进行循环条件的判断，只要读出的字符不是文件结束标志 EOF（每个文件末都有一个结束标志），就将该字符输出到屏幕上，接着读取一个字符。每读一个字符，文件内部的位置指针就向后移动一个字符，文件结束时该指针指向 EOF。本程序执行结束时能将整个文件的内容显示在屏幕上。

2. 写字符函数 fputc

功能：向指定的文件写入一个字符。

调用形式：

```
fputc(字符型常量或字符型变量, 文件指针);
```

写入的字符可以是字符型常量或变量，例如：

```
fputc('x',filep);
```

表示把字符型常量 x 写入 filep 所指向的文件。

若要在文件中写入数据，可以用写、读写、追加方式打开该文件。用写方式或读写方式打开已存在的文件时会将原文件的内容清除，写入的字符从文件起始位置开始存放。如果要保留原文件的内容，将写入的字符从文件末尾开始存放，则必须以追加方式打开文件。若被写入的文件不存在，则在相应位置先创建该文件，然后写入字符。在写入的过程中，每写入一个字符，文件内部位置指针就向后移动一个字节。若写入成功，则 fputc 函数返回写入的字符，否则返回 EOF。因此，可用函数的返回值来判断是否成功写入数据。

【例 11.2】从键盘上输入若干字符，将这些字符写入一个文件，然后把该文件内容显示在屏幕上。

```
#include <stdio.h>
#include <stdlib.h>
int main( )
{
  FILE *filep;
  char ch1;

  filep=fopen("d:\\example\\file2.txt","w");  /*用写方式打开文件*/
  if (filep==NULL)          /*如果打开文件出错，则显示出错信息，退出程序*/
  {
     printf("Can not open the file,please press any key to exit!\n");
     getchar( );
     exit(0);
  }
  while ((ch1=getchar())!='$')                 /*从键盘接收输入字符*/
     fputc(ch1,filep);                         /*将字符写入文件*/
  fclose(filep);                               /*关闭文件*/
  filep=fopen("d:\\example\\file2.txt","r");/*用只读方式打开文件*/
  if (filep==NULL)          /*如果打开文件出错，则显示出错信息，退出程序*/
  {
    printf("Can not open the file,please press any key to exit!\n");
    exit(0);
  }
  ch1=fgetc(filep);                            /*输出文件内容*/
```

```
    while (ch1!=EOF)
    {
        putchar(ch1);
        ch1=fgetc(filep);
    }
    fclose(filep);      /*关闭文件*/
    getchar( );         /*等待，此时读者可以阅读程序输出结果，按任意键结束程序*/
    return 0;
}
```

程序中首先以写方式打开文件 file2.txt。从键盘输入一行或多行数据，当输入的字符不为字符$时，则把该字符写入文件。每写入一个字符，文件内部位置指针向后移动一个字节。当遇到字符$时，写入完毕，该指针指向文件末尾。如果要读出文件内容，需以读方式再次打开文件，读文件的过程与例 11.1 相似。

对文件的读写，除用字符读写函数 fgetc 和 fputc 逐个字符进行处理外，还可以使用 fgets 和 fputs 函数以字符串为单位进行处理。

11.3.2 字符串读写函数 fgets 和 fputs

1. 字符串读函数 fgets

功能：从指定的文件中读取出一个字符串，再将该字符串存放到指定的字符数组中。

调用形式：

```
fgets(字符数组名,len,文件指针);
```

len 是一个正整数，表示从文件中读出不超过 len-1 个字符的字符串。在读出的字符串末尾自动追加串结束标志“\0”。

例如：

```
fgets(string1,len,filep);
```

表示从 filep 所指向的文件中读出 len-1 个字符存放到字符数组 string1 中。

【例 11.3】读出 file2.txt 文件中的一个字符串，并显示在屏幕上。

```
#include <stdio.h>
#include <stdlib.h>
#define M 6
int main( )
{
    FILE *filep;
    char str[M+1];

    if ((filep=fopen("d:\\example\\file2.txt","r"))==NULL)
    {/*如果打开文件出错，则显示出错信息，退出程序*/
        printf("Can not open the file,please press any key to exit!\n");
        getchar( );
        exit(0);
    }
    fgets(str,M+1,filep);       /*从文件中读出 M 个字符存放到 str 中*/
    printf("%s\n",str);         /*屏幕输出字符串*/
    fclose(filep);
```

```
        getchar( );
        return 0;
    }
```

该程序定义了一个长度为 7 的字符数组，以“r”方式打开文件 file2 后，从中读出 6 个字符存放到 str 数组，系统自动为数组最后一个单元加上串结束标志“\0”，并在屏幕上输出 str 数组元素。

在读出 M 个字符之前，如遇到换行符或 EOF，则读出结束。如果读字符串成功，则返回字符数组的首地址，否则返回一个空指针。

2. 字符串写函数 fputs

功能：向指定的文件写入一个字符串，字符串可以是字符串常量，也可以是字符数组名或指针变量。

调用形式：

```
fputs(字符串,文件指针);
```

例如，fputs("good", filep);表示把字符串"good"写入 filep 所指向的文件中。

【例 11.4】在文件 file2.txt 中追加一个字符串，在屏幕上输出验证。

```
#include <stdio.h>
#include <stdlib.h>
int main( )
{
    FILE *filep;
    char ch1,st[20];

    if ((filep=fopen("d:\\example\\file2.txt","a+"))==NULL)
    {/*如果打开文件出错，则显示出错信息，退出程序*/
      printf("Can not open the file,please press any key to exit!");
      getchar( );
      exit(0);
    }
    printf("please input a string:\n");
    scanf("%s",st);         /*从键盘输入字符串*/
    fputs(st,filep);        /*将字符串追加到文件末尾*/
    fclose(filep);
    if ((filep=fopen("d:\\example\\file2.txt", "r"))==NULL)
    {
       printf("Can not open the file,please press any key to exit!") ;
        getchar( );
        exit(0);
    }
    ch1=fgetc(filep);
    while (ch1!=EOF)        /*把文件内容在屏幕上显示出来*/
    {
        putchar(ch1);
        ch1=fgetc(filep);
    }
     fclose(filep);
     getchar( );
    return 0;
}
```

该程序以追加读写文本文件的方式打开文件 file2.txt，用 fputs 函数把从键盘输入的字符串写入文件 file2.txt，然后逐个显示当前文件中的全部字符，以验证是否在原文件末尾成功追加了所输入的字符串。

11.3.3 数据块读写函数 fread 和 fwrite

功能：读写一组数据，这组数据可以是一个数组中的所有元素，也可以是一个结构体变量的值等。

数据块读函数 fread 的调用形式为

```
fread(buffer,size,count,fp);
```

数据块写函数 fwrite 的调用形式为

```
fwrite(buffer,size,count,fp);
```

其中，buffer 是一个指针，在 fread 函数中，表示将读出的数据存放在 buffer 所指向的内存单元中。在 fwrite 函数中，表示将 buffer 所指向内存单元中的数据写入指定文件。size 表示每个数据块的字节数。count 表示要读写的数据块个数。fp 表示文件指针。

例如：

```
int buffer1[80];
fread(buffer1,4,20,filep);
```

表示从 filep 所指向的文件中，每次读取 4 字节的数据存放在数组 buffer1 中，连续读 20 次。

【例 11.5】从键盘输入 3 个学生的信息，并把这些数据存放到磁盘文件中，最后将学生数据在屏幕上显示。

```
#include <stdio.h>
#define SIZE 3
struct student_type
{
    char name[10];
    int num;
    int age;
    char addr[15];
}stud[SIZE];
void saveinfor()
{
    FILE *filep;
    int i;

    /*用二进制写方式打开文件*/
    if ((filep=fopen("d:\\example\\file2.txt","wb"))==NULL)
    {/*如果打开文件出错，则显示出错信息，返回主程序*/
        printf("cannot open file\n");
        return;
    }
    for (i=0;i<SIZE;i++)  /*每循环一次在指定文件中写入一个学生的信息*/
    if (fwrite(&stud[i],sizeof(struct student_type),1,filep)!=1)
        {
            printf("file write error\n");
            getchar( );
            return;
```

```
        }
        fclose(filep);
        filep=fopen("d:\\example\\file2.txt","rb");
        for (i=0;i<SIZE;i++)        /*将学生信息输出到屏幕*/
        {
            fread(&stud[i],sizeof(struct student_type),1, filep);
            printf("%-10s%4d%4d%15s\n",stud[i].name,stud[i].num,
                stud[i].age, stud[i].addr);
        }
        fclose(filep);
    }
    int main( )
    {
        int i;
        for (i=0;i<SIZE;i++)        /*从键盘输入学生信息*/
            scanf("%s %d %d%s",stud[i].name,&stud[i].num,&stud[i].age,
              stud[i].addr);
        saveinfor( );
        getchar( );
        rerutn 0;
    }
```

该程序在 main 函数中输入 3 个学生的数据，然后调用 saveinfor 函数，将这些数据写入 file2 文件。fwrite 函数的作用是将一个长度为 sizeof(struct student_type)字节的数据块写入 file2 文件中。

运行情况如下：

输入 3 个学生的姓名、学号、年龄和地址：

```
Wang 1101 18 r101↙
Zhang 1102 19 r102↙
Tang 1103 18 r103↙
```

输出的数据为

```
Wang      1101  18        r101
Zhang     1102  19        r102
Tang      1103  18        r103
```

11.3.4 磁盘文件读写函数 fscanf 和 fprintf

功能：按照指定格式从指定文件中读取或向指定文件中写入数据。与前面的 scanf 和 printf 函数相似，区别在于 fscanf 和 fprintf 函数的读写对象是磁盘文件，而不是标准输入文件（键盘）和标准输出文件（显示器）。

调用形式：

```
fscanf(文件指针, 格式字符串, 输入列表);
fprintf(文件指针, 格式字符串, 输出列表);
```

其中，文件指针用于指出从哪个文件中读入数据或将数据写入哪个文件。

例如：

```
fscanf(fp,"%d%s",&i,s);
```

作用是将 fp 所指向的文件中的数据分别按%d 和%s 的格式送给变量 i 和 s。

```
fprintf(fp,"%d%c\n",j,ch);
```

作用是将整型变量j和字符型变量ch的值分别按%d和%c的格式输出到fp所指向的文件中。

【例 11.6】从键盘输入NUM个学生的信息，并将这些信息写入一个文件，再从该文件中读出这些信息，显示在屏幕上。

```
#include <stdio.h>
#define NUM 2
struct student
{
   char name[10];
   int num;
   int age;
   int score;
   char addr[15];
}stu1[NUM],stu2[NUM],*p,*q;
int main( )
{
   FILE *filep;
   int k;

   p=stu1;
   q=stu2;
   if ((filep=fopen ("d:\\example\\file2.txt","wb"))==NULL)
   {
     printf("Can not open the file,please press any key to exit!");
     getchar( );
     exit(1);
   }
   printf("\ninput data\n");
   for (k=0; k<NUM;k++,p++)       /*将学生信息存放在数组stu1中*/
      scanf("%s %d %d %d %s", p->name, &p->num, &p->age, &p->score, p->addr);
   p=stu1;                        /*p指向数组stu1首地址*/
   for (k=0;k<NUM; k++,p++)       /*将数组stu1的内容输出到文件file2.txt 中*/
      fprintf(filep,"%s %d %d %d %s\n", p->name, p->num, p->age, p->score,
        p->addr);
   fclose(filep);
   if ((filep=fopen("d:\\example\\file2.txt","rb"))==NULL)
   {
      printf("Can not open the file,please press any key to exit!");
      getchar( );
      exit(1);
   }
   for (k=0;k<NUM;k++,q++)        /*将文件中的内容读出并放到数组stu2中*/
      fscanf(filep,"%s %d %d %d %s\n",q->name,&q->num,&q->age,
          &q->score,q->addr);
   printf("\n\nname\tnumber\tage\tscore\taddr\n");
   q=stu2;
   for (k=0;k<NUM;k++,q++)
         printf("%s\t%d\t%d%7d\t%s\n",q->name,q->num,q->age,q->score,
           q->addr);
```

```
    fclose(filep);
    getchar( );
    return 0;
}
```

fscanf 和 fprintf 函数每次只能读写一个结构体数组元素的值，为了读写全部数组元素的值，程序中采用了循环结构。需要强调的是，循环语句的执行改变了指针变量 p 和 q 的值，所以在将数组 stu1 的内容输出到文件 file2.txt 之前，将数组 stu2 的内容输出到屏幕之前，需对指针变量 p 和 q 重新赋值。

11.3.5 文件的定位

前面用到的文件读写方式都是顺序读写，即从文件头开始顺序读写文件中所有数据。但在实际开发中经常需要只读写文件中某些指定的数据。要想解决这个问题，就要用到 C 语言提供的随机读写方式。随机读写就是可以根据实际情况将文件内部的位置指针定位到需要读写的位置，然后进行读写。

实现随机读写的关键是文件的定位，即按要求移动位置指针。

在文件打开的初始状态，这个指针指向文件的开始处（若以追加方式打开，则指向文件末尾处），随着文件的读写，这个指针会自动移动，也就是说，每读取一个字符，位置指针就会自动指向下一个字符。为了准确定位位置指针，C 语言提供了 rewind 函数和 fseek 函数，使用这些函数可以完成位置指针的移动。

1. rewind 函数

功能：把文件内部的位置指针移动到文件开始处。

调用形式：

```
rewind(文件指针);
```

【例 11.7】用 rewind 函数修改例 11.6 的问题。

```
#include <stdio.h>
int main( )
{
    FILE *filep;
    char ch1;

    filep=fopen("d:\\example\\file2.txt","w+");
    if (filep==NULL)
    {
        printf("Can not open the file,please press any key to exit!\n");
        getchar();
        exit(0);
    }
    while ((ch1=getchar())!='\n')
        fputc(ch1,filep);
    rewind(filep);        /*调用 rewind 函数，使文件指针重新定位于文件开头*/
    ch1=fgetc(filep);
    while (ch1!=EOF)
    {
```

```
        putchar(ch1);
        ch1=fgetc(filep);
    }
    fclose(filep);
    getchar( );
    return 0;
}
```

该程序以“w+”方式打开文件。用户从键盘输入字符，当输入换行符时，输入结束，程序将输入的字符循环写入文件，此时文件内部的位置指针指向文件末尾。再通过 rewind 函数把 filep 所指向文件内部的位置指针移到文件开头，把文件内容从头读出，并在屏幕上显示。

2. fseek( )函数

功能：将文件内部的位置指针移动到指定位置。

调用形式：

```
fseek(文件指针, 位移量, 起始点);
```

其中，位移量表示指针相对于起始点需要移动的字节数。若位移量为正，表示向文件末尾方向移动；若为负，则表示向文件开始方向移动。ANSI C 和大多数 C 版本要求位移量是一个 long 型数据，以便在文件长度超过 64KB 时不出错。若用常量表示，则常量后要加后缀“L”。起始点表明从何处开始计算位移量，规定的起始点有 3 种，用整型数 0、1 或 2 表示，0 表示文件首；1 表示文件当前位置；2 表示文件末尾。

ANSI C 标准分别为它们指定如表 11-3 所示的标识符。

表 11-3 文件内部位置指针的起始点

起始点	数字表示	符号表示
文件首	0	SEEK_SET
当前位置	1	SEEK_CUR
文件末尾	2	SEEK_END

例如：

```
fseek(fp,120L,0);      /*将位置指针移到离文件首 120 字节处*/
fseek(fp,70,1);        /*将位置指针移到离当前位置 70 字节处*/
fseek(fp,-50L,2);      /*将位置指针从文件末尾处向前移动 50 字节*/
```

fseek 函数可以把文件位置指针移到文件内的任何位置，从而实现对文件的随机读写。该函数通常用于二进制文件。因为文本文件需要进行字符转换，位置计算有时会出错。

【例 11.8】在学生文件 file2.txt 中随机读取某个学生的数据。

```
#include <stdio.h>
#include <stdlib.h>
#define NUM 2
struct student
{
    char name[10];
    int num;
    int age;
```

```
    int score;
    char addr[15];
}stu1[NUM],stu2,*p,*q;

int main( )
{
    FILE *fp;
    char ch;
    int i,a;
    p=stu1;
    q=&stu2;
    if ((fp=fopen("d:\\example\\file2.txt","wb+"))==NULL)
    {
        printf("Can not open file,please press any key to exit!");
        getchar( );
        exit(1);
    }
    printf("\ninput the information of student:name,number,age,score,
      addr\n");
    for (i=0;i<NUM;i++,p++)
        scanf("%s%d%d%d%s",p->name,&p->num,&p->age,&p->score,p->addr);
    p=stu1;
    fwrite(p, sizeof(struct student),NUM,fp);
    rewind(fp);
    printf("input a(1 or 2):\n");
    scanf("%d",&a);
    fseek(fp,(a-1)*sizeof(struct student),0);
    fread(q,sizeof(struct student),1,fp);
    printf("\n\nname\tnumber age score\taddr\n");
    printf("%s\t%5d%4d%5d\t\t%s\n",q->name,q->num,q->age,q->score,q->addr);
    fclose(fp);
    return 0;
}
```

该程序先以二进制写方式建立或打开文本文件file2.txt，将学生信息写入文件。然后用随机读取的方法读出第x个学生的信息并显示在屏幕上。程序中定义了student类型变量stu2及该类型的指针变量q，使q指向stu2。调用fseek函数，将位置指针从文件头开始移动(a-1)*sizeof(struct student)字节到指定位置，然后读出的数据即第a个学生的信息。

11.4 文件检测函数

C语言中常用的文件检测函数有以下3个。

1. feof函数

功能：检测文件是否结束，结束则返回值为1，否则为0。
调用形式：

```
feof(文件指针);
```

2. ferror 函数

功能：检测文件在进行读写时是否出错。返回值为 0 表示没有出错，否则表示出错。

调用形式：

```
ferror(文件指针);
```

3. clearerr 函数

功能：将文件指针所指向文件的 ferror 标记和 feof 标记置为 0。当调用的 ferror 函数出错时，由 ferror 函数给出非 0 标记，并且一直保持该值，只有调用 clearerr 函数后才重新将标记置为 0。

调用形式：

```
clearerr(文件指针);
```

11.5 C 语言库文件

C 语言的库文件分为两类，一类是头文件，扩展名为“.h”。在头文件中包含了许多数据类型、常量、宏、函数原型的定义以及各种编译选择设置等信息。一类是供用户在程序中调用的，包括了各种函数的目标代码的函数库。在程序中调用库函数时，在调用之前要包含该函数原型所在的头文件。

每一种 C 编译系统都提供了一批库文件，不同的编译系统所提供的库文件的数目、库文件的名称及功能不完全相同。考虑到通用性，本小节主要列出了常用的部分库文件，具体见表 11-4。编程时读者可能要用到更多的函数、更多的库文件，请自行查阅所使用编译系统的手册。

表 11-4 C 语言常用库文件

文件名称	文件内容
STDIO.H	定义 Kernighan 和 Ritchie 在 UNIX System V 中定义的标准和扩展的类型和宏。还定义标准 I/O 预定义流：stdin,stdout 和 stderr，说明 I/O 流子程序
MATH.H	说明数学运算函数，还定义了 HUGE_VAL 宏，说明了 matherr 和 matherr 子程序用到的特殊结构
ALLOC.H	说明内存管理函数（内存的分配、释放等）
CTYPE.H	包含有关的字符分类函数——用于测试字符是否属于特定的字符类别
STRING.H	说明一些串操作和内存操作函数
MEM.H	说明一些内存操作函数（其中大多数在 STRING.H 中说明）
TIME.H	定义时间转换子程序 asctime、localtime 和 gmtime 的结构，ctime、 difftime、 gmtime、 localtime 和 stime 用到的类型，并提供这些函数的原型
GRAPHICS.H	说明有关图形功能的各函数，图形错误代码的常量定义，针对不同驱动程序的各种颜色值，以及函数用到的一些特殊结构

11.6　案例：学生成绩管理系统——采用文件存储数据

本小节在 10.11 节的基础上，添加了存储文件和从文件导入数据的功能。功能模块如图 11-2 所示。

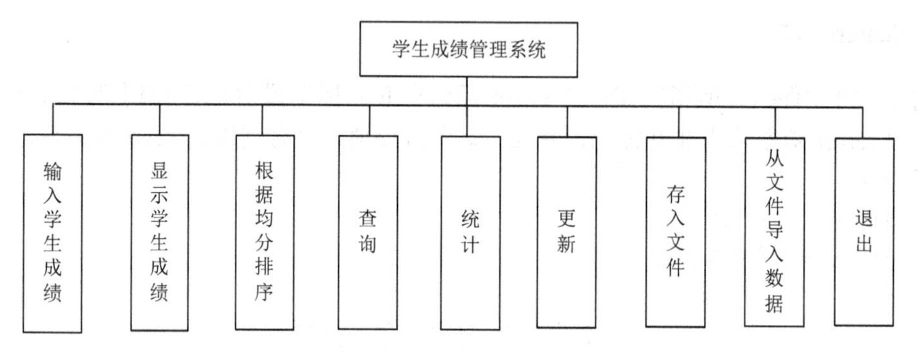

图 11-2　功能模块示意图

对于功能相同的函数，10.11 节已经描述，本小节描述新添加的两个函数以及有改动的功能选择菜单函数和主函数。

1. 功能选择菜单

在 10.11 节的 menu 菜单基础上添加了两个菜单，7 是存入文件，8 是从文件导入数据。

```
void menu( )
{
    printf("*************************************\n");
    printf("请输入菜单选项:\n");
    printf("0 退出系统\n");
    printf("1 输入学生成绩\n");
    printf("2 显示学生成绩\n");
    printf("3 根据均分排序\n");
    printf("4 查询\n");
    printf("5 统计\n");
    printf("6 更新\n");
    printf("7 存入文件\n");
    printf("8 从文件导入数据\n");
    printf("*************************************\n");
}
```

2. 主函数

在 10.11 节中主函数的基础上，添加了两个选项，可以存入文件，也可以从文件导入数据。输入 7，调用“存入文件”函数，把单链表的信息存入磁盘文件；输入 8，首先把内存中存在的单链表清空，然后调用“从文件导入数据”函数，从文件中读取数据生成单链表。

```
int main( )
{
    int flag;
```

```
    STUDENT  *head=NULL,*p,*q;
    printf("******欢迎使用学生成绩管理系统******\n");
    while (1)
    {
        menu( );
        scanf("%d",&flag);
        getchar( );
        switch (flag)
        {
            case 1:head=input(head);
                break;
            case 2:show(head);
                break;
            case 3:sort(head);
                break;
            case 4:search(head);
                break;
            case 5:count(head);
                break;
            case 6:head=update(head);
                break;
            case 7:save(head);
                break;
            case 8:
                q=head;
                while (q)
                {
                    p=q->next;
                    free(q);
                    q=p;
                }
                head=NULL;
                head=inputfiledata( );
                show(head);
                break;
            case 0:printf("退出系统\n");
                  return 0;
        }
    }
    return 0;
}
```

主函数程序运行结果如图 11-3 所示。

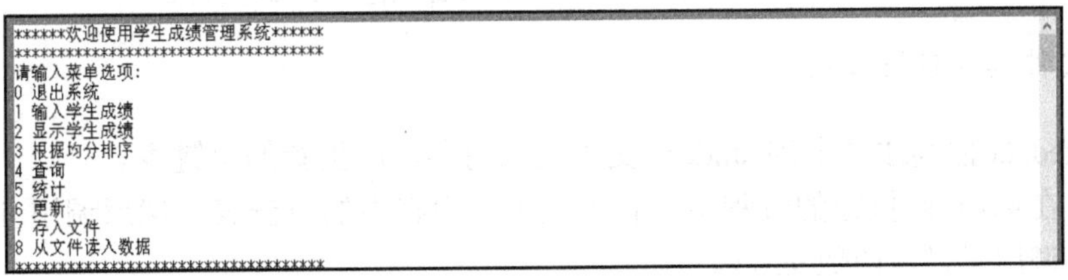

```
******欢迎使用学生成绩管理系统******
************************************
请输入菜单选项:
0 退出系统
1 输入学生成绩
2 显示学生成绩
3 根据均分排序
4 查询
5 统计
6 更新
7 存入文件
8 从文件读入数据
************************************
```

图 11-3　主函数程序运行结果

3. 存入文件函数

利用数据块读写函数，从单链表的头结点开始进行文件的存储，每次存储一个结点，直到单链表结束。

```
void save(STUDENT *head)
{
    int count=0;
    FILE *fp;
    STUDENT *p;
    fp=fopen("student","wb");
    if (fp==NULL)
    {
        printf("打开文件失败\n");
        return;
    }
    p=head;
    while (p)
    {
       fwrite(p,sizeof(STUDENT),1,fp);
       count++;
       p=p->next;
    }
    printf("完成%d个数据的存储\n",count);
    fclose(fp);
}
```

在完成了功能1、2、3的基础上，输入选项7，完成文件的存储。运行结果界面如图11-4所示。

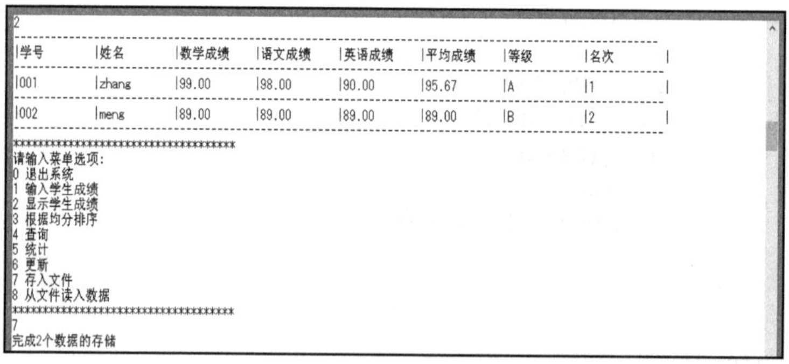

```
2
--------------------------------------------------------------------------------
|学号      |姓名      |数学成绩  |语文成绩  |英语成绩  |平均成绩  |等级      |名次      |
--------------------------------------------------------------------------------
|001       |zhang     |99.00     |98.00     |90.00     |95.67     |A         |1         |
--------------------------------------------------------------------------------
|002       |meng      |89.00     |89.00     |89.00     |89.00     |B         |2         |
--------------------------------------------------------------------------------
************************************
请输入菜单选项:
0 退出系统
1 输入学生成绩
2 显示学生成绩
3 根据均分排序
4 查询
5 统计
6 更新
7 存入文件
8 从文件读入数据
************************************
7
完成2个数据的存储
```

图 11-4　存入文件函数程序运行结果

同时可以看到，在磁盘上产生了文件名为student的二进制文件。

4. 从文件读入数据函数

inputfiledata把刚才产生的student文件读入内存，产生新的单链表。

主函数在选项8执行的过程中，首先销毁了内存中的单链表，然后调用inputfiledata函数，最后调用了显示函数show。

inputfiledata函数代码如下：

```
STUDENT *inputfiledata( )
{
    int count=0;
    FILE *fp;
    STUDENT *q,*p,*head=NULL;
    fp=fopen("student","rb");
    if (fp==NULL)
    {
        printf("打开文件失败\n");
        return NULL;
    }
    p=(STUDENT*) malloc(sizeof(STUDENT));
    while (fread(p,sizeof(STUDENT),1,fp)!=0)
    {
        count++;
        if (head==NULL)
        {
            head=p;
            q=p;
        }
        else
        {
            q->next=p;
            q=p;

        }
        p=(STUDENT*) malloc(sizeof(STUDENT));
    }
    q->next=NULL;
    printf("完成%d个数据读入\n",count);
    fclose(fp);
    return head;
}
```

运行选项8时，结果界面如图11-5所示。

```
8
完成2个数据读入
----------------------------------------------------------------------------------------
|学号      |姓名      |数学成绩  |语文成绩  |英语成绩  |平均成绩  |等级      |名次      |
----------------------------------------------------------------------------------------
|001       |zhang     |99.00     |98.00     |90.00     |95.67     |A         |1         |
----------------------------------------------------------------------------------------
|002       |meng      |89.00     |89.00     |89.00     |89.00     |B         |2         |
----------------------------------------------------------------------------------------
```

图11-5 从文件读入数据

11.7 小 结

本章介绍了C语言中文件的基本概念、文件的打开与关闭、文件的读写、定位与检测函数，需要掌握以下内容。

（1）文件是一组相关数据的有序集合。文件指针是一个指向文件的指针变量。通过文件指针可对它所指向的文件进行各种操作。

（2）在对文件进行读写操作之前，要先将文件打开，使用完毕后要关闭。打开文件就是请求系统为指定的文件分配内存缓冲区，建立文件的各种相关信息，以便进行其他操作。关闭文件就是断开文件指针与文件之间的联系，确保数据完整地写入文件并释放内存缓冲区。打开与关闭文件分别用 fopen 函数和 fclose 函数完成。

（3）打开一个文件之后，就可以用 C 语言标准函数库中的文件读写函数进行读写，也可以对文件指针在文件中的位置进行检测。

习　　题

11.1　什么是文件指针？通过文件指针访问文件有什么好处？

11.2　文件的打开和关闭的含义是什么？为什么要打开和关闭文件？

11.3　从键盘输入若干行字符，输入后把它们存储到一个磁盘文件中。再从该文件中读入这些数据，将其中的小写字母转换成大写字母后在屏幕上输出。

11.4　有两个磁盘文件 file1 和 file2，各存放一行字母，要求把这两个文件中的信息合并（按字母顺序排列），输出到一个新文件 file3 中。

第12章 位运算

学习目标

- 掌握常用的位运算符的运算规则；
- 理解位段的概念和使用方法。

C 语言既具有高级语言的特点，又具有低级语言的功能，因而有广泛的用途和很强的生命力。C 语言是为描述系统而产生的，前面介绍的指针运算和本章将要介绍的位运算就很适合编写系统软件，可应用到计算机检测和控制领域中，是 C 语言中很重要的特色。

12.1 位运算符

C 语言中有 6 种位运算符，运算符号及其含义说明如表 12-1 所示。

表 12-1 C 语言中的位运算符

运算符号	含义说明	运算符号	含义说明
&	按位与	~	取反
|	按位或	<<	左移
^	按位异或	>>	右移

注意：

① 位运算符中“~”为单目运算符，其余的都是双目运算符。

② 参与双目运算的数据只能是整型或字符型数据。

12.1.1 按位与运算

按位与运算符“&”的功能是对参与运算的两个以补码形式出现的数据对应位进行与运算。只有当对应的两个二进制位都是 1 时，运算结果的对应位才是 1，否则为 0。即 0&0=0，0&1=0，1&0=0，1&1=1。

例如，4&6 的运算过程如下：

```
      00000100    (4 的二进制补码)
  &   00000110    (6 的二进制补码)
  ------------------------------
      00000100    (4 的二进制补码)
```

可见 4&6=4。

12.1.2 按位或运算

按位或运算符“|”的功能是对参与运算的两个以补码形式出现的数据对应位进行或运算。只要对应的两个二进制位有一个为 1，结果位就为 1，否则为 0。

例如，4|6 的运算过程如下：

```
          00000100
    |     00000110
------------------
          00000110
```

可见 4|6=6。

位或运算的主要功能是将指定位置 1。

12.1.3 按位异或运算

按位异或运算符“^”的功能是对两个以补码形式出现的数据对应的二进制位进行异或运算，当对应的二进制位相异时，结果为 1；相同时，结果为 0。

例如，4^6 的运算过程如下：

```
          00000100
    ^     00000110
------------------
          00000010
```

可见 4^6=2。

12.1.4 取反运算

取反运算符“~”为单目运算符，其功能是对各个二进制位按位求反，具有右结合性。取反运算时，如果某位为 1，则变为 0；某位为 0，则变为 1。

例如，~4 的运算过程如下：

```
 ~(0000000000000100)
---------------------
   1111111111111011
```

12.1.5 左移运算

左移运算符“<<”的功能是把运算符“<<”左边的所有二进制位左移指定位数，移动的位数由运算符“<<”右边的数字决定，高位丢弃，低位补 0。

例如，a << 5 是把 a 的各二进制位向左移动 5 位。例如，a=00000101（十进制 5），左移 5 位后为 10100000（十进制 160）。

12.1.6 右移运算

右移运算符“>>”的功能是把运算符“>>”左边的所有二进制位右移指定的位数，移动的位数由运算符“>>”右边的数字决定。

例如，设 a = 14，a >> 2 表示把 000001110（十进制 14）右移为 00000011（十进制 3）。

需要注意的是，若运算量为有符号数，右移时符号位将一起移动。当数据为正数时，最高位补 0；为负数时，符号位为 1，最高位补 1。

例如，设 a=-16，a>>4 表示把 1111 1111 1111 0000 右移为 1111 1111 1111 1111（十进制-1）。

12.2 位 段

某些情况下，存储的信息并不需要占用一个完整的字节，而只需要占一个或几个二进制位。例如，开关量只有 1 和 0 两种状态，只需一个二进制位就可以存放。为使处理简便，并且节省存储空间，C 语言允许在结构体定义中以位为单位指定结构体成员所占内存的大小，这种结构体成员称为位段。位段在本质上就是一种结构体类型，只不过其成员所占内存的大小是按二进制位分配的。

12.2.1 位段的定义与位段变量的说明

位段的定义形式为

```
struct 位段结构名
  {位段列表};
```

其中，位段列表的形式为

```
类型说明符  位段名: 位段长度;
```

例如：

```
struct flaginfo
{
    int flag_a:8;
    int flag_b:2;
    int flag_c:6;
};
```

与结构体变量说明的方式相同，位段变量也可先定义后说明，同时定义并说明或者直接说明。

例如：

```
struct flaginfo
{
    int flag_a:8;
    int flag_b:2;
    int flag_c:6;
}data;
```

上述代码说明 data 为 flaginfo 结构体变量，共占 2 字节，其中，位段 flag_a 占 8 位，位段 flag_b 占 2 位，位段 flag_c 占 6 位。

说明：

（1）一个位段必须存储在同一字节中，不能跨两个字节。当 1 字节所剩空间不够存放另一位段时，应从下一单元起始位存放该位段。也可以有意使某位段从下一单元开始。

例如：

```
struct flaginfo
{
    unsigned flag_a:4;
    unsigned :0;        /*空段*/
```

```
    unsigned flag_b:4;          /*从下一单元开始存放*/
    unsigned flag_c:4;
}
```

在上面的定义中，flag_a 占第一字节的前 4 位，后 4 位填 0 表示不使用，flag_b 从第二字节开始，占用 4 位，flag_c 占用该字节剩余 4 位。

（2）位段不允许跨字节，所以位段的长度不能超过 8 位二进制位。

（3）位段可以无位段名，这时它只用来填充或调整位置。无名的位段是不能使用的。例如：

```
struct flaginfo
{
    int flag_a:1;
    int :2;          /*该 2 位不能使用*/
    int flag_b:3;
    int flag_c:2;
};
```

12.2.2　位段的使用

位段允许用各种格式输出。

位段使用的一般形式为

位段变量名.位段名

【例 12.1】位段的使用示例。

```
#include <stdio.h>
int main( )
{
    struct flaginfo
    {
        unsigned flag_i:1;
        unsigned flag_m:3;
        unsigned flag_k:4;
    } bit,*pbit;
    bit.flag_i=1;
    bit.flag_m=7;
    bit.flag_k=15;
    printf("%d,%d,%d\n",bit.flag_i,bit.flag_m,bit.flag_k);
    pbit=&bit;
    pbit->flag_i=0;
    pbit->flag_m&=3;
    pbit->flag_k|=1;
    printf("%d,%d,%d\n",pbit->flag_i,pbit->flag_m,pbit->flag_k);
    return 0;
}
```

该程序中定义了位段结构 flaginfo，有 3 个成员 flag_i、flag_m、flag_k；说明了 flaginfo 类型的变量 bit 和指向 bit 的指针变量 pbit。程序中分别为 flag_i、flag_m、flag_k 这 3 个位段赋值（应注意赋值不能超过该位段的允许范围），再以%d 格式输出其内容，然后把位段变量 bit 的地址赋给指针变量 pbit，再用指针方式给位段 flag_i 重新赋值 0。pbit->flag_m &= 3;使用了复合的位运算符“&=”，该行相当于 pbit->flag_m = pbit->flag_m&3。位段 flag_m

中原有值为 7，与 3 进行按位与运算的结果为 3（111&011=011，十进制值为 3）。同样，pbit->flag_k| = 1;中使用了复合位运算符“|=”，相当于 pbit->flag_k = pbit->flag_k|1，其结果为 15。最后用指针方式输出了 flag_i、flag_m、flag_k 这 3 个位段的值。

12.3 小　　结

本章介绍了 C 语言中的位运算符和位段，需要掌握以下内容。

（1）C 语言是为描述系统而产生的，前面介绍的指针运算和本章介绍的位运算就很适合编写系统软件，可应用到计算机检测和控制领域中，这是 C 语言很重要的特色。

（2）在位运算符中，取反运算符“~”是单目运算符，其余都是双目运算符。双目运算符两侧的数据只能是整型或字符型的数据。

（3）为使处理简便，并且节省存储空间，C 语言允许在一个结构体中用位段指定结构体成员所占内存的大小。位段在本质上就是一种结构体类型，只不过其成员所占内存的大小是按二进制位分配的。

习　　题

12.1　分析下列程序的运行结果。

```
int main( )
{
    unsigned int a=0112,x,y,z;
    x=a>>3;
    printf("x=%o",x);
    y=~(~0<<4);
    printf("y=%o",y);
    z=x&y;
    printf("z=%o\n",z);
    return 0;
}
```

12.2　分析下列程序的运行结果。

```
int main( )
{
    int m=20,n=025;
    if (m^n)
        printf("mmm\n");
    else
        printf("nnn\n");
    return 0;
}
```

12.3　编写程序，完成对一个八进制数的旋转。

12.4　编写程序提取一个十六进制数的奇数位。

12.5　编写一个函数实现左右循环移位。函数名为 circularmove，调用方法为 circularmove(value,n)，其中 value 为要循环移位的数，n 为移动的位数。当 n<0 时左移；当 n>0 时右移。例如，当 n=4 时，表示要右移 4 位；当 n=−3 时，表示要左移 3 位。

第13章 预处理命令

学习目标

- 理解宏定义的概念;
- 掌握并能够使用文件包含命令和条件编译。

13.1 概　　述

在 C 语言中会用到以“#”号开头的命令，如文件包含#include<stdio.h>和常量定义#define PI 3.14，这类命令统称为编译预处理命令。

编译预处理就是在对源程序进行编译前调用预处理程序对这类命令进行处理的过程。预处理完毕后再将预处理结果与源程序一起进行编译、连接，最后形成计算机可以执行的机器语言程序。

C 语言的预处理命令有#include、#define、#undef、#if、#end 等，这些命令通常放在源文件的头部且在源程序中的函数之外。按照其功能可分为以下 3 类。

（1）文件包含。

（2）宏定义。

（3）条件编译等。这些预处理命令不属于 C 语言真正的语句，为了与一般 C 语言语句相区别，形式上都以“#”号开头，预处理命令后面也不加分号。

13.2 宏　定　义

C 程序中允许使用“宏”，也就是用一个标识符表示一个字符串。“宏”定义中的标识符称为宏名。在编译预处理时，程序中出现的所有宏名，都会被宏定义中的字符串代换，这一过程称为宏代换或宏展开。

宏定义在源程序中使用#define 命令完成。宏代换由编译预处理程序自动完成。

在 C 语言中，宏定义有带参数和不带参数两种形式。

13.2.1 不带参数的宏定义

不带参数的宏定义形式为

```
#define 标识符 字符串
```

注意：“标识符”和“字符串”之间至少用一个空格隔开。

其中，“#”表示这是一条预处理命令，“define”为宏定义的指令，“标识符”为所定义的宏名。为了与变量名、函数名区别，宏名常用大写字母表示。“字符串”可以是常量、表达式、格式字符串等。在预编译时，编译预处理程序将源程序文件中的宏定义之后出现的标识符（宏名）都替换为对应的字符串。

例如：

```
#define PI  3.1415926
```

表示定义宏名PI来代替字符串“3.1415926”。在预编译时，将源程序文件中宏定义之后出现的宏名PI都替换为字符串“3.1415926”。

【例13.1】 使用宏定义字符串1。

```
#include <stdio.h>
#include <math.h>
#define PI 3.1415926
int main( )
{
    float l,s,r,v;

    printf("input radius:");
    scanf("%f",&r);
    l=2.0*PI*r;
    s=PI*pow(r,2);              /*函数pow(x,y)计算x的y 次幂*/
    v=4.0/3*PI*pow(r,3);
    printf("l=%10.4f\ns=%10.4f\nv=%10.4f\n",l,s,v);
    return 0;
}
```

程序运行结果如下：

```
input radius:3
l=18.8496
s=28.2743
v=63.6172
```

说明：

（1）宏定义是用宏名来表示一个字符串，在预处理时又用该字符串取代宏名，这仅是一种简单的代换。字符串可由任意字符组成，预处理程序对它不进行任何检查，如有错误，只能在编译宏展开后的源程序时才能被发现。

（2）可以用#undef 命令终止宏定义的作用域。一般而言，一个宏定义，从其定义处开始直至文件末尾全程有效。如要更改其作用域，可使用#undef 命令。

例如：

```
#define RADIUS 5
int main( )
{
   ......
}
#undef RADIUS
f1( )
```

```
{
    ……
}
```

表示 RADIUS 只在 main 函数中有效，在 f1 中无效。

（3）宏定义与一般 C 语言语句不同，在行末不必加分号，如果加上分号，则连分号一起置换。

（4）宏名在源程序中若用引号括起来，则预处理程序不对其进行宏代换。

【例 13.2】使用宏定义字符串 2。

```
#define GOOD 100
int main( )
{
    printf("GOOD");
    printf("\n");
    return 0;
}
```

例 13.2 中定义宏名 GOOD 表示 100，但在 printf 语句中 GOOD 被引号括起来，这时把“GOOD”当字符串处理，因此不进行宏代换。

上述程序的运行结果为

```
GOOD
```

（5）宏定义允许嵌套，宏定义的字符串中可使用已定义的宏名。在宏展开时，由预处理程序层层代换。

例如：

```
#define PI 3.1415926
#define S PI*radius*radius          /* PI 是已定义的宏名*/
```

对语句：

```
printf("%f",S);
```

用宏代换后变为

```
printf("%f",3.1415926*radius*radius);
```

（6）为了方便书写和使用，可用宏定义表示数据类型。

例如：

```
#define NODE struct node
```

在程序中声明变量可使用 NODE，如

```
NODE boy[5],*p;
```

（7）若有宏定义 #define INTEGER int，在程序中声明整型变量可用 INTEGER，如

```
INTEGER a,b;
```

用宏定义表示数据类型和用 typedef 定义数据类型，二者是不同的。宏定义是简单的字符串代换，typedef 不是进行简单的代换，而是对类型说明符重新命名，被命名的标识符具有类型定义说明的功能。宏代换在编译预处理时完成，typedef 在编译时完成。例如：

```
#define P_INT1 int *
typedef (int *) P_INT2;
```

下面用 P_INT1，P_INT2 说明变量时就可以看出它们的区别：

```
P_INT1 a,b;
```

用宏代换后变成：

```
int *a,b;
```

表示 a 是指向整型数据的指针变量，而 b 是整型变量。

再看，P_INT2 a, b;表示 a，b 都是指向整型数据的指针变量，原因是 P_INT2 是一个类型说明符。

由上面的例子可知：虽然宏定义也可用来表示数据类型，但只是进行字符代换。

（8）使用宏名替代一个字符串的主要目的有两个。

① 减少程序中重复书写某些字符串的工作量，如在程序中一些不太好记忆的参数，重复书写容易出错且很烦琐，这时用宏名来代替该字符串就可以使程序简单明了。

② 当需要改变程序中的一些常量名时，如果没有宏名，那么整个程序用到该常量的地方都需要人工一一修改；若用宏名，则只需改变宏定义命令行即可。

【例 13.3】输出格式定义为宏的示例。

```
#include <stdio.h>
#define PR printf
#define NL "\n"
#define S "%s"
#define MACRO "%d"
#define MACRO1 MACRO NL
#define MACRO2 MACRO MACRO NL
#define MACRO3 MACRO MACRO MACRO NL
#define MACRO4 MACRO MACRO MACRO MACRO NL
int main( )
{
    int a,b,c,d;
    char string[]="CHINA";
    a=1;b=2;c=3;d=4;
    PR(MACRO1,a);
    PR(MACRO2,a,b);
    PR(MACRO3,a,b,c);
    PR(MACRO4,a,b,c,d);
    PR(S,string);
    return 0;
}
```

程序运行结果如下：

```
1
1 2
1 2 3
1 2 3 4
CHINA
```

13.2.2 带参数的宏定义

C 语言允许使用带参数的宏。宏定义中出现的参数称为形参，宏调用中出现的参数称为实参。

对带参数的宏，宏展开时要用实参去代换形参。

定义带参数宏的一般形式为

```
#define 宏名(形参列表) 字符串
```

形参列表由一个或多个参数组成，参数之间用逗号隔开。字符串中应该包含形参列表所指定的参数。在编译预处理时，带参数的宏调用在展开时，不再是进行简单的字符序列替换，而是要用实参替换形参。实参为程序中引用宏名的参数。

例如：

```
#define M(y)  y*y+3/y          /*宏定义*/
……
k = M(5);                      /*宏调用*/
……
```

在宏调用时，用实参 5 去代替形参 y，经预处理宏展开后的语句为

```
k=5*5+3/5;
```

【例 13.4】带参数的宏定义示例 1。

```
#include <stdio.h>
#define PI 3.1415926
#define S(radius) PI*radius*radius
int main( )
{
    float n,area;
    n=3.6;
    area=S(n);
    printf("radius=%f\narea=%f\n",n,area);
    return 0;
}
```

该程序中定义了两个宏，一个是不带参数的宏 PI，另一个是带参数的宏 S(radius)，其中 radius 是形参。S(n)中 n 是实参，在编译预处理时，S(n)用字符串“3.1415926*n*n”代替。

说明：

（1）带参宏定义中，宏名与形参列表之间不能出现空格。

例如，#define S(radius) PI*radius*radius 写为#define S (radius) PI*radius*radius 将被认为是无参宏定义，宏名 S 代表字符串(radius) PI*radius*radius。这显然是错误的。

（2）带参宏定义中，形参不分配内存单元，无须进行类型定义。

（3）宏定义中出现的形参是标识符，而宏调用中出现的实参可以是表达式。

【例 13.5】带参数的宏定义示例 2。

```
#include <stdio.h>
#define PI 3.1415926
#define S(radius) PI*(radius)*(radius)
int main( )
{
    float n,area;
    n=3.6;
    area=S(n+1);
    printf("radius=%f\narea=%f\n",n,area);
    return 0;
}
```

在宏展开时，用 3.1415926 代换 PI，用 n+1 代换 radius，得到如下语句：

```
area=3.1415926*(n+1)*(n+1);
```

宏代换与函数的调用是有区别的：宏代换中对实参表达式不进行计算，直接照原样代换，而函数调用时需要把实参表达式的值求出，然后传递给形参。

程序运行结果如下：

```
radius=3.600000
area=66.476097
```

（4）宏定义中，通常要用括号把字符串内的形参括起来以避免出错。把上例字符串PI*(radius)*(radius)中 radius 两边的括号去掉，得到以下程序。

【例 13.6】带参数的宏定义示例 3。

```
#include <stdio.h>
#define PI 3.1415926
#define S(radius) PI*radius*radius
int main( )
{
    float n,area;
    n=3.6;
    area=S(n+1);
    printf("radius=%f\narea=%f\n",n,area);
    return 0;
}
```

程序运行结果如下：

```
radius=3.600000
area=15.909733
```

出现这种结果的原因是宏代换只进行符号代换而不进行其他处理。宏代换后将得到以下语句：

```
area=3.1415926*n+1*n+1
```

这显然与题意不符，因此参数两边的括号不能少。

（5）带参数的宏与带参函数看起来很相似，但有着本质的区别，除上面已提到的几点外，将同一表达式用函数处理与用宏处理的结果有可能是不同的。

【例 13.7】带参数的宏定义示例 4。

```
#include<stdio.h>
int SUM(int y)
{
    return((y)+(y));
}
int main( )
{
    int i=1;

    while (i<=5)
        printf("%5d",SUM(i++));
    return 0;
}
```

程序运行结果如下：

```
2    4    6    8    10
```

【例 13.8】带参数的宏定义示例 5。

```
#include<stdio.h>
#define SUM(y)((y)+(y))
int main( )
```

```
{
    int i=1;

    while (i<=5)
       printf("%5d",SUM(i++));
    return 0;
}
```

程序运行结果如下：

```
26   10
```

例 13.7 中，函数 SUM 的形参为 y，函数体中表达式为((y)+(y))，函数调用为 SUM(i++)。例 13.8 中宏名为 SUM 的形参也为 y，字符串表达式为((y)+(y))，宏调用为 SUM(i++)。二者在定义和调用形式上很相似，从输出结果来看，却大不相同。

（6）宏定义中可以定义多个语句，宏调用时，再把这些语句代换到源程序内。

【例 13.9】 带参数的宏定义示例 6。

```
#include<stdio.h>
#define PI 3.14          /*根据具体要求确定 PI 的取值，本例中 PI 取 3.14*/
#define CIRCLE(R,L,S,V) L=2*PI*R;S=PI*R*R;V=4.0/3*PI*R*R*R
int main( )
{
    float r,l,s,v;         /*半径、圆周长、圆面积、球体积*/

    scanf("r=%f",&r);
    CIRCLE (r,l,s,v);
    printf("r=%6.2f,l=%6.2f,s=%6.2f,v=%6.2f\n",r,l,s,v);
    getchar( );
    return 0;
}
```

该程序把求解圆的周长、面积和体积的表达式用宏来代替。在预处理阶段，宏调用 CIRCLE(r, l, s, v)被展开为

```
l=2*3.1415926*r;
s=3.1415926*r*r;
v=4.0/3*3.1415926*r*r*r
```

13.3 文 件 包 含

文件包含是指在一个文件中包含另一个文件的内容。文件包含的关键字是 include。命令的一般形式为

```
#include <文件名> 或 #include "文件名"
```

预处理时，文件包含命令把指定的文件插入该命令行位置，取代该命令行，从而将指定的文件和当前的源程序文件连成一个源文件。

程序设计时，可采用分而治之的方法将一个大的程序分为多个模块，由多个程序员分别编程。一些公用的代码（如符号常量、宏定义、用户自定义的共用函数等）可单独组成一个文件，在其他文件中要使用这些代码时，用文件包含命令包含该文件即可。这样可避免在每个文件开头都书写那些公用量，从而节省时间，减少出错。

说明：

（1）文件包含命令中的文件名可以用尖括号括起来，也可以用双引号引起来。例如：

```
#include <math.h>
#include "myfun.h"
```

这两种形式的区别：如果文件名用尖括号括起来，则系统将直接到包含文件目录中查找指定的文件，而包含文件目录是由用户在设置环境时设置的；如果文件名用双引号引起来，则系统先在源程序所在的目录中查找指定的包含文件，如果没有找到再到包含目录中去查找。开发人员编程时可以根据被包含文件所在的目录选择其中一种形式。

（2）一个 include 命令只能指定一个被包含文件，当有多个文件需要包含时，要用多个 include 命令。

（3）文件包含可以嵌套，即在一个被包含的文件中又可以包含另一个文件。

【例 13.10】 文件包含程序示例。

① 文件 print_format.h 内容如下：

```
#define PR printf
#define NL "\n"
#define S "%s"
#define MACRO "%d"
#define MACRO1 MACRO NL
#define MACRO2 MACRO MACRO NL
#define MACRO3 MACRO MACRO MACRO NL
#define MACRO4 MACRO MACRO MACRO MACRO NL
```

② 文件 file1.c 内容如下：

```
#include "print_format.h"
#include<stdio.h>
int main( )
{
    int a,b,c,d;
    char string[]="CHINA";
    a=1;b=2;c=3;d=4;
    PR(MACRO1,a);
    PR(MACRO2,a,b);
    PR(MACRO3,a,b,c);
    PR(MACRO4,a,b,c,d);
    PR(S,string);
    getchar( );
    return 0;
}
```

使用文件包含可以减少开发人员的重复劳动，使程序结构更加简洁，提高程序的可读性。但是，如果文件包含命令使用不当，反而会增加程序的代码长度，所以定义被包含文件时要做到短小精练，选择被包含文件时要谨慎。

13.4 条件编译

条件编译是编译时对源程序的某种控制。在一定的条件下，源程序中某些特殊语句参加编译，而在另一种条件下，同样的语句不参加编译，即源程序中的语句是否有效要根据是否满足相应条件来决定，这就是条件编译。按不同的条件编译程序的不同部分，会产生不同的目标代码文件。这一点对程序的调试和移植是很有用的。

C 语言的条件编译有以下 3 种形式。

第 1 种形式：

```
#ifdef 标识符
    程序段 1
[#else
    程序段 2]
#endif
```

功能：若“标识符”已经被定义过（通常用 #define 命令定义），则对程序段 1 进行编译；否则对程序段 2 进行编译。其中，“#else”部分根据具体情况可以省略。

例如，程序调试信息显示为

```
#define DEBUG
#ifdef DEBUG
  printf("r=%6.2f,s=%6.2f,\n",r,s);
#endif
```

由于定义了标识符 DEBUG，程序调试阶段 printf 函数被编译，运行程序时可以显示 r、s 的值。当程序调试完成后，不再需要显示 r、s 的值，则去掉 DEBUG 标识符的定义即可。

当然，在程序中也可以直接使用 printf 函数显示调试信息，等程序调试完成后去掉 printf 函数。但是，当程序中有很多处需要调试时这种做法显然效率比较低，因为增、删语句既麻烦又容易出错，而使用条件编译则相当清晰、方便。在程序调试阶段，可以使用条件编译命令输出一些阶段性的中间结果，帮助程序设计者顺利完成程序调试工作。

第 2 种形式：

```
#ifndef 标识符
    程序段 1
[#else
    程序段 2]
#endif
```

功能：如果“标识符”未被#define 命令定义过，则对程序段 1 进行编译；否则对程序段 2 进行编译。它的功能与第 1 种形式正好相反。

第 3 种形式：

```
#if 常量表达式
    程序段 1
[#else
    程序段 2]
#endif
```

功能：如果常量表达式的值为真（非 0），则对程序段 1 进行编译；否则对程序段 2 进行编译。

【例 13.11】 条件编译程序示例。

```
#include <stdio.h>
#define R 1
int main( )
{
```

```
    float s1,s2,c;

    printf("input a number:  ");
     scanf("%f",&c);
    #if R
       s1=3.14159*c*c;
       printf("area of round is:%f\n",s1);
    #else
       s2=c*c;
       printf("area of square is:%f\n",s2);
    #endif
    return 0;
}
```

该程序中定义R为1，条件编译时，常量表达式的值为真，因此计算并输出圆面积。

在程序调试阶段使用条件编译，可以减少被编译的语句，从而减少目标代码的长度，提高程序运行效率。综上所述，在实际开发过程中，编程人员可根据需要选择合适的条件编译方式。

13.5 小　　结

本章介绍了C语言中的宏定义、文件包含和条件编译等内容，要求掌握以下内容。

（1）C语言中允许使用“宏”，即允许使用一个标识符表示一个字符串，被定义为“宏”的标识符称为宏名。宏定义有带参数和不带参数两种形式。在编译预处理时，要用宏定义中相应的字符串代换程序中出现的宏名，这称为宏代换或宏展开。宏代换是由预处理程序自动完成的。

（2）文件包含是指在一个文件中包含另一个文件的内容。用#include<文件名>或#include"文件名"来完成。注意命令中用尖括号和双引号的区别。

（3）C语言的条件编译有3种形式。条件编译是根据不同的条件编译程序中的不同部分，从而产生不同的目标代码文件。

习　　题

13.1　分析以下程序的输出结果：

（1）
```
#define MIN(x,y)(x)<(y)?(x):(y)
int main( )
{
   int i,j,k;
   i=10;
   j=15;
   k=10*MIN(i,j);
   printf("%d\n",k);
   getchar( );
}
```

（2）
```
#include <stdio.h>
```

```
#define S(x) 2.84+x
#define TOINT(a)  printf("%d",(int)(a))
#define PRINT1(a) TOINT(a);putchar('\n')
int main( )
{
    int y=2;
    PRINT1(S(3)*y);
    getchar( );
}
```

13.2　定义一个带参数的宏，使两个参数的值交换，并编写程序输入两个数作为宏的实参，最后输出交换后的两个数。

13.3　分别用函数和带参的宏，从 3 个数中找到最大的数。

13.4　用条件编译方法实现以下功能：

报文传输常用的两种方式：①按原文输出；②加密后输出。本题中采用的加密方法是将字母变成其下一个字母（a 变成 b……z 变成 a，A 变成 B……Z 变成 A），其他字符不变。现在输入一行电报文字，可以任选一种方式输出，用#define 命令控制是否要译成密码。

例如：

```
#define ENCRYPTION 1
```

则输出密码，若

```
#define ENCRYPTION 0
```

则按原码输出。

第14章

C语言中的图形函数及简单使用

学习目标

- 了解C语言中设置与关闭图形模式的函数；
- 了解屏幕颜色的表示方法，能正确调用颜色函数设置图形的颜色；
- 掌握C语言中绘制图形的基本步骤及基本绘图函数；
- 了解图形模式下绘制图形的同时输出字符的方法；
- 培养利用图形模式编写实用程序的能力。

14.1 屏幕显示模式简介

屏幕显示模式指的是数据在屏幕上的显示方式。C 语言中，屏幕显示模式有文本模式和图形模式两种。文本模式通常用于显示文本，也就是通常调试C语言程序所用的模式；图形模式则用于显示图形，也就是本章程序调试所用的模式。

14.1.1 屏幕显示模式简介

C语言默认屏幕显示模式为文本模式，这也是通常教学示例都只输出文本信息的原因。下面简单介绍屏幕的显示原理。

1. 计算机显示器的坐标系

计算机显示器的屏幕上规则地排列着许多细小的发光点，称为像素。像素的明暗和色彩的不同组合，就构成了绚丽多姿的画面。绘制图形时为了方便将图形显示在屏幕的指定位置，通常规定屏幕的左上角为坐标原点，坐标为（0,0），行所在位置为 y 轴，列所在位置为 x 轴，如图 14-1 所示。

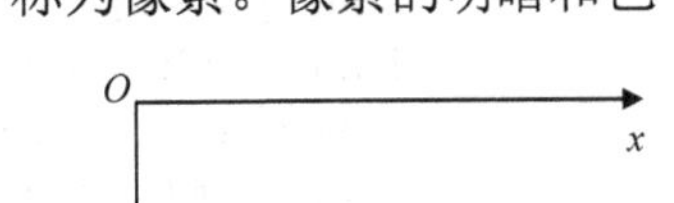

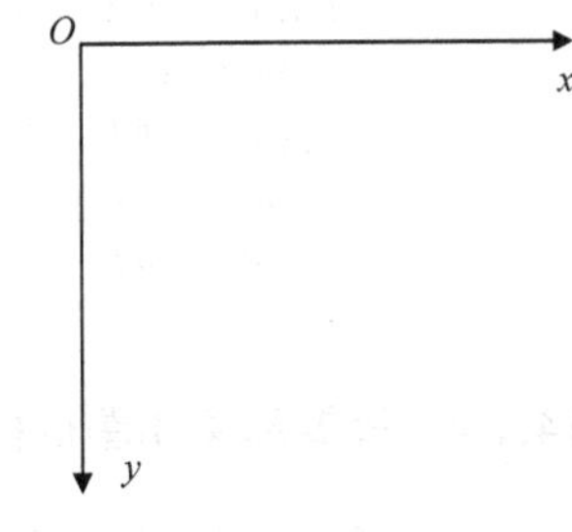

图 14-1 屏幕坐标系

与数学中的平面直角坐标系类似，计算机屏幕上任意一点的位置可以用一个有序整数对（x, y）来表示。但与数学上不同的是，屏幕直角坐标系的坐标原点在屏幕的左上角，x 轴表示点所在的列，其正方向不变，y 轴表示点所在的行，其正方向向下。例如，有一个坐标值为（x, y）的点，则 x 值表示点在屏幕的第几列，y 值表示点在屏幕的第几行。坐标轴的单位与屏幕显示模式有关，同一个点的坐标可能随着屏幕显示模式的改变而改变。

2. 文本模式

文本模式是指显示的内容以字符为最小单位，每个字符都以矩形块的形式显示在屏幕上。采用文本模式显示的屏幕常被划分为 25 行 80 列，即整个屏幕可以显示 25×80 个字符。在文本模式下，为了便于标识屏幕上每个显示位置，通常对屏幕的行、列进行编号，行的编号依次是 0～24，列的编号依次是 0～79。

3. 图形模式

图形模式是指显示的内容以像素为最小单位。显示器屏幕上像素的数目由显示器的分辨率决定，如果分辨率是 1920×1024 像素，则屏幕被划分为 1024 行 1920 列，即每行有 1920 个像素，每列有 1024 个像素。常用的显示器分辨率有 1920×1024 像素、1024×768 像素等，分辨率越高，像素越多，显示的图形就越精确、越光滑。

4. 获取图形模式下屏幕坐标的最大值

不同类型显示器的分辨率不同，在图形模式下屏幕上像素的多少也不同。因此，为了在屏幕上合理安排图形的位置，必须先了解图形模式下屏幕坐标的最大值。

可以使用 getmaxx 函数获取图形模式下 x 轴坐标的最大值，调用该函数的一般形式为

```
getmaxx( );
```

函数功能：获取图形模式下屏幕 x 轴坐标的最大值。

可以使用 getmaxy 函数获取图形模式下 y 轴坐标的最大值，调用该函数的一般形式为

```
getmaxy( );
```

函数功能：获取图形模式下屏幕 y 轴坐标的最大值。

示例代码如下：

```
#include <graphics.h>
#include <stdio.h>
int main( )
{
   int drive,mode;
   drive=DETECT;
   char pa[40]="C:\\Program Files (x86)\\Dev-Cpp";
   initgraph (&drive,&mode, pa);
   cleardevice( );
   xyprintf(150,200,"x=%d,y=%d",getmaxx( ),getmaxy( ));
   getch( );
   return 0;
}
```

14.1.2 设置和关闭图形模式

与人们平时用笔在纸上画图类似，在 C 语言中要完成图形的绘制也需要画纸和画笔。

所谓画纸就是屏幕，绘制图形前需要将屏幕先设置为某种图形模式，然后调用合适的绘图函数完成所需图形的绘制。下列语句：

```
int driver, mode;
driver=DETECT;
char pa[40]="C:\\Program Files (x86)\\Dev-Cpp";
initgraph(&drive,&mode,pa);
```

其作用为调用图形驱动程序，设置屏幕为图形模式。

1. 图形驱动程序

C 语言为常见的显示器提供了图形驱动程序。调用图形驱动程序时，可以使用表 14-1 中给出的图形驱动程序的符号常量或数值。

表 14-1　图形驱动程序的符号表示及意义

符号常量	数值	意义
DETECT	0	自动测试显卡的类型，选择相应的驱动程序
CGA	1	CGA 彩色显示器
MCGA	2	MCGAHI，2 色，640×480 像素
IBM8514	6	IBM8514HI，256 色，1024×768 像素
VGA	9	VGAHI，16 色，640×480 像素
PC3270	10	PC3270HI，2 色，720×350 像素

例如，对 VGA 彩色显示器，可以使用符号 VGA 或数值 9 调用其驱动程序。另外还有一种常用的方式，就是使用 DETECT 来自动测试显示器的驱动程序类型。

2. 图形模式

常见显示器的图形模式如表 14-2 所示。与调用图形驱动程序类似，可以使用表中的符号常量或数值，指定图形模式。

表 14-2　图形模式

显示器类型	图形模式符号常量	数值	分辨率/像素	色调
CGA	CGAC0	0	320×200	C0
	CGAC1	1	320×200	C1
	CGAC2	2	320×200	C2
	CGAC3	3	320×200	C3
	CGAHI	4	640×200	2 色
MCGA	MCGAC0	0	320×200	C0
	CGAC1	1	320×200	C1
	CGAC2	2	320×200	C2
	CGAC3	3	320×200	C3
	MCGAMED	4	640×200	2 色
	MCGAHI	5	640×480	2 色
EGAMONO	EGANONOHI	0	640×350	2 色

续表

显示器类型	图形模式符号常量	数值	分辨率/像素	色调
IBM8514	IBM8514LO	0	640×480	256色
	IBM8514HI	1	1024×768	256色
VGA	VGALO	0	640×200	16色
	VGAMED	1	640×350	16色
	VGAHI	2	640×480	16色
PC3270	PC3270HI	0	720×350	2色

3. 设置屏幕显示模式为图形模式

文本模式是C语言默认的显示模式，要使用C语言绘制图形，可以先使用initgraph函数设置屏幕显示模式为某种图形模式。该函数的调用形式为

```
initgraph(&驱动程序,&图形模式,路径);
```

函数功能：调用指定的图形驱动程序，将屏幕显示模式设置成图形模式。

参数说明：

“驱动程序”指定调用的图形驱动程序。注意书写时不要漏掉驱动程序前面的符号“&”。

“图形模式”指定屏幕的图形模式。注意书写时不要漏掉图形模式前面的符号“&”。

“路径”指定存放图形驱动程序的路径。如果图形驱动程序存放在C:\Program Files (x86)\Dev-Cpp文件夹中，可以用如下字符串表示该路径："C:\\Program Files (x86)\\Dev-Cpp"。注意不要遗忘双引号，并且反斜杠是两个。如果图形驱动程序存放在当前盘的当前文件夹中，可以用空字符串" "表示该路径。

1）用户指定图形模式

如果已经清楚了所使用的显示器类型和图形模式，那么设置屏幕为图形模式是非常简单的。例如，对于分辨率为640×480像素的VGA显示器，可用下面的语句将屏幕设置成图形模式：

```
int drive, mode;
drive=VGA;
mode=2;
char pa[40]="C:\\Program Files (x86)\\Dev-Cpp";
initgraph(&drive,&mode,pa);
```

程序片段中定义了两个整型变量drive和mode，将变量drive的值设置为VGA，将变量mode的值设置为2。参数pa指定驱动程序存放的位置是C:\Program Files(x86)\Dev-Cpp文件夹。用这些变量作为参数，调用initgraph函数设置屏幕显示模式为图形模式。

2）自动测试并设置图形模式

当不清楚所使用的显示器类型和图形模式时，可以使用自动测试的方法。它是一种既简单又实用的方法，请读者很好地掌握这种方法。自动测试并设置屏幕显示模式为图形模式的语句如下：

```
int drive, mode;
drive=DETECT;
char pa[40]="C:\\Program Files (x86)\\Dev-Cpp";
initgraph(&drive,&mode,pa);
```

程序片段中将变量drive赋值为DETECT，使程序能自动测试显示器的显卡类型，并选

择相应的驱动程序，设置相应的图形模式。

4. 关闭图形模式

绘图结束后，通常要使用 closegraph 函数关闭当前的图形模式，将屏幕显示模式恢复成文本模式。该函数的调用形式如下：

```
closegraph( );
```

函数功能：关闭图形模式，将屏幕显示模式恢复成文本模式。

5. 使用C语言进行图形绘制的基本步骤

用C语言的图形函数在屏幕上完成图形的绘制，至少要遵循以下3个基本步骤：

（1）设置屏幕显示模式为图形模式。

（2）根据绘图需求，调用各种绘图函数完成具体绘制任务。

（3）绘图结束后，关闭图形模式。

【例 14.1】 在屏幕上画一个圆。

```
/*功能说明：在屏幕上画一个圆*/
#include <graphics.h>                /*使用图形函数作图，请一定记住这条命令*/
int main( )
{
   int drive, mode;
   drive=DETECT;                     /*自动测试显示器类型*/
   char pa[40]="C:\\Program Files (x86)\\Dev-Cpp";

   initgraph(&drive,&mode,pa);       /*设置图形模式*/
   cleardevice( );                   /*清屏*/
   setbkcolor(WHITE);
   setcolor(BLACK);
   circle(200,200,50);               /*画一个圆*/
   getchar( );
   closegraph( );                    /*关闭图形模式*/
   return 0;
}
```

图 14-2　画一个圆

程序运行结果如图 14-2 所示。

14.2　基本图形绘制函数简介

一个复杂的图形通常由点、直线和各种基本图形组成。C语言提供了绘制直线、矩形、圆、圆弧、椭圆等基本图形的函数。要想画出精美的图案，就要熟练掌握和正确使用这些基本绘图函数。

14.2.1　画直线函数

画直线函数 line 的调用格式如下：

```
line(x1,y1,x2,y2);
```

函数功能：在指定的两点间画一条直线。

参数说明：（x1, y1）为直线始点坐标，（x2, y2）的直线终点坐标。一般情况下，x1、

y1、x2、y2 都是整型数据。

例如，要在点(50, 50)与(300, 300)之间画一条直线，可以使用语句：

```
line(50,50,300,300);
```

特殊情况说明：

（1）若 x1 与 x2 相等，y1 与 y2 不相等，则在屏幕上画一条竖直线。

（2）若 x1 与 x2 不相等，y1 与 y2 相等，则在屏幕上画一条水平线。

（3）若 x1 与 x2 相等，y1 与 y2 也相等，则在屏幕上画一个点。

14.2.2 画矩形函数

画矩形函数 rectangle 的调用形式为

```
rectangle(x1,y1,x2,y2)
```

函数功能：在指定位置画一个矩形。

参数说明：（x1, y1）为矩形左上角顶点坐标，（x2, y2）为矩形右下角顶点坐标。一般情况下，x1、y1、x2、y2 都是整型数据。

例如，要在屏幕上以点(50,50)为左上角顶点，以点(300,300)为右下角顶点，画一个矩形，可以使用语句：

```
rectangle(50,50,300,300);
```

在 rectangle 函数中，若 x1 与 x2 相等，y1 与 y2 不相等，则画一条竖线。若 x1 与 x2 不相等，y1 与 y2 相等，则画一条横线。

由上述分析可知：画直线函数可以画矩形，画矩形函数也可以画直线。当然，也可以用画直线函数绘制其他图形。

【例 14.2】应用画直线函数绘制数学函数中的三角函数 sin、cos。

```
/*绘制数学函数中的三角函数 sin、cos*/
#include <graphics.h>
#include <math.h>
char CTX[8][6]={"-2PI","-PI","-PI/2","0.0","PI/2","PI","2PI"};
char CTY[6][6]={"-1.0","0.0","1.0","0.0","0.0"};
#define PI acos(-1.0)
void Draw_BKX(){                /* 画 X 轴 */
double star_x=50,star_y=200;
double next_x=800,next_y=200;
line(star_x,star_y,next_x,next_y);
/* 输出 X 轴上特殊点的横坐标值 */
outtextxy(100,205,CTX[0]);     /*此函数的功能是在屏幕指定位置输出指定字符串 */
outtextxy(260,205,CTX[1]);
outtextxy(320,205,CTX[2]);
outtextxy(420,205,CTX[3]);
outtextxy(480,205,CTX[4]);
outtextxy(560,205,CTX[5]);
outtextxy(680,205,CTX[6]);
outtextxy(800,193,"X->");
}
void Draw_BKY(){ /* 画 Y 轴 */
double star_x =415,star_y=50;
double next_x =415,next_y=350;
line(star_x,star_y,next_x,next_y);
```

```
outtextxy(418,60,"Y");
/* 输出 Y 轴上特殊点的横坐标值 */
outtextxy(417,100,CTY[0]);
outtextxy(417,300,CTY[2]);
}
void Draw_Sin() {                      /* 以步长法画 sin 函数图像 */
double star_x=100,star_y=200,pre_y=200;
double next_x,next_y;
for (double i=-PI *2;i<=PI *2;i+=0.01) {
    next_x=star_x+0.5;
    next_y=star_y-100 *sin(i);
    line(star_x,pre_y,next_x,next_y);
    star_x=next_x;
    pre_y=next_y;
    }
}
void Draw_Cos() {                      /* 以步长法画 cos 函数图像 */
double star_x=100,star_y=200,pre_y=100;
double next_x,next_y;
for (double i=-PI *2;i<=PI *2;i+=0.01) {
    next_x=star_x+0.5;
    next_y=star_y-100 *cos(i);
    line(star_x,pre_y,next_x,next_y);
    star_x=next_x;
    pre_y=next_y;
    }
}
int main()
{
        initgraph(1000,1000);          /* 初始化，显示一个窗口 */
        setbkcolor(WHITE);
        Draw_BKX();
        Draw_BKY();
        Draw_Sin();  //Draw_Cos();
        getch();                       /* 等待输入 */
        closegraph();                  /* 关闭图形界面 */
        return 0;
}
```

程序运行结果如图 14-3 所示。

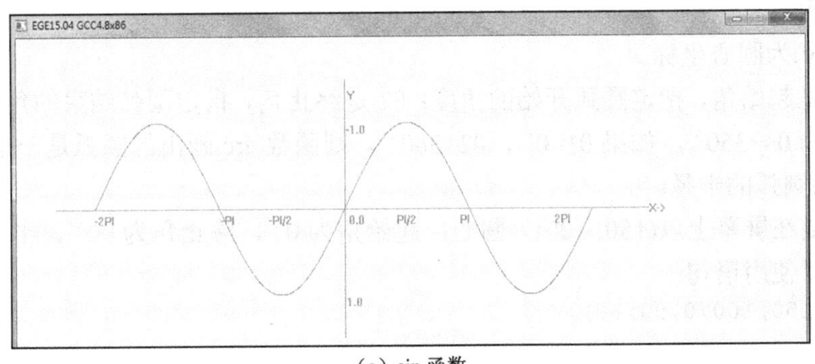

（a）sin 函数

图 14-3　三角函数图形

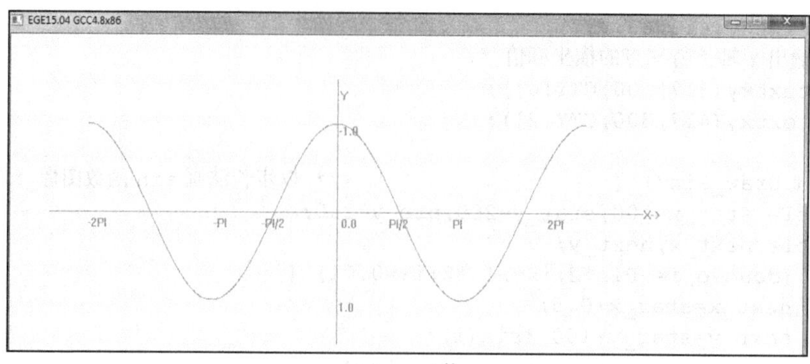

（b）cos 函数

图 14-3（续）

程序说明：编写程序时，读者可以根据实际需要编写和调用绘制 sin 函数或 cos 函数图像的函数。

14.2.3 画圆和圆弧函数

C 语言提供了画圆、画圆弧和画椭圆的函数，以满足编程人员绘制这些图形的需求。如例 14.3 中使用这些函数画出了“笑脸三毛”图形。

1. 画圆函数

画圆函数 circle 的调用形式为

```
circle(x,y,r);
```

函数功能：在屏幕上指定位置画一个指定大小的圆。

参数说明：(x, y)为圆心坐标，r 为圆的半径。

例如，在屏幕上画一个圆心为(150, 200)，半径为 60 的圆，可以使用语句：

```
circle(150,200,60);
```

2. 画圆弧函数

画圆弧函数 arc 的调用形式为

```
arc(x,y,θ1,θ2,r);
```

函数功能：在屏幕上指定位置画一个圆弧。

参数说明：

（1）(x, y)为圆心坐标。

（2）θ1 是起始角，指定圆弧开始的角度；θ2 是终止角，指定圆弧结束的角度。θ1 和 θ2 的取值范围为 0～360°，如果 θ1=0°，θ2=360°，则函数 arc 画出的圆弧是一个圆。

（3）r 为圆弧的半径。

例如，要在屏幕上以(150, 100)为圆心，起始角为 0°，终止角为 90°，半径为 60 画一条圆弧，可以使用语句：

```
arc(150,100,0,90,60);
```

3. 画椭圆或椭圆弧线函数

画椭圆函数 ellipse 的调用形式为

```
ellipse(x,y,θ1,θ2,横轴,纵轴);
```

函数功能：在屏幕上指定位置画一个指定大小的椭圆或椭圆弧线。

参数说明：

（1）(x, y)为椭圆中心坐标。

（2）θ1 是起始角，指定图形开始的角度，θ2 是终止角，指定图形结束的角度。θ1 和 θ2 的取值范围为 0～360°。

（3）“横轴”指定椭圆横轴的长度，“纵轴”指定椭圆纵轴的长度。

① 当横轴长度和纵轴长度不等时，画椭圆或椭圆弧线。

例如，在屏幕上画一个中心坐标为(150,100)，起始角度为 0°，终止角度为 360°，横轴半径为 90，纵轴半径为 60 的椭圆，可以使用语句：

```
ellipse(150,100,0,360,90,60);
```

又如，在屏幕上画一条中心坐标为(150,100)，起始角度为 0°，终止角度为 180°，横轴半径为 70，纵轴半径为 40 的椭圆弧线，可以使用语句：

```
ellipse(150,100,0,180,70,40);
```

② 当横轴长度和纵轴长度相等时，画圆或圆弧线。例如，在屏幕上画一个中心坐标为(150,100)，半径为 60 的圆，可使用下面的语句：

```
ellipse(150,100,0,360,60,60);
```

【例 14.3】 画一张“笑脸三毛”图形。

分析：本程序在绘制“笑脸三毛”时，脸用 1 个大圆表示，头发用 3 条直线表示，眼睛用 2 个填充的小椭圆表示，鼻子由 3 条直线构成，嘴巴用 2 条圆弧构成。通过调用 circle、arc、line 函数实现所需图形的绘制，程序代码如下：

```
/*画“笑脸三毛”的程序*/
#include "graphics.h"
int main( )
{
   int drive,mode;
   drive=DETECT;
   char pa[40]="C:\\Program Files (x86)\\Dev-Cpp";

   initgraph(&drive,&mode,pa);          /*设置图形模式*/
   circle(150,90,80);                   /*画脸*/
   fillellipse(120,75,10,15);           /*画左眼*/
   fillellipse(180,75,10,15);           /*画右眼*/
   line(150,10,150,60);                 /*画头发*/
   line(145,12,130,60);
   line(155,12,170,60);
   line(145,95,140,115);                /*画鼻子*/
   line(155,95,160,115);
   line(140,115,160,115);
   arc(150,80,235,305,60);              /*画嘴的上唇线*/
   arc(150,110,210,330,40);             /*画嘴的下唇线*/
```

```
        getch( );
        closegraph( );                          /*关闭图形模式*/
        return 0;
    }
```

程序运行结果如图 14-4 所示。

图 14-4 “笑脸三毛”图形

14.3 设置屏幕显示颜色

前面讲的所有程序都是在黑色的屏幕上画出白色的图案，这种图形不够美观、漂亮。其实通过 C 语言程序还可以调用彩色显示器提供的颜色资源，在屏幕上画出精美的彩色图形。

14.3.1 屏幕颜色简介

由于彩色显示器提供了丰富多彩的颜色，C 语言完全可以利用显示器上的色彩绘制出精美的彩色图形。在 C 语言中可以方便地设置屏幕对象的颜色，常见的显示器的颜色说明如表 14-3 所示。

表 14-3 颜色定义表

颜色	符号常量	数值	颜色	符号常量	数值
黑色	BLACK	0	深灰色	DARKGRAY	8
蓝色	BLUE	1	淡蓝色	LIGHTBLUE	9
绿色	GREEN	2	淡绿色	LIGHTGREEN	10
青色	CYAN	3	淡青色	LIGHTCYAN	11
红色	RED	4	淡红色	LIGHTRED	12
洋红色	MAGENTA	5	淡洋红	LIGHTMAGENTA	13
棕色	BROWN	6	黄色	YELLOW	14
淡灰色	LIGHTGRAY	7	白色	WHITE	15

编程时读者可以使用符号常量或数字表示颜色。例如，可以使用字符 RED 或数字 4 表示红色。

14.3.2 设置屏幕颜色

屏幕的颜色称为背景色，屏幕上显示对象的颜色称为前景色。恰当地设置背景色和前景色，利用 C 语言可以编写程序绘出满足用户需求的图形。不同颜色搭配给用户带来的视觉感受是不同的。

1. 设置前景色

前景色决定屏幕上显示对象的颜色。C 语言的作图函数默认都使用当前前景色作图。因此，要想根据具体需求采用某种颜色画图，就需要在调用作图函数之前进行前景色的设置。设置前景色可以使用 setcolor 函数，该函数的调用形式为

```
setcolor(颜色代码);
```

函数功能：设置屏幕的前景色。

参数说明："颜色代码"指定显示对象的颜色。

例如，可以使用如下语句将前景色设置为洋红色：

```
setcolor(MAGENTA);
```

或

```
setcolor(5);
```

2. 设置背景色

背景色决定屏幕的颜色。设置背景色可以使用 setbkcolor 函数，该函数的调用形式为

```
setbkcolor(颜色代码);
```

函数功能：设置屏幕的背景色。

参数说明："颜色代码"指定屏幕的颜色。

例如，可以使用如下语句将背景色设置成淡青色：

```
setbkcolor(LIGHTCYAN);
```

或

```
setbkcolor(11);
```

3. 以背景色清屏

调用 setbkcolor 函数设置背景色后，系统并不立即改变当前屏幕的颜色，只有在调用以背景色清屏的函数 cleardevice 后，屏幕颜色才会变成设置的背景色。以背景色清屏函数的调用形式为

```
cleardevice( );
```

函数功能：清除屏幕的显示信息，使用当前背景色填充整个屏幕，并将图形输出位置移到屏幕右上角顶点。

4. 背景色和前景色测试

如果在程序中作图改变了系统的颜色设置，则在结束程序运行之前通常应恢复原来的颜色设置。正确使用测试前景色和背景色的函数，可以方便地恢复前景色和背景色的设置。

1）测试前景色

在程序中，常常需要测试当前的前景色。测试前景色使用 getcolor 函数，该函数的调用形式为

```
getcolor( );
```

函数功能：返回当前前景色的设置，该函数返回一个表示颜色的整数。

2）测试背景色

在程序中，常常需要测试当前的背景色。测试背景色使用 getbkcolor 函数，该函数的

调用形式为

```
getbkcolor( );
```

函数功能：返回当前背景色的设置，该函数返回一个表示颜色的整数。

【例 14.4】绘制彩色图形的演示程序。

```
/*在白色屏幕上绘制彩色图形的程序*/
#include "graphics.h"
int main( )
{
    int drive, mode;
    drive=DETECT;
    char pa[40]="C:\\Program Files (x86)\\Dev-Cpp";
    initgraph(&drive,&mode,pa);              /*设置图形模式*/
    setbkcolor(WHITE);                       /*设置背景色*/
    cleardevice( );                          /*以背景色清屏*/
    setcolor(GREEN);                         /*设置前景色*/
    setlinestyle(0,0,3);                     /*设置三点宽线*/
    rectangle(220,240,300,280);              /*绘制矩形*/
    setcolor(BLUE);                          /*设置前景色*/
    rectangle(255,150,262,240);              /*绘制矩形*/
    setcolor(RED);
    line(263,150,263,200);                   /*绘制三角形*/
    line(263,150,310,180);
    line(263,200,310,180);
    getchar( );
    closegraph( );                           /*关闭图形模式*/
    return 0;
}
```

程序运行结果如图 14-5 所示。

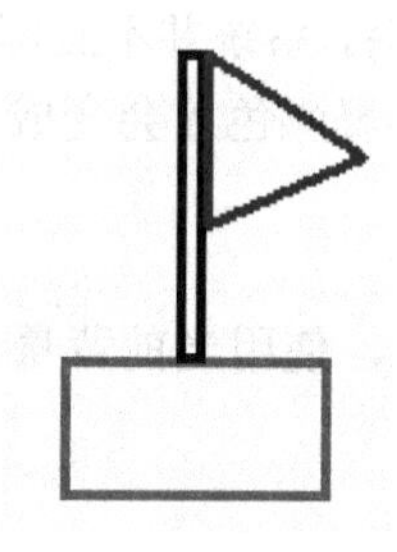

图 14-5　彩色图形

程序分析：在程序中通过改变前景色，可以画出不同颜色的图形，合理地搭配颜色会让图形更漂亮。

14.4　设置线型和线宽

前面各例中绘制的图形，边界线都是实线，线宽都是一点宽。其实 C 语言提供了实线、点线、点划线、细线和粗线等多种线型，以满足开发人员对线型和线条的不同需求。表 14-4 和表 14-5 分别说明了绘图时可以使用的线型和线宽。

表 14-4　线型

符号变量	数值	线型
SOLID_LINE	0	实线
DOTTED_LINE	1	点线
CERTER_LINE	2	中心线
DASHED_LINE	3	点画线
USERBIT_LINE	4	用户自定义线

表 14-5　线宽

符号常量	数值	线宽
NORM_WIDTH	1	一点宽
THICK_WIDTH	3	三点宽

设置线型和线宽可以使用函数 setlinestyle，该函数的调用形式为

```
setlinestyle(线型,自定义线型,线宽);
```

函数功能：设置画线的线型和线宽。

参数说明：

（1）“线型”指定画线的类型，它的取值如表 14-4 所示。

（2）“线宽”指定画线的宽度，它的取值如表 14-5 所示。

（3）“自定义线型”只在“线型”取 4 的时候才有意义，当“线型”取 0～3 时，“自定义线型”取 0 即可。使用自定义线型涉及二进制数的知识，本书从略，有兴趣的读者请参阅其他书籍。

【例 14.5】利用不同的线型和线宽画图。

```
/*画正方形及内切圆的程序*/
#include <stdio.h>
#include "graphics.h"
int main( )
{
  int drive,mode,i;
  drive=DETECT;
  char pa[40]="C:\\Program Files (x86)\\Dev-Cpp";
  initgraph(&drive,&mode,pa);        /*设置图形模式*/
  setbkcolor(WHITE);
  cleardevice( );
  setcolor(BLACK);
  rectangle(220,140,420,340);        /*绘制矩形*/
  setlinestyle(0,0,3);               /*设置三点宽线*/
  circle(320,240,98);                /*绘制内切圆*/
  setlinestyle(4,0xaaaa,1);          /*绘制圆内线段，设置一点宽用户定义线*/
  line(320,140,320,340);
  line(220,240,420,240);
  line(220,240,320,140);
  line(320,140,418,240);
  getch( );
```

```
    closegraph( );                      /*关闭图形模式*/
    return 0;
}
```

程序运行结果如图 14-6 所示。

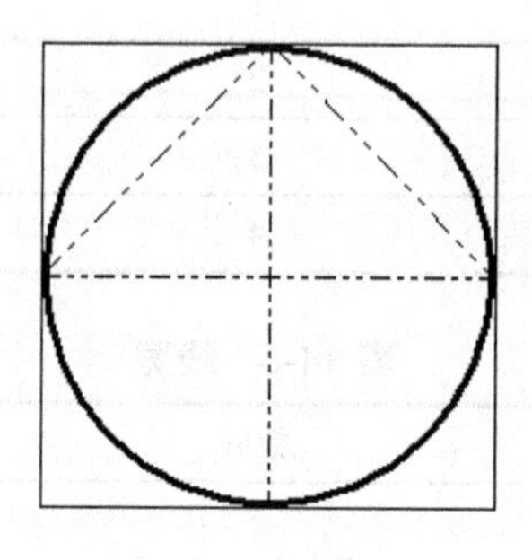

图 14-6　正方形及内切圆

14.5　图形填充函数

前面介绍的作图函数只能画出图形的边框线，不能为图形填充颜色。C 语言提供了填充图形的函数，使读者可以根据需要填充所绘制的图形。

14.5.1　图形填充模式的设置

1. 填充图案简介

C 语言可以使用图案或颜色填充图形。填充图形的颜色如表 14-3 所示，填充图形的图案如表 14-6 所示。

表 14-6　填充图案分类表

符号常量	数值	意义
EMPTY_FULL	0	用背景色填充
SOLID_FILL	1	用单色填充
LINE_FILL	2	用直线填充
LTSLASH_FILL	3	用斜线填充
SLASH_FILL	4	用粗斜线填充
BKSLASH_FILL	5	用粗反斜线填充
LTBKSLASH_FILL	6	用反斜线填充
HATCH_FILL	7	用直方网格填充
XHATCH_FILL	8	用斜方网格填充
INTERLEAVE_FILL	9	用间隔点填充（线）
WIDE_DOT_FILL	10	用稀疏点填充
CLOSE_DOT_FILL	11	用密集点填充
USER_FILL	12	用自定义样式填充

与设置前景色和背景色类似，可以使用表中的符号或数字表示要填充的图案。例如，可以使用字符 LTSLASH_FILL 或数字 3 表示用斜线填充。

2. 设置填充模式的函数简介

要做一个填充的图形，首先要设置填充模式，再调用填充图形的函数完成图形的填充。设置填充模式，就是指定使用什么图案或什么颜色填充图形。如果不设置填充模式，C 语言默认以白色进行单色填充。

设置填充模式可以使用 setfillstyle 函数。该函数的调用形式为

```
setfillstyle(图案, 颜色);
```

函数功能：设置填充模式。

参数说明：

（1）“颜色”指定填充图形时使用的颜色，“颜色”的取值如表 14-3 所示。

（2）“图案”指定填充图形的图案，“图案”的取值如表 14-6 所示。

例如，设置填充图案为粗斜线，填充颜色为蓝色，可以使用如下语句：

```
setfillstyle(4,1);
```

或

```
setfillstyle(SLASH_FILL,BLUE);
```

调用 setfillstyle 函数设置填充模式后，再调用下面介绍的填充图形的函数，即可使用指定图案和填充颜色画出相应的图形。

14.5.2　填充基本图形的函数

1. 填充矩形的函数

前面介绍的 rectangle 函数可以画出矩形的边框，但不能为矩形填充颜色。要画出具有填充色的矩形可以使用 bar 函数，该函数的调用形式为

```
bar(x1,y1,x2,y2);
```

函数功能：画一个填充的矩形。

参数说明：“x1”“y1”指定矩形左上角顶点的坐标，“x2”“y2”指定矩形右下角顶点的坐标。一般情况下，它们都是整型数据。例如，以(200,60)为左上角顶点，以(300,120)为右下角顶点，画一个填充矩形，可以使用下列语句：

```
bar(200,60,300,120);
```

bar 函数与 rectangle 函数的区别在于：bar 函数可以画填充矩形，而 rectangle 函数只画出矩形边框。

【例 14.6】画填充矩形的演示程序。

```
/*填充矩形的演示程序*/
#include "graphics.h"
int main( )
{
    int drive, mode;
    drive=DETECT;
    char pa[40]= "C:\\Program Files (x86)\\Dev-Cpp";
    initgraph(&drive, &mode, pa);      /*设置图形模式*/
```

```
        setcolor(RED);                          /*设置前景色*/
        setbkcolor(WHITE);                      /*设置背景色*/
        cleardevice( );
        setfillstyle(7, BLACK);                 /*设置填充模式为直方网格*/
        bar(200,60,300,120);                    /*画填充的矩形*/
        getch( );
        closegraph( );                          /*关闭图形模式*/
        return 0;
    }
```

程序运行结果如图 14-7 所示。

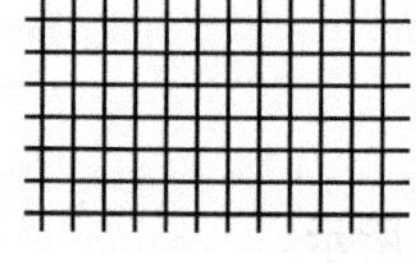

图 14-7 填充矩形

程序分析：

（1）程序中设置前景色为红色，背景色为白色，填充模式为直方网格，填充色为黑色。运行程序时，将在白色屏幕上画一个白色的四边形，其中填充图案是黑色网格。这说明前景色的设置并不影响画填充矩形的函数 bar。

（2）如果要为填充矩形添加一个边框，可以在画出填充矩形后调用 rectangle 函数在相同位置用前景色画矩形。

2. 填充三维条形图的函数

用 bar 函数可以画一个填充的矩形，想要画一个填充的三维条形图时就要用 bar3d 函数了。bar3d 函数的调用形式为

```
bar3d(x1,y1,x2,y2,深度,顶);
```

函数功能：画一个填充的三维条形图。

参数说明：

（1）“x1”“y1”指定条形图左上角顶点的坐标，“x2”“y2”指定条形图右下角顶点的坐标。

（2）“深度”指定条形图的深度。

（3）“顶”指定是否为条形图画一个顶。如果“顶”不等于 0，bar3d 函数将为条形图画一个矩形顶，否则不画矩形顶。

（4）bar3d 函数用当前前景色画出条形图的边线。如果设置其“深度”和“顶”都为 0，则画一个有边框的填充矩形。例如，在屏幕上以点(240,120)为左上角顶点，以点(330,190)为右下角顶点，画一个深度为 30 的有顶填充的三维条形图，可以使用下列语句：

```
bar3d(240,120,330,190,30,1);
```

读者将例 14.6 程序中的 bar(200, 60, 300, 120);语句改为 bar3d(240, 120, 330, 190, 30, 1);，再运行程序即可看到 bar3d 函数画出的有顶的用白色网格填充的三维条形图。（读者可自己调试验证）

3. 填充椭圆的函数

画一个填充的椭圆，可以使用 fillellipse 函数，该函数的调用形式为

```
fillellipse(x,y,横轴,纵轴);
```

函数功能：画一个填充的椭圆。

参数说明：

（1）“x”“y”指定椭圆中心的坐标。

（2）“横轴”指定椭圆横轴的半径，“纵轴”指定椭圆纵轴的半径。如果横轴与纵轴相等，则画一个填充的圆。

（3）fillellipse 函数用当前前景色画出椭圆的边框。

例如，在屏幕上以点(200, 200)为椭圆的中心，横轴半径为 130，纵轴半径为 90，画一个填充的椭圆，可以使用下列语句：

```
fillellipse(200,200,130,90);
```

【例 14.7】在白色的屏幕上画一个用斜线图案、淡洋红色填充的椭圆。

```
/*用斜线图案、淡洋红色填充椭圆的程序*/
#include "graphics.h"
int main( )
{
    int drive, mode;
    drive=DETECT;
    char pa[40]="C:\\Program Files (x86)\\Dev-Cpp";
    initgraph(&drive,&mode,pa);                    /*设置图形模式*/
    setcolor(RED);                                 /*设置前景色*/
    setbkcolor(WHITE);                             /*设置背景色*/
    cleardevice( );
    setfillstyle(LTSLASH_FILL,LIGHTMAGENTA);       /*设置填充模式*/
    fillellipse(300,300,120,70);                   /*画一个填充的椭圆*/
    getch( );
    closegraph( );
    return 0;
}
```

程序运行结果如图 14-8 所示。

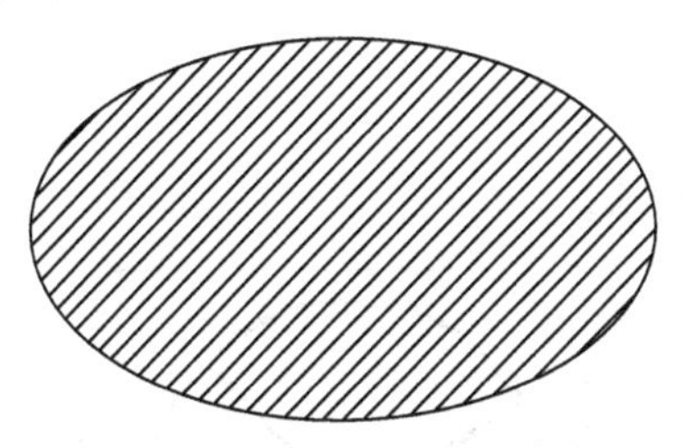

图 14-8　填充椭圆

程序分析：该程序运行时，绘制一个用斜线图案、淡洋红色填充的椭圆。填充椭圆是通过调用 fillellipse 函数实现的。由于 fillellipse 函数用当前前景色绘制椭圆的边框，如果想使画出的图形边界不明显，可在程序中将图形的前景色与填充椭圆的颜色设置为相同色，然后按照 C 语言编写绘图程序的步骤完成图形的绘制。

4. 填充扇形的函数

如果想画出一个填充的扇形，可以使用 pieslice 函数，该函数的调用形式为

```
pieslice(x,y,起始角,终止角,半径);
```

函数功能：画一个填充的扇形。

参数说明：

（1）“x”“y”指定扇形圆心的坐标。

（2）“起始角”指定扇形开始的角度，“终止角”指定扇形结束的角度。

（3）“半径”指定扇形半径的长度。例如，在屏幕上以点(220,220)为圆心，起始角为45°，终止角为135°，半径为50，画一个填充的扇形，可以使用下列语句：

```
pieslice(220,220,45,135,50);
```

画填充的圆一般不使用pieslice函数。即使起始角为0，终止角为360，pieslice函数画出的填充图形也不是圆。

【例14.8】在白色的屏幕上绘制填充扇形的程序。

```
/*绘制填充扇形的程序*/
#include "graphics.h"
int main( )
{
    int drive, mode;
    drive=DETECT;
    char pa[40]="C:\\Program Files (x86)\\Dev-Cpp";

    setcolor(BLACK);
    setbkcolor(WHITE);
    cleardevice( );
    setlinestyle(0,0,3);
    circle(220,220,80);
    setfillstyle(SOLID_FILL,YELLOW);          /*设置填充模式*/
    pieslice(220,220,45,150,80);              /*填充扇形*/
    setfillstyle(SOLID_FILL,LIGHTCYAN);       /*设置填充模式*/
    pieslice(220,220,180,200,80);             /*填充扇形*/
    getch( );
    closegraph( );
    return 0;
}
```

程序运行结果如图14-9所示。

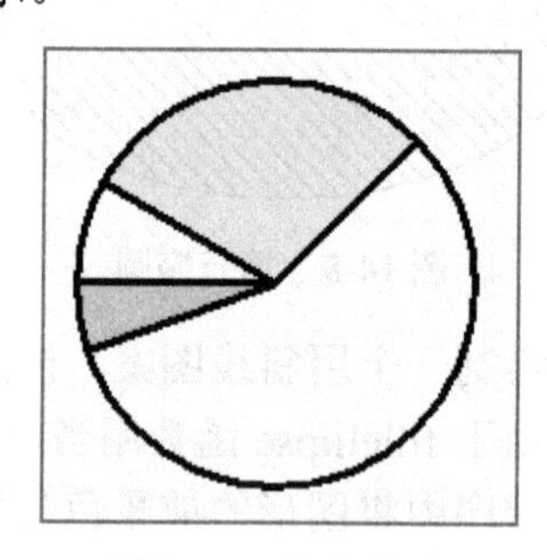

图14-9 填充扇形

14.5.3 填充任意封闭图形的函数

前面介绍了填充矩形、椭圆、扇形和圆的函数，这些函数只能填充规则图形，不能完成任意封闭图形的填充。例如，要想使用以上函数填充三角形、菱形就很难。但是使用floodfill函数却很容易实现。该函数的调用形式为

```
floodfill(x,y,边界颜色);
```

函数功能：填充封闭图形。

参数说明：

（1）“x”“y” 指定填充区域内任意一点的坐标。

（2）“边界颜色” 指定填充区域边界的颜色。可以使用表 14-3 列出的符号或数值指定边界颜色。例如，用蓝色填充包含点(200, 320)的封闭图形，且使其边框为黄色，可以使用以下语句：

```
setfillstyle(SOLID_FILL,BLUE);        /*设置填充模式*/
floodfill(200,320,YELLOW);            /*填充图形*/
```

使用 floodfill 函数填充图形时要注意：如果指定的点(x, y)在封闭图形的区域内部，则区域内部被填充；如果点(x, y)在封闭图形的区域之外，则区域外部被填充。如果图形不是一个封闭区域，则填充时颜色会从没有封闭的地方溢出去，填满其他地方。

【例 14.9】 在白色的屏幕上画一个红色的多边形，该多边形的顶点为(100, 200)、(140, 200)、(160, 150)、(180, 200)、(200, 200)、(180, 230)、(120, 230)。

分析：多边形可以使用画线函数 line 画出，填充封闭的多边形可以使用 setfillstyle 函数，根据题意，应设置前景色为红色、背景色为白色，设置填充模式为单色填充。

```
/*绘制红色多边形的程序*/
#include "graphics.h"
int main( )
{
    int drive, mode;
    drive=DETECT;
    char pa[40]="C:\\Program Files (x86)\\Dev-Cpp";
    initgraph(&drive,&mode,pa);
    setcolor(RED);
    setbkcolor(WHITE);
    cleardevice( );
    line(100,200,140,200);                    /*画多边形*/
    line(140,200,160,150);
    line(160,150,180,200);
    line(180,200,200,200);
    line(100,200,120,230);
    line(120,230,180,230);
    line(180,230,200,200);
    setfillstyle(SOLID_FILL,RED);             /*设置填充模式*/
    floodfill(120,220,RED);                   /*填充多边形*/
    getch( );
    closegraph( );
    return 0;
}
```

程序运行结果如图 14-10 所示。

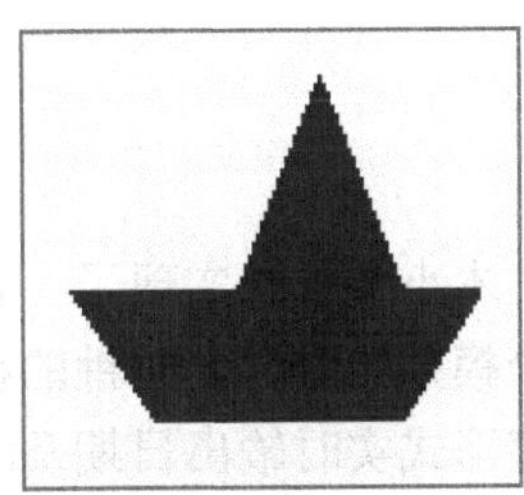

图 14-10　填充红色的多边形

14.6 图形模式下字符的显示

本小节将介绍图形模式下显示字符的函数。

14.6.1 指定字符当前输出位置

要在图形模式下输出文本信息，首先要指定输出字符的起始位置，此时可以使用 moveto 函数，该函数的调用形式为

```
moveto(x,y);
```

函数功能：改变当前输出位置到指定的点。

参数说明："x""y" 指定当前输出位置的坐标。

例如，在图形模式下，要把当前输出位置移动到点(250, 230)，可以使用下列语句：

```
moveto(250,230);
```

14.6.2 图形模式下文本信息的输出

1. 文本输出函数

在图形模式下，通常使用 outtext 函数输出字符。该函数常与 moveto 函数联合起来使用，实现从指定位置开始输出字符的功能。outtext 函数的调用形式为

```
outtext(字符串);
```

函数功能：在图形模式下输出指定的文本字符。

参数说明："字符串" 为指定输出的文本字符。

例如，在图形模式下，要从点(150, 210)开始输出字符 China，可以使用下列语句：

```
moveto(150,210);            /*指定输出位置*/
outtext("China");           /*输出字符*/
```

2. 文本输出格式设置函数

设置文本字符的字体和大小可以使用 setfont 函数，该函数的调用形式为

```
setfont(字符的平均高度,字符的平均宽度,字体名称);
```

函数功能：设置在图形模式下显示的文本字符的字体和大小。

参数说明："字符的平均宽度" 为 0，表示自适应。

例如：

```
setfont(25,0,"宋体");
```

14.7 时钟模拟程序

本小节设计实现了一款用计算机屏幕显示模拟时钟的程序。该程序能够在屏幕上显示一个模拟的时钟，时钟的秒针、分针和时针随着时间的推移而移动，同时，在表盘下部以数字形式实时输出日期及时间。要求数字式时钟的时间显示与指针时钟显示一致，按任意键时程序退出。

本程序分为两个主要模块：指针式时钟及数字式时钟。两者时间始终保持同步，时间即系统时间。下面分别对两者的设计思想进行介绍。

（1）指针式时钟：在圆形时钟表盘上，均匀分布着12个刻度和3个长度不同的时针，即时针、分针、秒针，它们按钟表规律运动。

（2）数字式时钟：显示格式为年、月、日、时、分、秒，小时为二十四进制，分和秒为六十进制。

本程序中主要用到头文件windef.h中的结构体POINT和Windows系统中表示时间的结构体SYSTEMTIME及相关函数GetLocalTime，具体细节可查看相关头文件。

【例14.10】模拟时钟程序。

```
#include "graphics.h"
#include <windows.h>
#include <time.h>
#include <math.h>

#define PI 3.1415926
#define x0 210.0
#define y0 210.0
#define r 200.0

POINT pt[60],pt_s[60],pt_m[60],pt_h[60],pt1[60];

int main( )
{
   int s=45,m,h,n=0;
   int year,month,day;

   initgraph(420,420);                          /*设置图形模式*/
   setbkcolor(WHITE);                           /*设置背景色*/
   setfillcolor(0);
   setcolor(0);                                 /*设置前景色*/

   while (n<60)
   {
      pt_s[s].x=x0+(int)((r-30)*cos((n-90)*PI/30.0));
      pt_s[s].y=y0+(int)((r-30)*sin((n-90)*PI/30.0));

      pt_m[s].x=x0+(int)((r-70)*cos((n-90)*PI/30.0));
      pt_m[s].y=y0+(int)((r-70)*sin((n-90)*PI/30.0));

      pt_h[s].x=x0+(int)((r-90)*cos((n-90)*PI/30.0));
      pt_h[s].y=y0+(int)((r-90)*sin((n-90)*PI/30.0));

      pt[s].x=x0+(int)(r*cos((n-90)*PI/30.0));
      pt[s].y=y0+(int)(r*sin((n-90)*PI/30.0));

      fillellipse(pt[s].x,pt[s].y,2,2);      /*绘制钟表刻度盘*/
      n++;
      s++;
```

```
    if (s>=60)
    {
        s=0;
    }
}

fillellipse(x0,y0,10,10);                       /*绘制时钟中心*/

for (int i=0;i<12;i++)                          /*绘制时钟整点刻度*/
{
    fillellipse(pt[i*5].x,pt[i*5].y,5,5);
}

/*输出时钟表盘上的数字 3, 6, 9, 12*/
settextjustify(1,1);
setcolor(0);
setfont(25,0,"宋体");
outtextxy(390,210,"3");
outtextxy(210,390,"6");
outtextxy(30,210,"9");
outtextxy(210,30,"12");

int xs,ys,xm=-1,ym=-1,xh=-1,yh=-1;

while (!kbhit( ))                           /*控制指针移动，按任意键退出*/
{
    int n,m;

    SYSTEMTIME st={0};
    GetLocalTime(&st);                      /*获取当前日期和时间*/

    year=st.wYear;
    month=st.wMonth;
    day=st.wDay;

    setcolor(0);
    moveto(200,240);                        /*使光标移动到指定坐标*/
    if (st.wSecond<10)
    {
       if (st.wMinute<10)
       {
          if (st.wHour<10)                  /*在指定坐标上输出时、分、秒*/
             xyprintf(200,240,"0%d:0%d:0%d",st.wHour,st.wMinute,
              st.wSecond);
          else
             xyprintf(200,240,"%d:0%d:0%d",st.wHour,st.wMinute,
              st.wSecond);
       }
       else
      {
```

```
            if (st.wHour<10)
               xyprintf(200,240,"0%d:%d:0%d",st.wHour,st.wMinute,
                 st.wSecond);
            else
               xyprintf(200,240,"%d:%d:0%d",st.wHour,st.wMinute,
                 st.wSecond);
         }
     }
   else
   {
      if (st.wMinute<10)
      {
         if (st.wHour<10)
            xyprintf(200,240,"0%d:0%d:%d",st.wHour,st.wMinute,st.wSecond);
         else
            xyprintf(200,240,"%d:0%d:%d",st.wHour,st.wMinute,st.wSecond);
       }
       else
      {
          if (st.wHour<10)
             xyprintf(200,240,"0%d:%d:%d",st.wHour,st.wMinute,st.wSecond);
          else
             xyprintf(200,240,"%d:%d:%d",st.wHour,st.wMinute,st.wSecond);
       }
   }

moveto(200,270);                        /*在指定坐标上输出当前日期*/
xyprintf(200,270,"%2d-%2d-%2d",year,month,day);

if (st.wHour>=12)
{
    h=st.wHour-12;
}
else
{
     h=st.wHour;
}
  setcolor(WHITE);
  line(x0,y0,pt_h[m].x,pt_h[m].y);
  m=(h*60+st.wMinute)/12;
  setcolor(0);
  line(x0,y0,pt_h[m].x,pt_h[m].y);

  if (pt_m[st.wMinute].x!=xm||pt_m[st.wMinute].y!=ym)
  {
     setcolor(WHITE);
     line(x0,y0,xm,ym);
     xm=pt_m[st.wMinute].x;
     ym=pt_m[st.wMinute].y;
     setcolor(0);
```

```
        }
        line(x0,y0,pt_m[st.wMinute].x,pt_m[st.wMinute].y);

        setcolor(0);
        line(x0,y0,pt_s[st.wSecond].x,pt_s[st.wSecond].y);
        xs=pt_s[st.wSecond].x;
        ys=pt_s[st.wSecond].y;

        Sleep(1000);
        setcolor(WHITE);
        line(x0,y0,xs,ys);
        fillellipse(x0,y0,10,10);
    }
    getch( );
    closegraph( );
    return 0;
}
```

程序运行结果如图 14-11 所示。

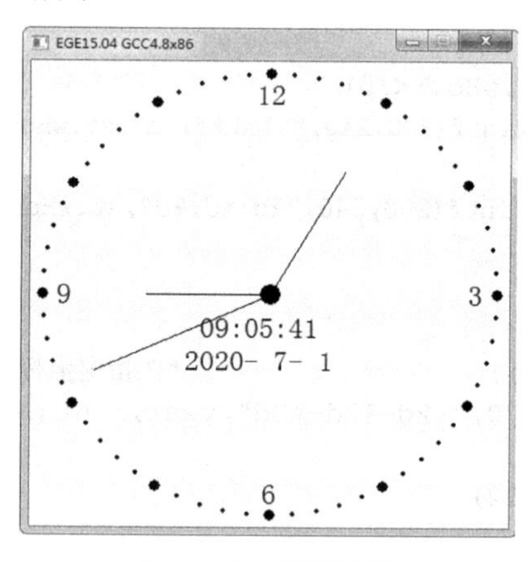

图 14-11　模拟时钟

14.8　一个简单的图形界面登录程序

本小节将使用 C 语言中的图形函数设计一个简单的图形界面登录程序。本程序中主要包括两个界面。

（1）菜单界面，包括“用户登录”和“退出系统”两个菜单项，如图 14-12 所示。用户在操作过程中，若鼠标指针移至其中某个菜单项，则给该菜单项加红色边框表示选中，选中并单击则执行相应操作。

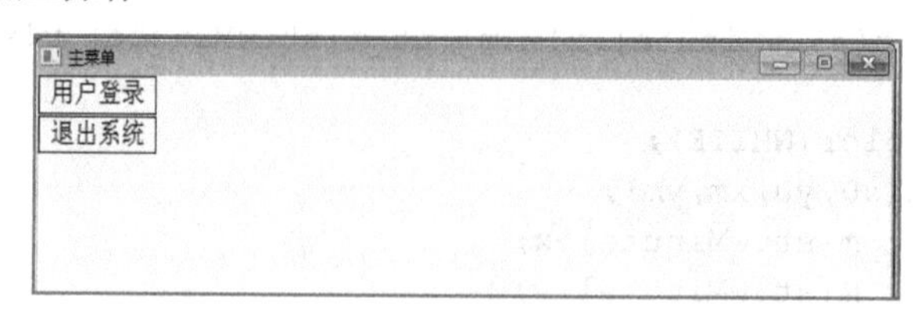

图 14-12　菜单界面

（2）登录界面，由矩形、填充矩形和一些文本信息组成，如图 14-13 所示。本程序中设置账号的最大长度为 10，密码的最大长度为 6，账号、密码均不能为空，在输入过程中可使用 Backspace 键删除，使用 Enter 键确认输入。若鼠标指针移至“登录”按钮上方，则给“登录”按钮加上绿色边框，单击“登录”按钮则显示登录成功界面；若鼠标指针移至“取消”按钮上方，则给“取消”按钮加上绿色边框，单击“取消”按钮，则可清除已输入的内容。

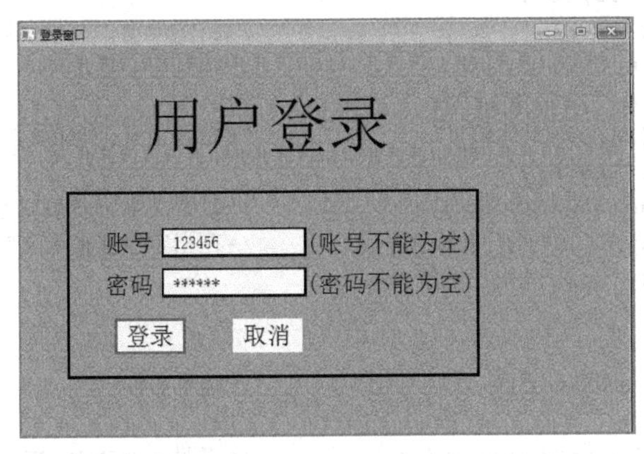

图 14-13　登录界面

【例 14.11】图形界面登录程序示例。

```
#include "graphics.h"
#include <stdio.h>
#include <conio.h>
#include <stdlib.h>
#include <string.h>
#include "windows.h"
#define LEN_A 10                          /*账户长度*/
#define LEN_P 6                           /*密码长度*/

void createMenu();                        /*绘制菜单*/
void MenuItemSelect();                    /*菜单项的操作*/
void createLoginForm();                   /*绘制登录界面*/
void loginFun();                          /*登录功能模块*/
void inputbox(void);                      /*绘制账号、密码输入框*/
void cursor(void);                        /*绘制光标*/
void cursor2(void);                       /*绘制光标*/
void LoginSuccessForm();                  /*绘制登录成功界面*/

int main()                                /*主函数*/
{
    initgraph(640,480);                   /*初始化图形界面*/
    createMenu();
    MenuItemSelect();
    getch();                              /*等待用户按任意键输入后再退出程序*/
    closegraph();                         /*关闭图形窗口*/
    return 0;
}
```

```
void createMenu()                        /*绘制菜单*/
{
    setcaption("主菜单");                /*设置窗口标题*/
    setbkcolor(CYAN);                    /*将图形窗口背景色设置为青色*/
    setfillcolor(WHITE);                 /*设置绘图填充色为白色*/
    bar(0,0,90,25);                      /*画无边框填充矩形，填充颜色为白色*/
    bar(0,25,90,50);
    setcolor(BLUE);                      /*将图形窗口前景色设置为蓝色*/
    rectangle(0,0,90,25);                /*绘制空心矩形*/
    rectangle(0,26,90,50);
    setfont(18,0,"宋体");                /*设置字号、字体*/
    setcolor(BLACK);
    setbkmode(TRANSPARENT);              /*设置文字背景填充方式为透明*/
    outtextxy(0,2,"用户登录");           /*在指定位置输入文字*/
    outtextxy(0,28,"退出系统");
}

void MenuItemSelect()                    /*菜单操作*/
{
    PIMAGE pMenu=newimage();             /*声明一个 PIMAGE 变量*/
    getimage(pMenu,0,0,640,480);         /*从屏幕获取图像*/

    mouse_msg mMsg={0};
    for ( ;is_run();delay_fps(60))
    {
        int x,y;
        /*获取鼠标消息，这个函数会等待，等到有消息为止*/
        while (mousemsg())
        {
            mMsg=getmouse();
        }
        /*用户登录菜单项操作*/
        if (mMsg.x>0&&mMsg.x<90&&mMsg.y>0&&mMsg.y<25) /*判断光标位置*/
        {
            /*给用户登录菜单项加红色边框*/
            setcolor(RED);
            setlinestyle(0,0,3);
            rectangle(0,0,90,25);
            Sleep(50);
            if (mMsg.is_left())          /*单击时的操作*/
            {
                delimage(pMenu);         /*删除使用 newimage 函数创建的 pMenu*/
                cleardevice();           /*清除现行图形窗口的内容*/
                loginFun();              /*调用登录功能模块*/
            }
            else
            {
                putimage(0,0,pMenu);     /*绘制图像到屏幕*/
            }
```

```
            }
            /*退出系统菜单项操作*/
            else if (mMsg.x>0&&mMsg.x<90&&mMsg.y>26&&mMsg.y<50)
            { /*给退出系统菜单项加红色边框*/
                setcolor(RED);
                setlinestyle(0,0,3);
                rectangle(0,26,90,50);
                Sleep(50);
                if (mMsg.is_left())          /*单击时的操作*/
                {
                    cleardevice();           /*清除现行图形窗口的内容*/
                    closegraph();            /*关闭图形环境*/
                }
                else
                {
                    putimage(0,0,pMenu);     /*绘制图像到屏幕*/
                }
            }
        }
}

void createLoginForm()                       /*绘制登录界面*/
{
    setcaption("登录窗口");
    setbkcolor(WHITE);
    setfillstyle(SOLID_FILL,CYAN);
    bar(0,0,640,480);
    setfont(64,0,"宋体");
    setcolor(BLACK);
    setbkmode(TRANSPARENT);
    outtextxy(100,50," 用户登录 ");
    rectangle(50,150,480,340);
    setfillstyle(SOLID_FILL,WHITE);
    bar(100,280,173,315);                    /*绘制登录框*/
    bar(223,280,296,315);                    /*绘制取消框*/
    setfont(25,0,"宋体");
    setbkmode(TRANSPARENT);
    setcolor(BLACK);
    /*显示文本信息*/
    outtextxy(90,190,"账号");
    outtextxy(90,233,"密码");
    outtextxy(111,285,"登录");
    outtextxy(234,285,"取消");
    outtextxy(300,192,"(账号不能为空)");
    outtextxy(300,233,"(密码不能为空)");
    cursor();                                /*显示账号、密码输入框及闪烁的光标*/
}

void loginFun(void)                          /*登录功能模块*/
{
```

```
int j;

initgraph(640,480);
char input1[LEN_A]={0};                /*用于接收输入的字符串*/
char input2[LEN_P]={0};                /*用于接收输入的字符串*/
createLoginForm();

do
{
    setbkmode(OPAQUE);
    setbkcolor(WHITE);
    setfont(18,0,"宋体");

    for (j=0;j<LEN_A;j++)
    {
        input1[j]=getch();                 /*读取从键盘输入的字符并存入数组*/
        outtextxy(161+8*j,193,input1[j]);       /*将字符显示在图片上*/
        if (input1[j]==8)                  /*按删除键的操作*/
        {
            input1[j-1]=0;                 /*字符数组内容删除一位*/
            outtextxy(161+8*j,193," ");          /*将字符遮掩*/
            outtextxy(161+8*(j-1),193," ");      /*将字符遮掩*/
            j-=2;                          /*数组坐标后退 2 位*/
            if (j<=-1)                     /*当后退到头的处理*/
            {
                input1[0]='\0';            /*对数组进行标记*/
                cursor();
                continue;
            }
            continue;
        }
        else if (input1[j]==13)            /*按 Enter 键的操作*/
          {
             outtextxy(161+8*j,193," "); /*将按 Enter 键显示的字符遮掩*/
             input1[j]='\0';
             if (j==0)
             {
                 input1[0]='\0';
                 j--;
                 cursor();
                 continue;
             }
           break;
        }
  }
  setbkmode(OPAQUE);
  setbkcolor(WHITE);
  cursor2();                           /*将光标定位到下一个输入框的开始位置*/

  for (j=0;j<LEN_P;j++)
```

```
    {
      input2[j]=getch();
      outtextxy(161+8*j,234,"*");  /*以*显示密码*/

      if (input2[j]==8)
      {
        input2[j-1]=0;
        outtextxy(161+8*j,234," ");
        outtextxy(161+8*(j-1),234," ");
        j-=2;
        if (j<=-1)
        {
          input2[0]='\0';
          cursor2();              /*将光标定位到下一个输入框的开始位置*/
          continue;
        }
        continue;
      }
      else if (input2[j]==13)
      {
        outtextxy(161+8*j,234," ");
        input2[j]='\0';
        if (j==0)
        {
          input2[0]='\0';
          j--;
          cursor2();
          continue;
        }
        break;
      }
    }
} while (input1[0]=='\0'||input2[0]=='\0');
                                          /*账号、密码有一个未输入时继续循环*/

mouse_msg mMsg={0};
/*for 循环，is_run 判断窗口是否还在，delay_fps 是延时时间*/
for ( ;is_run();delay_fps(60))
{
    int x, y;
    /*while 循环获取鼠标消息，mousemsg()函数会等待，等到有消息为止*/
    while (mousemsg())
    {
       mMsg=getmouse();
    }
    /*对“登录”按钮的操作*/
    if (mMsg.x>100&&mMsg.x<173&&mMsg.y>280&&mMsg.y<315)
    {   /*给“登录”按钮加边框*/
       setcolor(GREEN);
       setlinestyle(0,0,3);
```

```
            rectangle(100,280,173,315);
            Sleep(50);
            if (mMsg.is_left())            /*单击“登录”按钮时的操作*/
            {
                LoginSuccessForm();        /*显示登录成功*/
            }
            else
            { /*恢复“登录”按钮的边框*/
                setcolor(WHITE);
                setbkmode(TRANSPARENT);
                setlinestyle(0,0,3);
                rectangle(100,280,173,315);
            }
        }
        /*对“取消”按钮的操作*/
        else if (mMsg.x>223&&mMsg.x<296&&mMsg.y>280&&mMsg.y<315)
        {/*给“取消”按钮加边框*/
            setcolor(GREEN);
            setlinestyle(0,0,3);
            rectangle(223,280,296,315);
            Sleep(50);
            if (mMsg.is_left())            /*单击“取消”按钮时的操作*/
            {
                loginFun();                /*重新显示登录界面*/
            }
            else
            {/*恢复“登录”按钮的边框*/
                setcolor(WHITE);
                setbkmode(TRANSPARENT);
                setlinestyle(0,0,3);
                rectangle(223,280,296,315);
            }
        }
    }
}

void inputbox(void)
{
    int i;

    for (i=0;i<2;i++)
    {
        bar(150,188+41*i,300,216+41*i);
        setcolor(BLACK);
        rectangle(150,188+41*i,300,216+41*i);
    }
}

void cursor(void)
{
```

```
    while (1)
    {
        inputbox();
        if (kbhit())
        {
            break;
        }
        Sleep(500);
        setlinestyle(SOLID_LINE,NULL,2);
        line(161,194,161,210);  /*绘制光标*/
        Sleep(500);
    }
}

void cursor2(void)
{
    do
    {
        Sleep(500);
        setlinestyle(SOLID_LINE,NULL,2);
        line(162,234,162,251);
        Sleep(500);
    } while (!kbhit());
}

void LoginSuccessForm()
{
    cleardevice();
    setcaption("登录成功");
    setfont(64,0,"宋体");
    setcolor(BLACK);
    setbkmode(TRANSPARENT);
    outtextxy(165,225," 登录成功 ");
    getch();

    closegraph();
}
```

14.9 小　　结

本章主要介绍 C 语言中绘制图形的基本函数及其功能。读者在使用这些函数时，一定要在程序开头使用 include 命令包含所用图形函数的头文件。可按照下列步骤编写绘制图形的 C 语言程序。

（1）设置屏幕为图形模式。

（2）根据具体需求，调用作图函数绘制图形。

（3）绘制完成后关闭图形模式。

本章介绍的常用绘图函数如表 14-7 所示。

表 14-7　常用绘图函数

函数	功能	函数	功能
initgraph	设置图形模式	line	画直线
closegraph	关闭图形模式	rectangle	画矩形
setlinestyle	设置线型和线宽	circle	画圆
setcolor	设置前景色	arc	画圆弧
setbkcolor	设置背景色	ellipse	画椭圆
cleardevice	以背景色清屏	setfillstyle	设置填充模式
moveto	设置当前输出位置	bar	画填充的矩形
outtext	图形模式下输出字符	bar3d	画填充的三维条形图
getmaxx	测试 x 轴坐标的最大值	pieslice	画填充的扇形
getmaxy	测试 y 轴坐标的最大值	fillellipse	画填充的椭圆
getcolor	测试前景色	floodfill	填充任意封闭图形
getbkcolor	测试背景色	setfont	设置文本字符的字体和大小

习　题

14.1　根据本章所学知识绘制一架飞机。

14.2　根据本章所学知识绘制一朵荷花。

14.3　根据本章所学知识绘制一座山脉。

14.4　根据本章所学知识绘制一个圆柱体。

14.5　根据本章所学知识绘制一个正方形。

14.6　根据本章所学知识，若给定一个简单函数，如 $y = \sin x$ 或 $y = ax^2 + bx + c$ 等，请绘制相应的二维曲线。

参 考 文 献

梁海英，2015．C 语言程序设计[M]．2 版．北京：清华大学出版社．
潘广贞，康珺，薛海丽，2014．C 语言程序设计[M]．2 版．北京：国防工业出版社．
孙海洋，2018．C 语言程序设计[M]．北京：清华大学出版社．
谭浩强，2017．C 程序设计[M]．5 版．北京：清华大学出版社．
谭浩强，2017．C 程序设计学习辅导[M]．5 版．北京：清华大学出版社．
魏春芳，张薇，2016．C 语言程序设计[M]．北京：科学出版社．
徐世良，2009．C 语言程序设计教程[M]．3 版．北京：人民邮电出版社．
尹四清，2010．C 语言程序设计教程实验指导[M]．北京：国防工业出版社．

附　　录

附录 A　C 语言运算符优先级和结合性

优先级	运算符	名称或含义	使用形式	结合方向	说明
1	[ ]	数组下标	数组名[常量表达式]	左到右	
	()	圆括号	（表达式）或函数名（形参表）		
	.	成员选择（对象）	对象.成员名		
	->	成员选择（指针）	对象指针->成员名		
2	-	负号运算符	-表达式	右到左	单目运算符
	（类型）	强制类型转换	（数据类型）表达式		
	++	自增运算符	++变量名或变量名++		
	--	自减运算符	--变量名或变量名--		
	*	取值运算符	*指针变量		
	&	取地址运算符	&变量名		
	!	逻辑非运算符	!表达式		
	~	按位取反运算符	~表达式		
	sizeof	长度运算符	sizeof（表达式）		
3	/	除	表达式 / 表达式	左到右	双目运算符
	*	乘	表达式 * 表达式		
	%	求余（取模）	整型表达式 % 整型表达式		
4	+	加	表达式 + 表达式	左到右	双目运算符
	-	减	表达式 - 表达式		
5	<<	左移	变量 << 表达式	左到右	双目运算符
	>>	右移	变量 >> 表达式		
6	>	大于	表达式 > 表达式	左到右	双目运算符
	>=	大于等于	表达式 >= 表达式		
	<	小于	表达式 < 表达式		
	<=	小于等于	表达式 <= 表达式		
7	==	等于	表达式 == 表达式	左到右	双目运算符
	!=	不等于	表达式 != 表达式		
8	&	按位与	表达式 & 表达式	左到右	双目运算符
9	^	按位异或	表达式 ^ 表达式	左到右	双目运算符
10	|	按位或	表达式 | 表达式	左到右	双目运算符
11	&&	逻辑与	表达式 && 表达式	左到右	双目运算符
12	||	逻辑或	表达式 || 表达式	左到右	双目运算符
13	?:	条件运算符	表达式 1? 表达式 2: 表达式 3	右到左	三目运算符
14	=	赋值运算符	变量 = 表达式	右到左	
	/=	除后赋值	变量 /= 表达式		
	*=	乘后赋值	变量 *= 表达式		
	%=	取模后赋值	变量 %= 表达式		
	+=	加后赋值	变量 += 表达式		
	-=	减后赋值	变量 -= 表达式		
	<<=	左移后赋值	变量 <<= 表达式		
	>>=	右移后赋值	变量 >>= 表达式		

续表

优先级	运算符	名称或含义	使用形式	结合方向	说明
14	&=	按位与后赋值	变量 &= 表达式	右到左	
	^=	按位异或后赋值	变量 ^= 表达式		
	|=	按位或后赋值	变量 |= 表达式		
15	,	逗号运算符	表达式 1，表达式 2，…	左到右	

附录 B　ASCII 码与字符对照表

ASCII 码值			缩写/字符	解释	ASCII 码值			缩写/字符	ASCII 码值			缩写/字符	ASCII 码值			缩写/字符
Bin	Dec	Hex			Bin	Dec	Hex		Bin	Dec	Hex		Bin	Dec	Hex	
0000 0000	0	00	NUL(null)	空字符	0010 0001	33	21	!	0100 0010	66	42	B	0110 0011	99	63	c
0000 0001	1	1	SOH(start of handling)	标题开始	0010 0000	34	22	"	0100 0011	67	43	C	0110 0100	100	64	d
0000 0010	2	2	STX (start of text)	正文开始	0010 0001	35	23	#	0100 0100	68	44	D	0110 0101	101	65	e
0000 0011	3	3	ETX (end of text)	正文结束	0010 0010	36	24	$	0100 0101	69	45	E	0110 0110	102	66	f
0000 0100	4	4	EOT (end of transm-ission)	传输结束	0010 0011	37	25	%	0100 0110	70	46	F	0110 0111	103	67	g
0000 0101	5	5	ENQ (enquiry)	请求	0010 0100	38	26	&	0100 0111	71	47	G	0110 1000	104	68	h
0000 0110	6	6	ACK (acknow-ledge)	收到通知	0010 0101	39	27	'	0100 1000	72	48	H	0110 1001	105	69	i
0000 0111	7	7	BEL (bell)	响铃	0010 0110	40	28	(	0100 1001	73	49	I	0110 1010	106	6A	j
0000 1000	8	8	BS (backsp-ace)	退格	0010 0111	41	29	)	0100 1010	74	4A	J	0110 1011	107	6B	k
0000 1001	9	9	HT (horizon-tal tab)	水平制表符	0010 1000	42	2A	*	0100 1011	75	4B	K	0110 1100	108	6C	l
0000 1010	10	0A	LF (NL line feed, new line)	换行键	0010 1001	43	2B	+	0100 1100	76	4C	L	0110 1101	109	6D	m
0000 1011	11	0B	VT (vertical tab)	垂直制表符	0010 1010	44	2C	,	0100 1101	77	4D	M	0110 1110	110	6E	m
0000 1100	12	0C	FF (NP form feed, new page)	换页键	0010 1011	45	2D	−	0100 1110	78	4E	N	0110 1111	111	6F	o
0000 1101	13	0D	CR (carriage return)	回车键	0010 1100	46	2E	.	0100 1111	79	4F	O	0111 0000	112	70	p
0000 1110	14	0E	SO (shift out)	不用切换	0010 1101	47	2F	/	0101 0000	80	50	P	0111 0001	113	71	q
0000 1111	15	0F	SI (shift in)	启用切换	0010 1110	48	30	0	0101 0001	81	51	Q	0111 0010	114	72	r
0001 0000	16	10	DLE (data link escape)	数据链路转义	0011 0001	49	31	1	0101 0010	82	52	R	0111 0011	115	73	S
0001 0001	17	11	DC1 (device control 1)	设备控制 1	0011 0010	50	32	2	0101 0011	83	53	S	0111 0100	116	74	t
0001 0010	18	12	DC2 (device control 2)	设备控制 2	0011 0011	51	33	3	0101 0100	84	54	T	0111 0101	117	75	u
0001 0011	19	13	DC3 (device control 3)	设备控制 3	0011 0100	52	34	4	0101 0101	85	55	U	0111 0110	118	76	v
0001 0100	20	14	DC4 (device control 4)	设备控制 4	0011 0101	53	35	5	0101 0110	86	56	V	0111 0111	119	77	w
0001 0101	21	15	NAK(negative acknowl-edge)	拒绝接收	0011 0110	54	36	6	0101 0111	87	57	W	0111 1000	120	78	x
0001 0110	22	16	SYN (synchr-onous idle)	同步空闲	0011 0111	55	37	7	0101 1000	88	58	X	0111 1001	121	79	y
0001 0111	23	17	ETB (end of trans. block)	传输块结束	0011 1000	56	38	8	0101 1001	89	59	Y	0111 1010	122	7A	z
0001 1000	24	18	CAN (cancel)	取消	0011 1001	57	39	9	0101 1010	90	5A	Z	0111 1011	123	7B	{
0001 1001	25	19	EM (end of medium)	介质中断	0011 1010	58	3A	:	0101 1011	91	5B	[	0111 1100	124	7C	|
0001 1010	26	1A	SUB (substit-ute)	替补	0011 1011	59	3B	;	0101 1100	92	5C	\	0111 1101	125	7D	}
0001 1011	27	1B	ESC (escape)	溢出	0011 1100	60	3C	<	0101 1101	93	5D	]	0111 1110	126	7E	~
0001 1100	28	1C	FS (file separat-or)	文件分割符	0011 1101	61	3D	=	0101 1110	94	5E	^	0111 1111	127	7F	DEL
0001 1101	29	1D	GS (group separat-or)	分组符	0011 1110	62	3E	>	0101 1111	95	5F	_				
0001 1110	30	1E	RS (record separat-or)	记录分离符	0011 1111	63	3F	?	0110 0000	96	60	`				
0001 1111	31	1F	US (unit separat-or)	单元分隔符	0100 0000	64	40	@	0110 0001	97	61	a				
0010 0000	32	20	space	空格	0100 0001	65	41	A	0110 0010	98	62	b				